高等学校公共数学类“互联网+”规划教材

概率论与数理统计

(第2版)

主　编　周保平
副主编　侯瑞环　江　伟　刘　婵

本书资源使用说明

北京邮电大学出版社
·北京·

内容简介

本书是高等学校公共数学类“互联网+”规划教材，内容包括概率论、数理统计、数学实验三部分，每章附有习题，可以作为高等院校理工科各专业的教材使用，也可供工程技术人员参考。

图书在版编目(CIP)数据

概率论与数理统计/周保平主编. —2版. -- 北京：北京邮电大学出版社，2020.7(2023.12重印)
ISBN 978-7-5635-6100-1

Ⅰ.①概…　Ⅱ.①周…　Ⅲ.①概率论—高等学校—教材②数理统计—高等学校—教材　Ⅳ.①O21

中国版本图书馆CIP数据核字(2020)第104814号

书　　名　概率论与数理统计(第2版)
主　　编　周保平
责任编辑　张保林
出版发行　北京邮电大学出版社
社　　址　北京市海淀区西土城路10号(100876)
电话传真　010-82333010　62282185(发行部)　010-82333009　62283578(传真)
网　　址　www.buptpress3.com
电子信箱　buptpress3@163.com
经　　销　各地新华书店
印　　刷　河北华商印刷有限公司
开　　本　787 mm×1 092 mm　1/16
印　　张　15.5
字　　数　384千字
版　　次　2020年7月第2版　2023年12月第4次印刷

ISBN 978-7-5635-6100-1　　定价：49.00元

前　言

本书是根据学校"十三五"教材建设规划精神及"经济数学基础"课程建设的要求编写而成的。概率论与数理统计是定量地研究随机现象统计规律性的一门数学学科。它为提高学生的科学文化素质,学生学习后续课程和从事科学研究工作,进一步获得现代科学知识奠定必要的数学基础。本书主要包括三部分内容。第一部分讲述随机数学的理论基础——概率论;第二部分是数理统计,包括参数估计、假设检验、方差分析与回归分析;第三部分是附录,设置了6个数学实验。

本书内容翔实,通俗易懂,主要包含以下特点:

1. 遵循教师的教学规律,同时便于学生自主学习提高,在保证知识体系完整的前提下,书中融入了适当的数学建模思想。

2. 便于学生自主复习和归纳总结,重点突出,注重解释。

3. 根据循序渐进的学习原则,对各章节的基本概念、基本理论、基本方法,作了深入浅出的介绍,并配备了不同难度的例题及习题,适合不同层次的学生学习和提高。

4. 在附录中编写了与教材同步配套的6个数学实验内容,选用大学生数学建模竞赛中应用最为广泛的数学软件——MATLAB,数学实验的学习将有助于提高学生的实际动手能力,增强学生学以致用的意识。

本书由周保平担任主编,侯瑞环、江伟、刘婵为副主编。全书共11章(包括附录数学实验)。第一章及习题解答由周保平、牛旭编写;第二章及习题解答由侯瑞环、张倩编写;第三章及习题解答由朱夺宝、郭丽峰编写;第四章及习题解答由江伟、徐翔燕编写;第五章及习题解答由周保平、刘博瑞编写;第六章及习题解答由韩天红、刘婵编写;第七章及习题解答由周保平、江伟编写;第八章及习题解答由侯瑞环、张立欣编写;第九章及习题解答由蒋青松、张吉林编写;第十章及习题解答由江伟、侯瑞环编写;附录数学实验由印自成、王树国、廖鹏泰、张立欣、李春娥、刘云、张艳波、刘熙娟、徐翔燕、梁志鹏、孙伦伦、安艳编写。由周保平审阅全稿并制图,侯瑞环、江伟、刘婵对全稿进行排版校对。

在党的二十大报告提出的"加强教材建设和管理"精神的指引下,本次重印前,编者再次对全书进行了检查和梳理。

由于我们水平有限,时间仓促,书中不当之处在所难免,恳请同仁和读者批评、指正。

编　者

目　录

第一章

概率论的基本概念

在现实世界中发生的现象千姿百态，概括起来无非是两类现象：确定性的和随机性的．例如，水在通常条件下，温度达到 100 ℃时必然沸腾，温度为 0 ℃时必然结冰；同性电荷相互排斥，异性电荷相互吸引等．这类现象称为确定性现象，它们在一定的条件下一定会发生．另有一类现象，在一定条件下，试验有多种可能的结果，但事先又不能预测是哪一种结果，此类现象称为随机现象．例如，测量一个物体的长度，其测量误差的大小；从一批电视机中随便取一台，电视机的寿命长短等，都是随机现象．概率论与数理统计就是研究和揭示随机现象统计规律性的一门基础学科．

这里我们注意到，随机现象是与一定的条件密切联系的．例如，在城市交通的某一路口，在指定的 1 h 内，汽车的流量多少就是一个随机现象，而"指定的 1 h 内"就是条件，若换成 2 h 内、5 h 内，流量就会不同．如将汽车的流量换成自行车的流量，差别就会更大，故随机现象与一定的条件是有密切联系的．

概率论与数理统计的应用是很广泛的，几乎渗透到所有科学技术领域，如工业、农业、国防与国民经济的各个部门．例如，工业生产中，可以应用概率统计方法进行质量控制、工业试验设计、产品的抽样检查等；还可使用概率统计方法进行气象预报、水文预报和地震预报等．另外，概率统计的理论与方法正在向各基础学科、工程学科、经济学科渗透，产生了各种边缘性的应用学科，如排队论、计量经济学、信息论、控制论、时间序列分析等．

第一节　样本空间、随机事件

一、随机试验

人们是通过试验去研究随机现象的，为对随机现象加以研究所进行的观察或实验，称为试验．若一个试验具有下列 3 个特点：

(1)可以在相同的条件下重复地进行；

(2)每次试验的可能结果不止一个，并且事先可以明确试验所有可能出现的结果；

(3)进行一次试验之前不能确定哪一个结果会出现，

则称这一试验为随机试验(Random trial)，记为 E．

下面举一些随机试验的例子．

E_1:抛一枚硬币,观察正面 H 和反面 T 出现的情况.

E_2:掷两颗骰子,观察出现的点数.

E_3:在一批电视机中任意抽取一台,测试它的寿命.

E_4:城市某一交通路口,指定 1 h 内的汽车流量.

E_5:记录某一地区一昼夜的最高温度和最低温度.

二、样本空间与随机事件

在一个试验中,不论可能的结果有多少,总可以从中找出一组基本结果,满足:

(1)每进行一次试验,必然出现且只能出现其中的一个基本结果.

(2)任何结果,都是由其中的一些基本结果所组成.

随机试验 E 的所有基本结果组成的集合称为样本空间(Sample space),记为 Ω. 样本空间的元素,即随机试验 E 的每个基本结果,称为样本点. 下面写出前面提到的随机试验 $E_k(k=1,2,3,4,5)$的样本空间 Ω_k.

Ω_1:$\{H,T\}$;

Ω_2:$\{(i,j)|i,j=1,2,3,4,5,6\}$;

Ω_3:$\{t|t\geqslant 0\}$;

Ω_4:$\{0,1,2,3,\cdots\}$;

Ω_5:$\{(x,y)|T_0\leqslant x\leqslant y\leqslant T_1\}$,这里 x 表示最低温度,y 表示最高温度,并设这一地区温度不会小于 T_0 也不会大于 T_1.

随机试验 E 的样本空间 Ω 的子集称为 E 的随机事件(Random event),简称事件①,通常用大写字母 $A,B,C,\cdots$ 表示. 在每次试验中,当且仅当这一子集中的一个样本点出现时,称这一事件发生. 例如,在掷骰子的试验中,可以用 A 表示"出现点数为偶数"这个事件,若试验结果是"出现 6 点",就称事件 A 发生.

特别地,由一个样本点组成的单点集,称为基本事件. 例如,试验 E_1 有两个基本事件$\{H\}$,$\{T\}$;试验 E_2 有 36 个基本事件$\{(1,1)\}$,$\{(1,2)\}$,$\cdots$,$\{(6,6)\}$.

每次试验中都必然发生的事件,称为必然事件. 样本空间 Ω 包含所有的样本点,它是 Ω 自身的子集,每次试验中都必然发生,故它就是一个必然事件. 因而必然事件我们也用 Ω 表示. 在每次试验中不可能发生的事件称为不可能事件. 空集$\varnothing$不包含任何样本点,它作为样本空间的子集,在每次试验中都不可能发生,故它就是一个不可能事件. 因而不可能事件我们也用$\varnothing$表示.

例 1.1 掷一颗骰子,其样本空间为 $\Omega=\{1,2,\cdots,6\}$,则

事件 $A=$"出现 1 点"$=\{1\}$为基本事件;

事件 $B=$"出现奇数点"$=\{1,3,5\}$为复杂(复合)事件;

事件 $C_1=$"出现的点数大于 10"$=\varnothing$为不可能事件;

事件 $C_2=$"出现的点数小于 7"$=\Omega$ 为必然事件.

---

① 严格地说,事件是指 Ω 中满足某些条件的子集. 当 Ω 是由有限个元素或由无穷可列个元素组成时,每个子集都可作为一个事件. 若 Ω 是由不可列无限个元素组成时,某些子集必须排除在外. 幸而这种不可容许的子集在实际应用中几乎不会遇到. 今后,我们讲的事件都是指它是容许考虑的那种子集.

三、事件之间的关系及其运算

事件是一个集合，因而事件间的关系与事件的运算可以用集合之间的关系与集合的运算来处理.

下面我们讨论事件之间的关系及运算.

(1)如果事件 A 发生必然导致事件 B 发生，则称事件 A 包含于事件 B(或称事件 B 包含事件 A)，记作 $A\subset B$ (或 $B\supset A$).

$A\subset B$ 的一个等价说法是，如果事件 B 不发生，则事件 A 必然不发生.

若 $A\subset B$ 且 $B\supset A$，则称事件 A 与 B 相等(或等价)，记为 $A=B$.

为了方便起见，规定对于任一事件 A，有 $\varnothing\subset A$. 显然，对于任一事件 A，有 $A\subset\Omega$.

(2)“事件 A 与 B 中至少有一个发生”的事件称为 A 与 B 的并(和)，记为 $A\cup B$.

由事件并的定义，立即得到：

对任一事件 A，有

$$A\cup\Omega=\Omega,\quad A\cup\varnothing=A;$$

$A=\bigcup\limits_{i=1}^{n}A_i$ 表示“$A_1,A_2,\cdots,A_n$ 中至少有一个事件发生”这一事件；

$A=\bigcup\limits_{i=1}^{\infty}A_i$ 表示“可列无穷多个事件 A_i 中至少有一个发生”这一事件.

(3)“事件 A 与 B 同时发生”的事件称为 A 与 B 的交(积)，记为 $A\cap B$ 或(AB).

由事件交的定义，立即得到：

对任一事件 A，有 $A\cap\Omega=A, A\cap\varnothing=\varnothing$；

$B=\bigcap\limits_{i=1}^{n}B_i$ 表示“$B_1,\cdots,B_n$这 n 个事件同时发生”这一事件；

$B=\bigcap\limits_{i=1}^{\infty}B_i$ 表示“可列无穷多个事件 B_i 同时发生”这一事件.

(4)“事件 A 发生而事件 B 不发生”的事件称为 A 与 B 的差，记为 $A-B$.

由事件差的定义，立即得到：

对任一事件 A，有 $A-A=\varnothing, A-\varnothing=A, A-\Omega=\varnothing$.

(5)如果两个事件 A 与 B 不可能同时发生，则称事件 A 与 B 为互不相容(互斥)，记作 $A\cap B=\varnothing$.

显然，基本事件是两两互不相容的.

(6)若 $A\cup B=\Omega$ 且 $A\cap B=\varnothing$，则称事件 A 与事件 B 互为逆事件(对立事件). A 的对立事件记为$\overline{A}$，$\overline{A}$是由所有不属于 A 的样本点组成的事件，它表示“A 不发生”这样一个事件. 显然 $\overline{A}=\Omega-A$.

在一次试验中，若 A 发生，则$\overline{A}$必不发生(反之亦然)，即在一次试验中，A 与$\overline{A}$二者只能发生其中之一，并且也必然发生其中之一. 显然有$\overline{\overline{A}}=A$.

对立事件必为互不相容事件，反之，互不相容事件未必为对立事件.

以上事件之间的关系及运算可以用文氏(Venn)图来直观地描述. 若用平面上一个矩形表示样本空间 Ω，矩形内的点表示样本点，圆 A 与圆 B 分别表示事件 A 与事件 B，则 A 与 B 的各种关系及运算如下列各图所示(见图 1-1～图 1-6).

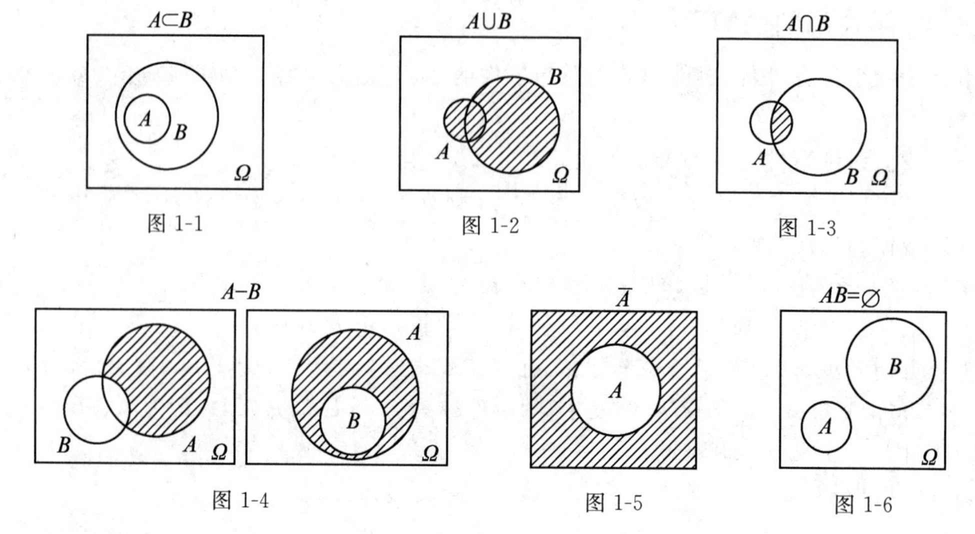

图 1-1　图 1-2　图 1-3

图 1-4　图 1-5　图 1-6

可以验证一般事件的运算满足如下关系：

(1)交换律　$A\cup B=B\cup A$，　$A\cap B=B\cap A$；

(2)结合律　$A\cup(B\cup C)=(A\cup B)\cup C$，

$A\cap(B\cap C)=(A\cap B)\cap C$；

(3)分配律　$A\cup(B\cap C)=(A\cup B)\cap(A\cup C)$，

$A\cap(B\cup C)=(A\cap B)\cup(A\cap C)$；

分配律可以推广到有穷或可列无穷的情形，即

$$A\cap\left(\bigcup_{i=1}^{n}A_i\right)=\bigcup_{i=1}^{n}(A\cap A_i),\quad A\cup\left(\bigcap_{i=1}^{n}A_i\right)=\bigcap_{i=1}^{n}(A\cup A_i);$$

$$A\cap\left(\bigcup_{i=1}^{\infty}A_i\right)=\bigcup_{i=1}^{\infty}(A\cap A_i),\quad A\cup\left(\bigcap_{i=1}^{\infty}A_i\right)=\bigcap_{i=1}^{\infty}(A\cup A_i);$$

(4)$A-B=A\bar{B}=A-AB$；

(5)对有穷个或可列无穷个 A_i，恒有

$$\overline{\bigcup_{i=1}^{n}A_i}=\bigcap_{i=1}^{n}\overline{A_i},\qquad \overline{\bigcap_{i=1}^{n}A_i}=\bigcup_{i=1}^{n}\overline{A_i};$$

$$\overline{\bigcup_{i=1}^{\infty}A_i}=\bigcap_{i=1}^{\infty}\overline{A_i},\qquad \overline{\bigcap_{i=1}^{\infty}A_i}=\bigcup_{i=1}^{\infty}\overline{A_i}.$$

例 1.2　甲、乙、丙三人各向同一个目标射击一发子弹，以 A,B,C 分别表示甲、乙、丙命中目标，试用 A,B,C 的运算关系表示下列事件.

(1)至少有一人命中目标：$A\cup B\cup C$.

(2)恰好有一人命中目标：$(A\bar{B}\bar{C})\cup(\bar{A}B\bar{C})\cup(\bar{A}\bar{B}C)$.

(3)恰好有两人命中目标：$(AB\bar{C})\cup(A\bar{B}C)\cup(\bar{A}BC)$.

(4)最多有一人命中目标：$(\bar{B}\bar{C})\cup(\bar{A}\bar{C})\cup(\bar{A}\bar{B})$.

(5)三人均命中目标：ABC.

(6)三人均未命中目标：$\overline{A\cup B\cup C}$或$\bar{A}\bar{B}\bar{C}$.

例 1.3　在数学系的学生中任选一名学生. 若事件 A 表示被选学生是男生，事件 B 表示该生是三年级学生，事件 C 表示该生是运动员.

(1)叙述$AB\overline{C}$的意义.

(2)在什么条件下$ABC=C$成立?

(3)在什么条件下$\overline{A}\subset B$成立?

解　(1)该生是三年级男生,但不是运动员.

(2)全系运动员都是三年级男生.

(3)全系女生都在三年级.

例 1.4　设甲、乙两人同时向同一目标射击,用事件A表示"甲射中目标,乙没射中目标",求其对立事件$\overline{A}$.

解　设$B=$"甲射中目标",$C=$"乙没射中目标",则$A=BC$,故$\overline{A}=\overline{BC}=\overline{B}\cup\overline{C}=$"甲没射中目标或乙射中目标".

第二节　概率、古典概型

除必然事件与不可能事件外,任一随机事件在一次试验中都有可能发生,也有可能不发生.人们常常希望了解某些事件在一次试验中发生的可能性的大小.为此,我们首先引入频率的概念,它描述了事件发生的频繁程度,进而我们再引出表示事件在一次试验中发生的可能性的大小——概率.

一、频率

定义 1.1　设在相同的条件下,进行了n次试验.若随机事件A在n次试验中发生了k次,则比值k/n称为事件A在这n次试验中发生的频率(Frequency),记为$f_n(A)=k/n$.

由定义 1.1 容易推知,频率具有以下性质:

(1)对任一事件A,有$0\leqslant f_n(A)\leqslant 1$;

(2)对必然事件Ω,有$f_n(\Omega)=1$;

(3)若事件A,B互不相容,则$f_n(A\cup B)=f_n(A)+f_n(B)$.

一般地,若事件$A_1,A_2,\cdots,A_m$两两互不相容,则$f_n(\bigcup\limits_{i=1}^{m}A_i)=\sum\limits_{i=1}^{m}f_n(A_i)$.

事件A发生的频率$f_n(A)$表示A发生的频繁程度,频率大,事件A发生得就频繁,在一次试验中A发生的可能性也就大.反之亦然.因而,直观的想法是用$f_n(A)$表示A在一次试验中发生可能性的大小.但是,由于试验的随机性,即使同样是进行n次试验,$f_n(A)$的值也不一定相同.但大量实验证实,随着重复试验次数n的增加,频率$f_n(A)$会逐渐稳定于某个常数附近,而偏离的可能性很小.频率具有"稳定性"这一事实,说明了刻画事件A发生可能性大小的数——概率具有一定的客观存在性(严格来说,这是一个理想的模型,因为我们在实际上并不能绝对保证在每次试验时,条件都保持完全一样).

历史上有一些著名的试验,德・摩根(De Morgan)、蒲丰(Buffon)和皮尔逊(Pearson)曾进行过大量掷硬币试验,所得结果如表 1-1 所示.

表 1-1

试验者	掷硬币次数	出现正面次数	出现正面的频率
德·摩根	2 048	1 061	0.518 1
蒲丰	4 040	2 048	0.506 9
皮尔逊	12 000	6 019	0.501 6
皮尔逊	24 000	12 012	0.500 5

可见出现正面的频率总在 0.5 附近摆动，随着试验次数增加，它逐渐稳定于 0.5. 这个 0.5 就反映了正面出现的可能性的大小.

实践证明，当试验次数 n 充分大时，事件 A 出现的频率总是围绕着某一常数摆动. 因而可将频率 $f_n(A)$ 在 n 无限增大时逐渐趋向稳定的这个常数定义为事件 A 发生的概率. 这就是概率的统计定义.

定义 1.2 设事件 A 在 n 次重复试验中发生的次数为 k，当 n 很大时，频率 k/n 在某一数值 p 的附近摆动，而随着试验次数 n 的增加，发生较大摆动的可能性越来越小，则称数 p 为事件 A 发生的概率，记为 $P(A)=p$.

要注意的是，上述定义并没有提供确切计算概率的方法，因为我们永远不可能依据它确切地定出任何一个事件的概率. 在实际中，我们不可能对每一个事件都做大量的试验，况且我们不知道 n 要取多大才行；如果 n 取很大，不一定能保证每次试验的条件都完全相同；而且也没有理由认为，取试验次数为 $n+1$ 来计算频率，总会比取试验次数为 n 来计算频率将会更准确、更逼近所求的概率.

为了理论研究的需要，我们从频率的稳定性和频率的性质得到启发，给出概率的公理化定义.

二、概率的公理化定义

定义 1.3 设 Ω 为样本空间，A 为事件，对于每一个事件 A 赋予一个实数，记作 $P(A)$，如果 $P(A)$ 满足以下条件：

(1)非负性　$P(A)\geqslant 0$；

(2)规范性　$P(\Omega)=1$；

(3)可列可加性　对于两两互不相容的可列无穷多个事件 $A_1,A_2,\cdots,A_n,\cdots$，有

$$P(\bigcup_{n=1}^{\infty}A_n)=\sum_{n=1}^{\infty}P(A_n),$$

则称实数 $P(A)$ 为事件 A 的概率(Probability).

在第五章中将证明，当 $n\to\infty$ 时频率 $f_n(A)$ 在一定意义下接近于概率 $P(A)$. 基于这一事实，我们就有理由用概率 $P(A)$ 来表示事件 A 在一次试验中发生的可能性的大小.

由概率公理化定义，可以推出概率的一些性质.

性质 1 $P(\varnothing)=0$.

证 令

$$A_n=\varnothing \quad (n=1,2,\cdots),$$

则

$$\bigcup_{n=1}^{\infty}A_n=\varnothing，且\ A_iA_j=\varnothing \quad (i\neq j,i,j=1,2,\cdots).$$

由概率的可列可加性得

$$P(\varnothing) = P(\bigcup_{n=1}^{\infty} A_n) = \sum_{n=1}^{\infty} P(A_n) = \sum_{n=1}^{\infty} P(\varnothing),$$

而 $P(\varnothing) \geqslant 0$，则由上式知 $P(\varnothing)=0$.

这个性质说明：不可能事件的概率为 0. 但逆命题不一定成立，我们将在第二章中加以说明.

性质 2(有限可加性)　若 $A_1, A_2, \cdots, A_n$ 为两两互不相容事件，则有

$$P(\bigcup_{k=1}^{n} A_k) = \sum_{k=1}^{n} P(A_k).$$

证　令 $A_{n+1}=A_{n+2}=\cdots=\varnothing$，则 $A_iA_j=\varnothing$. 当 $i\neq j, i,j=1,2,\cdots$ 时，由可列可加性得

$$P(\bigcup_{k=1}^{n} A_k) = P(\bigcup_{k=1}^{\infty} A_k) = \sum_{k=1}^{\infty} P(A_k) = \sum_{k=1}^{n} P(A_k).$$

性质 3　设 A,B 是两个事件，若 $A\subset B$，则有

$$P(B-A)=P(B)-P(A) \quad 且 \quad P(A)\leqslant P(B).$$

证　由 $A\subset B$，知 $\quad B=A\cup(B-A)$　且　$A\cap(B-A)=\varnothing$，

再由概率的有限可加性有

$$P(B)=P(A\cup(B-A))=P(A)+P(B-A),$$

即

$$P(B-A)=P(B)-P(A);$$

又由 $P(B-A)\geqslant 0$，得 $P(A)\leqslant P(B)$.

性质 4　对任一事件 A，$P(A)\leqslant 1$.

证　因为 $A\subset\Omega$，由性质 3 得 $P(A)\leqslant P(\Omega)=1$.

性质 5　对于任一事件 A，有 $P(\overline{A})=1-P(A)$.

证　因为

$$\overline{A}\cup A=\Omega,\quad \overline{A}\cap A=\varnothing,$$

由有限可加性得

$$1=P(\Omega)=P(\overline{A}\cup A)=P(\overline{A})+P(A),$$

即

$$P(\overline{A})=1-P(A).$$

性质 6(加法公式)　对于任意两个事件 A,B 有

$$P(A\cup B)=P(A)+P(B)-P(AB).$$

证　因为　$A\cup B=A\cup(B-AB)$　且　$A\cap(B-AB)=\varnothing$，

由性质 2、性质 3 得

$$P(A\cup B)=P(A\cup(B-AB))=P(A)+P(B-AB)=P(A)+P(B)-P(AB).$$

性质 6 还可推广到 3 个事件的情形. 例如，设 A_1,A_2,A_3 为任意 3 个事件，则有

$$P(A_1\cup A_2\cup A_3)=P(A_1)+P(A_2)+P(A_3)-P(A_1A_2)-P(A_1A_3)-P(A_2A_3)+P(A_1A_2A_3).$$

一般地，设 $A_1,A_2,\cdots,A_n$ 为任意 n 个事件，可由归纳法证得

$$P(A_1\cup A_2\cup\cdots\cup A_n)=\sum_{i=1}^{n}P(A_i)-\sum_{1\leqslant i<j\leqslant n}P(A_iA_j)+\sum_{1\leqslant i<j<k\leqslant n}P(A_iA_jA_k)-\cdots+(-1)^{n-1}P(A_1A_2\cdots A_n).$$

例 1.5　设 A，B 为两个事件，且设 $P(B)=0.3$，$P(A\cup B)=0.6$，求 $P(A\overline{B})$.

解 $P(A\overline{B})=P\{A(\Omega-B)\}=P(A-AB)=P(A)-P(AB)$,

而
$$P(A\cup B)=P(A)+P(B)-P(AB),$$
所以
$$P(A\cup B)-P(B)=P(A)-P(AB),$$
于是
$$P(A\overline{B})=0.6-0.3=0.3.$$

例 1.6 设 $P(A)=P(B)=\frac{1}{2}$,证明 $P(AB)=P(\overline{A}\,\overline{B})$.

证
$$\begin{aligned}P(\overline{A}\,\overline{B})&=P(\overline{A\cup B})\\&=1-P(A\cup B)\\&=1-[P(A)+P(B)-P(AB)]\\&=1-\left[\frac{1}{2}+\frac{1}{2}-P(AB)\right]\\&=P(AB).\end{aligned}$$

三、古典概型

定义 1.4 若随机试验 E 满足以下条件:

(1)试验的样本空间 Ω 只有有限个样本点,即
$$\Omega=\{\omega_1,\omega_2,\cdots,\omega_n\};$$
(2)试验中每个基本事件的发生是等可能的,即
$$P(\{\omega_1\})=P(\{\omega_2\})=\cdots=P(\{\omega_n\}),$$
则称此试验为古典概型,或称为等可能概型.

由定义 1.4 可知 $\{\omega_1\},\{\omega_2\},\cdots,\{\omega_n\}$ 是两两互不相容的,故有
$$1=P(\Omega)=P(\{\omega_1\}\cup\cdots\cup\{\omega_n\})=P(\{\omega_1\})+\cdots+P(\{\omega_n\}).$$
又每个基本事件发生的可能性相同,即
$$P(\{\omega_1\})=P(\{\omega_2\})=\cdots=P(\{\omega_n\}),$$
故
$$1=nP(\{\omega_i\}),$$
从而
$$P(\{\omega_i\})=1/n,\quad i=1,2,\cdots,n.$$

设事件 A 包含 k 个基本事件,即
$$A=\{\omega_{i1}\}\cup\{\omega_{i2}\}\cup\cdots\cup\{\omega_{ik}\},$$
则有
$$\begin{aligned}P(A)&=P(\{\omega_{i1}\}\cup\{\omega_{i2}\}\cup\cdots\cup\{\omega_{ik}\})=P(\{\omega_{i1}\})+P(\{\omega_{i2}\})+\cdots+P(\{\omega_{ik}\})\\&=\underbrace{1/n+1/n+\cdots+1/n}_{k\text{个}}=k/n.\end{aligned}$$

由此,得到古典概型中事件 A 的概率计算公式为
$$P(A)=\frac{k}{n}=\frac{A\text{ 所包含的样本点数}}{\Omega\text{ 中样本点总数}}. \tag{1.1}$$

称古典概型中事件 A 的概率为古典概率.一般地,可利用排列、组合及乘法原理、加法原理的知识计算 k 和 n,进而求得相应的概率.

例 1.7 将一枚硬币抛掷两次,

(1)设事件 A 为"恰有一次出现正面",求 $P(A)$;

(2)设事件 B 为"至少有一次出现正面",求 $P(B)$.

解 用 H 表示正面,T 表示反面,将一枚硬币抛掷两次的样本空间为

$$\Omega=\{HH,HT,TH,TT\},$$

Ω 中包含有限个元素，且由对称性知每个基本事件发生的可能性相同.

(1)设 A 表示"恰有一次出现正面"，则

$$A=\{HT,TH\},$$

故有
$$P(A)=\frac{2}{4}=\frac{1}{2}.$$

(2)设 B 表示"至少有一次出现正面"，由 $\overline{B}=\{TT\}$，得

$$P(B)=1-P(\overline{B})=1-\frac{1}{4}=\frac{3}{4}.$$

当样本空间的元素较多时，我们一般不再将 Ω 中的元素一一列出，而只需分别求出 Ω 中与 A 中包含的元素的个数(即基本事件的个数)，再由(1.1)式求出 A 的概率.

例 1.8　一口袋装有 6 个球，其中 4 个白球，2 个红球. 从袋中取球两次，每次随机地取一个. 考虑两种取球方式：

①第一次取一个球，观察其颜色后放回袋中，搅匀后再任取一个球. 这种取球方式叫作有放回抽取.

②第一次取一个球后不放回袋中，第二次从剩余的球中再取一个球. 这种取球方式叫作不放回抽取.

试分别就上面两种情形求：

(1)取到的两个球都是白球的概率；

(2)取到的两个球颜色相同的概率；

(3)取到的两个球中至少有一个是白球的概率.

解　设 A 表示事件"取到的两个球都是白球"，B 表示事件"取到的两个球都是红球"，C 表示事件"取到的两个球中至少有一个是白球". 则 $A\cup B$ 表示事件"取到的两个球颜色相同"，而 $C=\overline{B}$.

在袋中依次取两个球，每一种取法为一个基本事件，显然此时样本空间中仅包含有限个元素，且由对称性知每个基本事件发生的可能性相同，因而可利用(1.1)式来计算事件的概率.

有放回抽取的情形：

第一次从袋中取球时有 6 个球可供抽取，第二次也有 6 个球可供抽取，由乘法原理知共有 6×6 种取法，即基本事件总数为 6×6. 对于事件 A 而言，由于第一次有 4 个白球可供抽取，第二次也有 4 个白球可供抽取，由乘法原理知共有 4×4 种取法，即 A 中包含 4×4 个元素. 同理，B 中包含 2×2 个元素.

(1)
$$P(A)=(4\times4)/(6\times6)=4/9.$$

(2)
$$P(B)=(2\times2)/(6\times6)=1/9,$$

由于 $AB=\varnothing$，故

$$P(A\cup B)=P(A)+P(B)=5/9.$$

(3)
$$P(C)=P(\overline{B})=1-P(B)=8/9.$$

不放回抽取的情形：

第一次从 6 个球中抽取，第二次只能从剩下的 5 个球中抽取，故共有 6×5 种取法，即样本点总数为 6×5. 对于事件 A 而言，第一次从 4 个白球中抽取，第二次从剩下的 3 个白球中抽

取，故共有 4×3 种取法，即 A 中包含 4×3 个元素. 同理 B 中包含 2×1 个元素.

(1) $$P(A)=(4\times3)/(6\times5)=\frac{P_4^2}{P_6^2}=2/5.$$

(2) $$P(B)=(2\times1)/(6\times5)=\frac{P_2^2}{P_6^2}=1/15,$$

由于 $AB=\varnothing$，故

$$P(A\cup B)=P(A)+P(B)=7/15.$$

(3) $$P(C)=1-P(B)=14/15.$$

在不放回抽取中，一次取一个，一共取 m 次也可看作一次取出 m 个，故本例中也可用组合的方法，得

$$P(A)=\frac{C_4^2}{C_6^2}=2/5,$$

$$P(B)=\frac{C_4^2}{C_6^2}=1/15.$$

例 1.9 盒中有 n 张奖券，只有 1 张有奖，现在每个人抽取 1 张，求第 k 个人中奖的概率($1\leqslant k\leqslant n$).

解 以问题的实际情况，抽奖券是不放回抽样. 记 A 为欲求概率的事件，到第 k 个人为止实验的样本点总数为 $n\times(n-1)\times\cdots\times(n-k-1)$，有利于 A 的样本点必须是：前 $k-1$ 个人未中奖，而第 k 个人中奖. 因而有利于 A 的样本点数为 $(n-1)\times\cdots\times(n-k-1)\times1$，于是

$$P(A)=\frac{(n-1)\times\cdots\times(n-k-1)\times1}{n\times(n-1)\times\cdots\times(n-k-1)}=\frac{1}{n}.$$

这一结果表明中奖与否同出现次序 k 无关，也就是说抽奖活动对每位参与者来说都是公平的.

例 1.10 12 名新生中有 3 名优秀生，将 12 名新生随机地平均分配到 3 个班中去，试求：

(1)每班各分配到一名优秀生的概率；

(2)3 名优秀生分配到同一个班的概率.

解 12 名新生平均分配到 3 个班的可能分法总数为

$$C_{12}^4C_8^4C_4^4=\frac{12!}{(4!)^3}.$$

(1)设 A 表示"每班各分配到一名优秀生"，每一个班分配一名优秀生时共有 $3!$ 种分法，而其他 9 名学生平均分配到 3 个班则共有 $\frac{9!}{(3!)^3}$ 种分法，由乘法原理，A 包含基本事件数为

$$3!\cdot\frac{9!}{(3!)^3}=\frac{9!}{(3!)^2},$$

故有

$$P(A)=\frac{9!}{(3!)^2}\bigg/\frac{12!}{(4!)^3}=16/55.$$

(2)设 B 表示"3 名优秀生分到同一班"，故 3 名优秀生分到同一班时共有 3 种分法，其他 9 名学生的分法总数为 $C_9^1C_8^4C_4^4=\frac{9!}{1!\ 4!\ 4!}$，故由乘法原理，$B$ 包含样本总数为 $3\cdot\frac{9!}{1!\ 4!\ 4!}$.

故有

$$P(B)=\frac{3\cdot9!\ /(4!)^2}{12!\ /(4!)^3}=3/55.$$

四、几何概型

古典概型与几何概型

上述古典概型的计算，只适用于具有等可能性的有限样本空间，若试验结果为无穷多，它显然已不适合. 为了克服有限的局限性，可将古典概型的计算加以推广.

设试验具有以下特点：

(1)样本空间 Ω 是一个几何区域，这个区域大小可以度量(如长度、面积、体积等)，并把 Ω 的度量记作 $m(\Omega)$.

(2)向区域 Ω 内任意投掷一个点，落在区域内任一个点处都是"等可能的"；或者设落在 Ω 中的区域 A 内的可能性与 A 的度量 $m(A)$ 成正比，与 A 的位置和形状无关.

不妨也用 A 表示"掷点落在区域 A 内"这一事件，那么事件 A 的概率可用下列公式计算：

$$P(A)=\frac{m(A)}{m(\Omega)},$$

称它为几何概率.

例 1.11　在区间(0,1)内任取两个数，求这两个数的乘积小于 1/4 的概率.

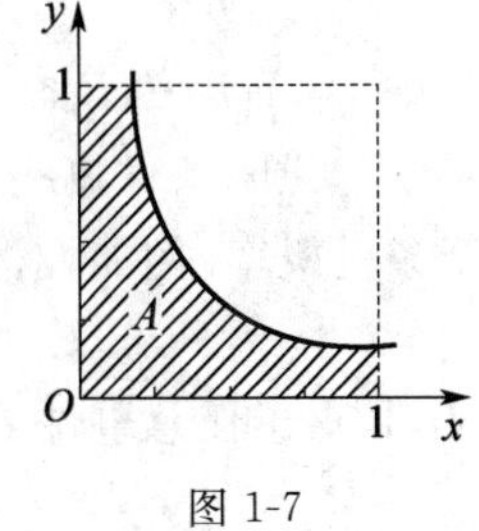

图 1-7

解　设在(0,1)内任取两个数为 x,y，则 $0<x<1,0<y<1$. 即样本空间是由点 (x,y) 构成的边长为 1 的正方形 Ω，其面积为 1.

令 A 表示"两个数乘积小于 1/4"，则

$$A=\{(x,y)\mid 0<xy<1/4,0<x<1,0<y<1\},$$

事件 A 所围成的区域如图 1-7 所示，则所求概率

$$P(A)=\frac{1-\int_{1/4}^{1}\mathrm{d}x\int_{1/(4x)}^{1}\mathrm{d}y}{1}=\frac{1-\int_{1/4}^{1}\left(1-\frac{1}{4x}\right)\mathrm{d}x}{1}=1-\frac{3}{4}+\int_{1/4}^{1}\frac{1}{4x}\mathrm{d}x=\frac{1}{4}+\frac{1}{2}\ln 2.$$

例 1.12　甲、乙两人相约在早上 8 点到 9 点之间在某地会面，先到者等另一个人 20 min，过时则离去. 如果每人可在指定的一小时内任意时刻到达，求计算两人能会面的概率.

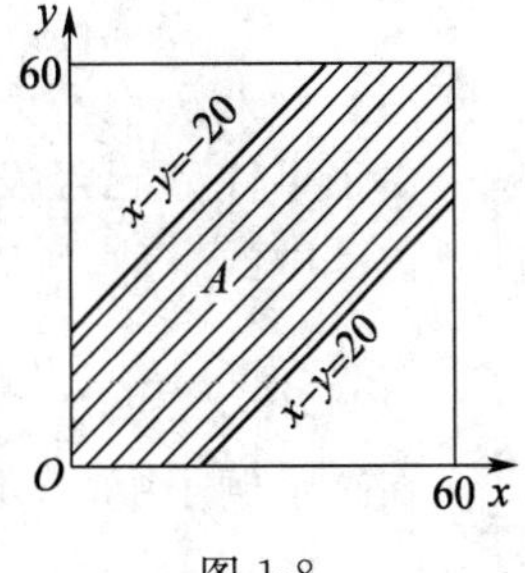

图 1-8

解　记 8 点为计算时刻的 0 时，以分钟(min)为时间单位，以 x，y 分别表示甲、乙两人到达会面地点的时刻，则样本空间为

$$\Omega=\{(x,y)\mid 0\leqslant x\leqslant 60,0\leqslant y\leqslant 60\}.$$

以 A 表示事件"两人能会面"，由于两人能会面的充要条件是：

$$|x-y|\leqslant 20,\quad (x,y)\in\Omega.$$

所以 $A=\{(x,y)\mid (x,y)\in\Omega,\ |x-y|\leqslant 20\}$.

以上讨论的几何表示如图 1-8 所示.

这是一个几何概型问题，于是

$$P(A)=\frac{m(A)}{m(\Omega)}=\frac{60^2-40^2}{60^2}=\frac{5}{9}.$$

第三节 条件概率、全概率公式

一、条件概率的定义

定义 1.5 设 A,B 为两个事件,且 $P(A)>0$,则称 $P(AB)/P(A)$ 为事件 A 已发生的条件下事件 B 发生的条件概率,记为 $P(B|A)$,即

$$P(B|A)=\frac{P(AB)}{P(A)}.$$

条件概率常见问题

易验证,$P(B|A)$ 符合概率定义的 3 条公理,即:

(1)对于任一事件 B,有 $P(B|A)\geqslant 0$;

(2)$P(\Omega|A)=1$;

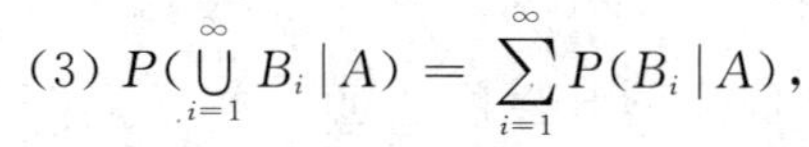

(3) $P(\bigcup_{i=1}^{\infty} B_i|A)=\sum_{i=1}^{\infty} P(B_i|A)$,

其中 $B_1,B_2,\cdots,B_n,\cdots$ 为两两互不相容事件.

这说明条件概率符合定义 1.3 中概率应满足的 3 个条件,故对概率已证明的结果都适用于条件概率. 例如,对于任意事件 B_1,B_2,有

$$P(B_1\cup B_2|A)=P(B_1|A)+P(B_2|A)-P(B_1B_2|A).$$

又如,对于任意事件 B,有

$$P(\overline{B}|A)=1-P(B|A).$$

例 1.13 一个家庭中有两个小孩,已知其中一个是女孩,问另一个也是女孩的概率是多少(假定生男、生女是等可能的)?

解 由题意,样本空间为

$$\Omega=\{(男,男),(男,女),(女,男),(女,女)\}.$$

A 事件表示"其中有一个是女孩",B 事件表示"两个都是女孩",则有

$$A=\{(男,女),(女,男),(女,女)\},$$
$$B=\{(女,女)\}.$$

由于事件 A 已经发生,所以这时实验的所有可能结果只有 3 种,而事件 B 包含的基本事件只占其中的一种,所以有

$$P(B|A)=\frac{1}{3}.$$

在这个例子中,若不知道事件 A 已经发生的信息,那么事件 B 发生的概率为

$$P(B)=\frac{1}{4}.$$

这里 $P(B)\neq P(B|A)$,其原因在于事件 A 的发生改变了样本空间,使它由原来的 Ω 缩减为 $\Omega_A=A$,而 $P(B|A)$ 是在新的样本空间 Ω_A 中由古典概率的计算公式而得到的.

上面中计算 $P(B|A)$ 的方法并不普遍适用. 由概率的直观意义,在已知 A 事件发生的条件下求 B 事件发生的概率,这就要用到条件概率公式,由

$$P(A)=\frac{3}{4},\quad P(AB)=\frac{1}{4},$$

得
$$P(B|A)=\frac{P(AB)}{P(A)}=\frac{1/4}{3/4}=\frac{1}{3}.$$

例 1.14　人寿保险公司常常需要知道存活到某一年龄段的人在下一年仍然存活的概率. 根据统计资料可知,某城市的人由出生活到 50 岁的概率为 0.907 18,存活到 51 岁的概率为 0.901 35.问现在已经是 50 岁的人,能活到 51 岁的概率是多少?

解　记 A 表示"活到 50 岁"的事件,B 表示"活到 51 岁"的事件,显然 $B\subset A$.因此,$AB=B$.要求 $P(B|A)$.

因为　$P(A)=0.907\ 18,P(B)=0.901\ 35,P(AB)=P(B)=0.901\ 35,$

从而
$$P(B|A)=\frac{P(AB)}{P(A)}=\frac{0.901\ 35}{0.907\ 18}\approx 0.993\ 57.$$

由此可知,该城市的人在 50 岁到 51 岁之间死亡的概率约为 0.006 43.在平均意义下,该年龄段中每千人中间约有 6.43 人死亡.

例 1.15　一袋中装有 10 个球,其中有 3 个黑球、7 个白球,依次从袋中不放回地取两球,每次取一个,求在第一次取到黑球条件下,第二次取到的也是黑球的概率.

解　设 A 表示"第一次取到黑球"的事件,B 表示"第二次取到黑球"的事件.

由已知条件得
$$P(A)=\frac{3}{10},$$
$$P(AB)=\frac{3\times 2}{10\times 9}=\frac{1}{15},$$

故有
$$P(B|A)=\frac{P(AB)}{P(A)}=\frac{1/15}{3/10}=\frac{2}{9}.$$

例 1.16　某种动物由出生活到 10 岁的概率为 0.7,活到 20 岁的概率为 0.3.问现年满 10 岁的这种动物活到 20 岁的概率是多少?

解　设 $A=$"活到 10 岁",$B=$"活到 20 岁",显然 $B\subset A$,因此 $AB=B$,所以 $P(AB)=P(B)=0.3$,所求的概率为
$$P(B|A)=\frac{P(AB)}{P(A)}=\frac{0.3}{0.7}=\frac{3}{7}.$$

二、乘法定理

由条件概率定义 $P(B|A)=P(AB)/P(A)$,又 $P(A)>0$,两边同乘以 $P(A)$ 可得 $P(AB)=P(A)P(B|A)$,由此可得以下乘法定理.

定理 1.1(乘法定理)　设 $P(A)>0$,则有
$$P(AB)=P(A)P(B|A).$$

易知,若 $P(B)>0$,则有
$$P(AB)=P(B)P(A|B).$$

乘法定理也可推广到 3 个事件的情况,例如,设 A,B,C 为 3 个事件,且 $P(AB)>0$,则有
$$P(ABC)=P(C|AB)P(AB)=P(C|AB)P(B|A)P(A).$$

一般地,设 n 个事件为 $A_1,A_2,\cdots,A_n$,若 $P(A_1A_2\cdots A_{n-1})>0$,则有
$$P(A_1A_2\cdots A_n)=P(A_1)P(A_2|A_1)P(A_3|A_1A_2)\cdots P(A_n|A_1A_2\cdots A_{n-1}).$$

事实上,由 $A_1\supset A_1A_2\supset\cdots\supset A_1A_2\cdots A_{n-1}$,有

$$P(A_1)\geqslant P(A_1A_2)\geqslant\cdots\geqslant P(A_1A_2\cdots A_{n-1})>0.$$

故公式等号右端的条件概率每一个都有意义，由条件概率定义可知

$$\begin{aligned}&P(A_1)P(A_2|A_1)P(A_3|A_1A_2)\cdots P(A_n|A_1A_2\cdots A_{n-1})\\&=P(A_1)\cdot\frac{P(A_1A_2)}{P(A_1)}\cdot\frac{P(A_1A_2A_3)}{P(A_1A_2)}\cdot\cdots\cdot\frac{P(A_1A_2\cdots A_n)}{P(A_1A_2\cdots A_{n-1})}=P(A_1A_2\cdots A_n).\end{aligned}$$

例 1.17 一批零件共 100 个，其中次品有 10 个，今从中不放回抽取两次，每次抽一个，求第一次为次品，第二次为正品的概率.

解 设 $A=\{$第一次为次品$\}$、$B=\{$第二次为正品$\}$，要求 $P(AB)$. 由乘法公式，先求 $P(B|A)$ 及 $P(A)$. 已知 $P(A)=0.1$，而 $P(B|A)=\frac{90}{99}$，因此

$$P(AB)=P(A)P(B|A)=0.1\times\frac{90}{99}=0.091.$$

例 1.18 设盒中有 m 个红球、n 个白球，每次从盒中任取一个球，看后放回，再放入 k 个与所取颜色相同的球. 若在盒中连取四次，试求第一次、第二次取到红球，第三次、第四次取到白球的概率.

解 设 $R_i(i=1,2,3,4)$ 表示"第 i 次取到红球"的事件，$\overline{R_i}(i=1,2,3,4)$ 表示"第 i 次取到白球"的事件. 则有

$$\begin{aligned}P(R_1R_2\overline{R_3}\overline{R_4})&=P(R_1)P(R_2|R_1)P(\overline{R_3}|R_1R_2)P(\overline{R_4}R_1R_2\overline{R_3})\\&=\frac{m}{m+n}\cdot\frac{m+k}{m+n+k}\cdot\frac{n}{m+n+2k}\cdot\frac{n+k}{m+n+3k}.\end{aligned}$$

三、全概率公式和贝叶斯公式

为建立两个用来计算概率的重要公式，我们先引入样本空间 Ω 的划分的定义.

定义 1.6 设 Ω 为样本空间，$A_1,A_2,\cdots,A_n$ 为 Ω 的一组事件，若满足：

(1) $A_iA_j=\varnothing,i\neq j,i,j=1,2,\cdots,n$；

(2) $\bigcup\limits_{i=1}^{n}A_i=\Omega$，

则称 $A_1,A_2,\cdots,A_n$ 为样本空间 Ω 的一个划分.

例如，$A,\overline{A}$ 就是 Ω 的一个划分.

若 $A_1,A_2,\cdots,A_n$ 是 Ω 的一个划分，那么，对每次试验，事件 $A_1,A_2,\cdots,A_n$ 中必有一个且仅有一个发生.

定理 1.2（全概率公式） 设 B 为样本空间 Ω 中的任一事件，$A_1,A_2,\cdots,A_n$ 为 Ω 的一个划分，且 $P(A_i)>0(i=1,2,\cdots,n)$，则有

$$P(B)=P(A_1)P(B|A_1)+P(A_2)P(B|A_2)+\cdots+P(A_n)P(B|A_n)=\sum_{i=1}^{n}P(A_i)P(B|A_i).$$

称上述公式为全概率公式.

全概率公式表明，在许多实际问题中事件 B 的概率不易直接求得时，如果容易找到 Ω 的一个划分 $A_1,\cdots,A_n$，且 $P(A_i)$ 和 $P(B|A_i)$ 为已知或容易求得，那么就可以根据全概率公式求出 $P(B)$.

证 $P(B)=P(B\Omega)=P(B(A_1\cup A_2\cup\cdots\cup A_n))=P(BA_1\cup BA_2\cup\cdots\cup BA_n)$
$=P(BA_1)+P(BA_2)+\cdots+P(BA_n)$

$$=P(A_1)P(B|A_1)+P(A_2)P(B|A_2)+\cdots+P(A_n)P(B|A_n).$$

另一个重要公式叫作贝叶斯公式.

定理 1.3[贝叶斯(Bayes)公式] 设样本空间为 Ω，B 为 Ω 中的事件，$A_1,A_2,\cdots,A_n$ 为 Ω 的一个划分，且 $P(B)>0$，$P(A_i)>0$，$i=1,2,\cdots,n$，则有

$$P(A_i \mid B)=\frac{P(B|A_i)P(A_i)}{\sum\limits_{j=1}^{n}P(B|A_j)P(A_j)},\quad i=1,2,\cdots,n.$$

全概率公式与贝叶斯公式

称上式为贝叶斯公式，也称为逆概率公式.

证 由条件概率公式有

$$P(A_i \mid B)=\frac{P(A_iB)}{P(B)}=\frac{P(A_i)P(B|A_i)}{\sum\limits_{j=1}^{n}P(B|A_j)P(A_j)},\quad i=1,2,\cdots,n.$$

例 1.19 假设在某时期内影响股票价格变化的因素只有银行存款利率的变化. 经分析，该时期内利率不会上调，利率下调的概率为 60%，利率不变的概率为 40%. 根据经验，在利率下调时某只股票上涨的概率为 80%，在利率不变时，这只股票上涨的概率为 40%. 求这只股票上涨的概率.

解 设 B_1,B_2 分别表示"利率下调"和"利率不变"这两个事件，A 表示"该只股票上涨". B_1,B_2 是导致 A 发生的原因，且

$$B_1\cup B_2=\Omega,\quad B_1B_2=\varnothing,$$

故由全概率公式，得

$$P(A)=P(A|B_1)P(B_1)+P(A|B_2)P(B_2)=80\%\times60\%+40\%\times40\%=64\%.$$

例 1.20 玻璃杯成箱出售，每箱有 20 只，假设各箱含 0,1,2 只残次品的概率相应地为 0.8，0.1 和 0.1. 一顾客欲买一箱玻璃杯，在购买时，顾客随机地查看某箱中的 4 只，若无残次品，则买下该箱玻璃杯，否则退回. 试求：

(1)顾客买下该箱玻璃杯的概率；

(2)在顾客买下的一箱玻璃杯中，确实没有残次品的概率.

解 设 A 表示"顾客买下该箱玻璃杯"，$B_i(i=0,1,2)$表示"箱中恰有 i 件残次品".

显然，B_0,B_1,B_2 是样本空间 Ω 的一个划分，由题意，

$$P(B_0)=0.8,\quad P(B_1)=0.1,\quad P(B_2)=0.1,$$

$$P(A|B_0)=1,\quad P(A|B_1)=\frac{C_{19}^4}{C_{20}^4}=\frac{4}{5},\quad P(A|B_2)=\frac{C_{18}^4}{C_{20}^4}=\frac{12}{19}.$$

(1)由全概率公式得

$$P(A)=\sum_{i=0}^{2}P(A \mid B_i)P(B_i)$$
$$=0.8\times1+0.1\times\frac{4}{5}+0.1\times\frac{12}{19}\approx0.94.$$

全概率公式常见问题

(2)由贝叶斯公式得

$$P(B_0|A)=\frac{P(A|B_0)P(B_0)}{P(A)}\approx\frac{0.8}{0.94}\approx0.85.$$

例 1.21 由以往的临床记录，某种诊断癌症的试验具有如下效果：被诊断者有癌症，试验

反应为阳性的概率为 0.95;被诊断者没有癌症,试验反应为阴性的概率为 0.95.现对自然人群进行普查,设被试验的人群中患有癌症的概率为 0.005,求已知试验反应为阳性,该被诊断者确有癌症的概率.

解 设 A 表示"患有癌症",$\overline{A}$表示"没有癌症",B 表示"试验反应为阳性",则由条件得

$$P(A)=0.005,\quad P(\overline{A})=0.995,$$
$$P(B|A)=0.95,\quad P(\overline{B}|\overline{A})=0.95.$$

由此
$$P(B|\overline{A})=1-0.95=0.05.$$

由贝叶斯公式得

$$P(A|B)=\frac{P(A)P(B|A)}{P(A)P(B|A)+P(\overline{A})P(B|\overline{A})}=0.087.$$

这就是说,根据以往的数据分析可以得到:患有癌症的被诊断者,其试验反应为阳性的概率为 95%,没有患癌症的被诊断者,其试验反应为阴性的概率为 95%,这都叫作先验概率;而在得到试验结果反应为阳性,该被诊断者确有癌症的概率为重新加以修正的概率 0.087,这叫作后验概率.此项试验也表明,用它作为普查,正确性诊断只有 8.7%(即 1 000 人具有阳性反应的人中大约只有 87 人的确患有癌症),由此可看出,若把 $P(B|A)$和 $P(A|B)$搞混淆就会造成误诊的不良后果.

概率乘法公式、全概率公式、贝叶斯公式称为条件概率的 3 个重要公式.它们在解决某些复杂事件的概率问题中起到十分重要的作用.

第四节 独 立 性

一、事件的独立性

独立性是概率统计中的一个重要概念,在讲独立性的概念之前先介绍一个例题.

例 1.22 一袋中装有 4 个白球、2 个黑球,从中有放回取两次,每次取一个.事件 A 表示"第一次取到白球",B 表示"第二次取到白球",则有

$$P(A)=\frac{2}{3},\quad P(B)=\frac{6\times 4}{6^2}=\frac{2}{3},\quad P(AB)=\frac{4^2}{6^2}=\frac{4}{9},$$

于是

$$P(B|A)=\frac{P(AB)}{P(A)}=\frac{4/9}{2/3}=\frac{2}{3}.$$

设 A,B 为两个事件,若 $P(A)>0$,则可定义 $P(B|A)$.一般情形下,$P(B)\neq P(B|A)$,即事件 A 的发生对事件 B 发生的概率是有影响的.在特殊情况下,一个事件的发生对另一事件发生的概率没有影响,如例 1.22 中有

$$P(B)=P(B|A).$$

此时乘法公式 $P(AB)=P(A)P(B|A)=P(A)P(B)$.

事件的独立性

定义 1.7 若事件 A,B 满足

$$P(AB)=P(A)P(B),$$

则称事件 A,B 是相互独立的.

容易知道，若 $P(A)>0$，$P(B)>0$，则如果 A,B 相互独立，就有 $P(AB)=P(A)P(B)>0$，故 $AB\neq\varnothing$，即 A,B 相容．反之，如果 A,B 互不相容，即 $AB=\varnothing$，则 $P(AB)=0$，而 $P(A)P(B)>0$，所以 $P(AB)\neq P(A)P(B)$，此即 A 与 B 不独立．这就是说，当 $P(A)>0$ 且 $P(B)>0$ 时，A，B 相互独立与 A,B 互不相容不能同时成立．

定理 1.4　若事件 A 与 B 相互独立，则下列各对事件也相互独立：

$$A\text{ 与 }\overline{B},\quad \overline{A}\text{ 与 }B,\quad \overline{A}\text{ 与 }\overline{B}.$$

证　因为 $A=A\Omega=A(B\cup\overline{B})=AB\cup A\overline{B}$，显然 $(AB)\cap(A\overline{B})=\varnothing$．故

$$P(A)=P(AB\cup A\overline{B})=P(AB)+P(A\overline{B})=P(A)P(B)+P(A\overline{B}),$$

于是

$$P(A\overline{B})=P(A)-P(A)P(B)=P(A)[1-P(B)]=P(A)P(\overline{B}).$$

即 A 与 $\overline{B}$ 相互独立．由此可立即推出，$\overline{A}$ 与 $\overline{B}$ 相互独立；再由 $\overline{\overline{B}}=B$，又推出 $\overline{A}$ 与 B 相互独立．

定理 1.5　若事件 A,B 相互独立，且 $0<P(A)<1$，则

$$P(B|A)=P(B|\overline{A})=P(B).$$

定理的正确性由乘法公式、相互独立性定义容易推出．

在实际应用中，还经常遇到多个事件之间的相互独立问题，例如对 3 个事件的独立性可作如下定义．

定义 1.8　设 A_1,A_2,A_3 是 3 个事件，如果满足等式：

$$P(A_1A_2)=P(A_1)P(A_2),$$
$$P(A_1A_3)=P(A_1)P(A_3),$$
$$P(A_2A_3)=P(A_2)P(A_3),$$
$$P(A_1A_2A_3)=P(A_1)P(A_2)P(A_3),$$

则称 A_1,A_2,A_3 为相互独立的事件．

这里要注意，若事件 A_1,A_2,A_3 仅满足定义中前 3 个等式，则称 A_1,A_2,A_3 是两两独立的．由此可知，若 A_1,A_2,A_3 相互独立，则 A_1,A_2,A_3 是两两独立的．但反过来，则不一定成立．

例 1.23　设一个盒中装有 4 张卡片，4 张卡片上依次标有下列各组字母：

XXY，　XYX，　YXX，　YYY，

从盒中任取一张卡片，用 $A_i(i=1,2,3)$ 表示"取到的卡片第 i 位上的字母为 X"的事件．求证：A_1,A_2,A_3 两两独立，但 A_1,A_2,A_3 并不相互独立．

证　易求出

$$P(A_1)=1/2,\quad P(A_2)=1/2,\quad P(A_3)=1/2,$$
$$P(A_1A_2)=1/4,\quad P(A_1A_3)=1/4,\quad P(A_2A_3)=1/4.$$

故 A_1,A_2,A_3 是两两独立的．

但 $P(A_1A_2A_3)=0$，而 $P(A_1)P(A_2)P(A_3)=1/8$，故

$$P(A_1A_2A_3)\neq P(A_1)P(A_2)P(A_3).$$

因此，A_1,A_2,A_3 不是相互独立的．

定义 1.9　对 n 个事件 $A_1,A_2,\cdots,A_n$，若以下 2^n-n-1 个等式成立：

$$P(A_iA_j)=P(A_i)P(A_j),\quad 1\leqslant i<j\leqslant n;$$
$$P(A_iA_jA_k)=P(A_i)P(A_j)P(A_k),\quad 1\leqslant i<j<k\leqslant n;$$
$$\cdots\cdots$$
$$P(A_1A_2\cdots A_n)=P(A_1)P(A_2)\cdots P(A_n),$$

相互独立与互不相容

则称 $A_1,A_2,\cdots,A_n$ 是相互独立的事件.

由定义 1.9 可知,

(1)若事件 $A_1,A_2,\cdots,A_n(n\geqslant 2)$ 相互独立,则其中任意 $k(2\leqslant k\leqslant n)$ 个事件也相互独立.

(2)若 n 个事件 $A_1,A_2,\cdots,A_n(n\geqslant 2)$ 相互独立,则将 $A_1,A_2,\cdots,A_n$ 中任意多个事件换成它们的对立事件,所得的 n 个事件仍相互独立.

在实际应用中,对于事件相互独立性,我们往往不是根据定义来判断,而是按实际意义来确定.

例 1.24(保险赔付) 设有 n 个人向保险公司购买人身意外保险(保险期为 1 年),假定投保人在一年内发生意外的概率为 0.01.

(1)求保险公司赔付的概率;

(2)当 n 为多大时,使得以上赔付的概率超过 $\frac{1}{2}$?

解 (1)记 A 表示"保险公司赔付",$A_i(i=1,2,\cdots,n)$ 表示"第 i 个投保人出现意外",则由实际问题可知,

$$P(A)=1-P(\overline{\bigcup_{i=1}^{n}A_i})=1-\prod_{i=1}^{n}P(\overline{A_i})=1-(0.99)^n.$$

(2)注意到 $$P(A)\geqslant 0.05\Leftrightarrow(0.99)^n\leqslant 0.5\Leftrightarrow n\geqslant\frac{\lg 2}{2-\lg 99}\approx 684.16,$$

即当投保人数 $n\geqslant 685$ 时,保险公司有大于 $\frac{1}{2}$ 的概率赔付.

该例表明,虽然概率为 0.01 的事件是小概率事件,它在一次试验中实际上几乎是不会发生的;但若重复做 n 次试验,只要 $n\geqslant 685$,这一系列小概率事件至少发生一次的概率要超过 0.5,且显然,当 $n\to\infty$ 时,$P(A)=1$.因此绝不能忽视小概率事件.

例 1.25 设电路如图 1-9 所示,其中 1,2,3,4,5 为继电器接点,设各继电器接点闭合与否相互独立,且每一继电器闭合的概率为 p,求 L 至 R 为通路的概率.

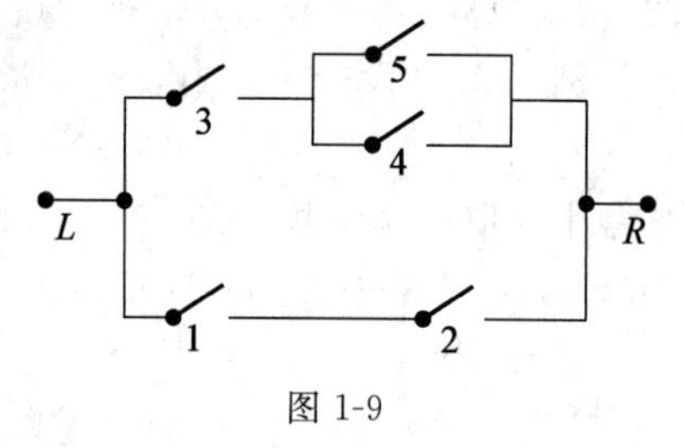

图 1-9

解 设事件 $A_i(i=1,2,3,4,5)$ 表示"第 i 个继电器接点闭合",A 表示"L 至 R 为通路",则

$$A=(A_1A_2)\cup(A_3A_4)\cup(A_3A_5).$$

于是

$$\begin{aligned}P(A)&=P((A_1A_2)\cup(A_3A_4)\cup(A_3A_5))\\&=P(A_1A_2)+P(A_3A_4)+P(A_3A_5)-P(A_1A_2A_3A_4)\\&\quad-P(A_1A_2A_3A_5)-P(A_3A_4A_5)+P(A_1A_2A_3A_4A_5).\end{aligned}$$

由 A_1,A_2,A_3,A_4,A_5 相互独立可知

$$P(A)=3p^2-2p^4-p^3+p^5.$$

二、伯努利(Bernoulli)试验

随机现象的统计规律性只有在大量重复试验(在相同条件下)中表现出来.将一个试验独立地重复进行 n 次,这是一种非常重要的概率模型.

若试验 E 只有两个可能结果:A 及 $\overline{A}$,则称 E 为伯努利试验.设 $P(A)=p(0<p<1)$,此

时 $P(\overline{A})=1-p$. 将 E 独立地重复进行 n 次，则称这一串重复的独立试验为 n 重伯努利试验.

这里"重复"是指每次试验是在相同的条件下进行，在每次试验中 $P(A)=p$ 保持不变；"独立"是指各次试验的结果互不影响，即：若以 C_i 记第 i 次试验的结果，C_i 为 A 或 $\overline{A}$，$i=1,2,\cdots,n$，则"独立"时

$$P(C_1C_2\cdots C_n)=P(C_1)P(C_2)\cdots P(C_n).$$

n 重伯努利试验在实际中有广泛的应用，是研究最多的模型之一. 例如，将一枚硬币抛掷一次，观察出现的是正面还是反面，这是一个伯努利试验. 若将一枚硬币抛掷 n 次，就是 n 重伯努利试验. 又如掷一颗骰子，若 A 表示得到"6 点"，则 $\overline{A}$ 表示得到"非 6 点"，这是一个伯努利试验. 将骰子抛 n 次，就是 n 重伯努利试验. 再如在 N 件产品中有 M 件次品，现从中任取一件，检测其是否是次品，这是一个伯努利试验；如有放回地抽取 n 次，就是 n 重伯努利试验.

对于伯努利概型，我们关心的是 n 重试验中，A 出现 k 次的概率（$0\leqslant k\leqslant n$）是多少？我们用 $P_n(k)$ 表示 n 重伯努利试验中 A 出现 k 次的概率.

伯努利概型

已知　　$P(A)=p,\quad P(\overline{A})=1-p,$

因为

$$\underbrace{AA\cdots A}_{k\text{个}}\underbrace{\overline{A}\,\overline{A}\cdots\overline{A}}_{n-k\text{个}}\cup\underbrace{AA\cdots A}_{k-1\text{个}}\overline{A}A\underbrace{\overline{A}\cdots\overline{A}}_{n-k-1\text{个}}\cup\cdots\cup\underbrace{\overline{A}\,\overline{A}\cdots\overline{A}}_{n-k\text{个}}\underbrace{AA\cdots A}_{k\text{个}}$$

表示 C_n^k 个互不相容事件的并，由独立性可知这每一事件的概率均为 $p^k(1-p)^{n-k}$；再由有限可加性，可得

$$P_n(k)=\mathrm{C}_n^kp^k(1-p)^{n-k},\quad k=0,1,2,\cdots,n.$$

这就是 n 重伯努利试验中 A 出现 k 次的概率计算公式.

例 1.26　设在 N 件产品中有 M 件次品，现进行 n 次有放回的检查抽样，试求抽得 k 件次品的概率.

解　由已给条件知，这是有放回抽样，可知每次试验是在相同条件下重复进行，故本题符合 n 重伯努利试验的条件. 令 A 表示"抽到一件次品"的事件，则

$$P(A)=p=M/N.$$

以 $P_n(k)$ 表示 n 次有放回抽样中有 k 次出现次品的概率，由伯努利概型计算公式，可知

$$P_n(k)=\mathrm{C}_n^k\left(\frac{M}{N}\right)^k\left(1-\frac{M}{N}\right)^{n-k},\quad k=0,1,2,\cdots,n.$$

例 1.27　从次品率为 $p=0.2$ 的一批产品中，有放回抽取 5 次，每次取一件，分别求抽到的 5 件中恰好有 3 件次品和至多有 3 件次品的概率.

解　记 A_i 表示"恰好有 k 件次品"（$k=0,1,\cdots,5$）的事件，A 表示"恰好有 3 件次品"的事件，B 表示"至多有 3 件次品"的事件，则

$$A=A_3,\quad B=\bigcup_{k=0}^{3}A_k,$$

$$P(A)=P(A_3)=\mathrm{C}_5^3(0.2)^3(0.8)^2=0.051\,2,$$

$$\begin{aligned}P(B)&=1-P(\overline{B})=1-P(A_4)-P(A_5)\\&=1-\mathrm{C}_5^4(0.2)^4 0.8-(0.2)^5=0.993\,3.\end{aligned}$$

例 1.28　一张英语试卷，有 10 道选择填空题，每题有 4 个选择答案，且其中只有一个是正确答案. 某同学投机取巧，随意选择填空，试问他至少填对 6 道题的概率是多大？

解　设 $B=$ "他至少填对 6 道题". 每答一道题有两个可能的结果：$A=$ "答对"及 $\overline{A}=$ "答

错”，$P(A)=1/4$，故做10道题就是10重伯努利试验，$n=10$，所求概率为

$$P(B)=\sum_{k=6}^{10}P_{10}(k)=\sum_{k=6}^{10}C_{10}^{k}\left(\frac{1}{4}\right)^{k}\left(1-\frac{1}{4}\right)^{10-k}$$

$$=C_{10}^{6}\left(\frac{1}{4}\right)^{6}\left(\frac{3}{4}\right)^{4}+C_{10}^{7}\left(\frac{1}{4}\right)^{7}\left(\frac{3}{4}\right)^{3}+C_{10}^{8}\left(\frac{1}{4}\right)^{8}\left(\frac{3}{4}\right)^{2}+C_{10}^{9}\left(\frac{1}{4}\right)^{9}\left(\frac{3}{4}\right)+\left(\frac{1}{4}\right)^{10}$$

$$\approx 0.019\,73.$$

人们在长期实践中总结得出“概率很小的事件在一次试验中实际上几乎是不发生的”（称之为实际推断原理），故如本例所说，该同学随意猜测答案，能在10道题中猜对6道以上的概率是很小的，在实际中几乎是不会发生的.

小　结

在一个随机试验中总可以找出一组基本结果，由所有基本结果组成的集合 Ω 称为样本空间. 样本空间 Ω 的子集称为随机事件. 由于事件是一个集合，所以事件之间的关系和运算可以用集合间的关系和运算来处理. 对集合间的关系和运算，读者是熟悉的，重要的是要知道它们在概率论中的含义.

我们不仅要明确一个试验中可能会发生哪些事件，更重要的是知道某些事件在一次试验中发生的可能性的大小. 事件发生的频率的稳定性表明刻画事件发生可能性大小的数——概率是客观存在的. 我们从频率的稳定性和频率的性质得到启发，给出了概率的公理化定义，并由此推出了概率的一些基本性质.

古典概型是满足只有有限个基本事件且每个基本事件发生的可能性相等的概率模型. 计算古典概型中事件 A 的概率，关键是弄清试验的基本事件的具体含义. 计算基本事件总数和事件 A 中包含的基本事件数的方法灵活多样，没有固定模式，一般可利用排列、组合及乘法原理、加法原理的知识计算. 将古典概型中只有有限个基本事件的情形推广到有无穷个基本事件的情形，并保留等可能性的条件，就得到几何概型.

条件概率定义为

$$P(A|B)=\frac{P(AB)}{P(B)},\quad P(B)>0.$$

可以证明，条件概率 $P(\cdot|B)$ 满足概率的公理化定义中的3个条件，因而条件概率是一种概率. 对概率证明的具有的性质，条件概率也同样具有. 计算条件概率 $P(A|B)$ 通常有两种方法：一是按定义，先算出 $P(B)$ 和 $P(AB)$，再求出 $P(A|B)$；二是在缩减样本空间 Ω_B 中计算事件 A 的概率，即得到 $P(A|B)$.

由条件概率定义变形即得到乘法公式

$$P(AB)=P(B)P(A|B),\quad P(B)>0.$$

在解题中要注意 $P(A|B)$ 和 $P(AB)$ 间的联系和区别. 全概率公式

$$P(B)=\sum_{i=1}^{n}P(A_i)P(B|A_i)$$

是概率论中最重要的公式之一. 由全概率公式和条件概率定义很容易得到贝叶斯公式

$$P(A_i \mid B)=\frac{P(B|A_i)P(A_i)}{\sum_{j=1}^{n}P(B|A_j)P(A_j)},\quad i=1,2,\cdots,n.$$

若把全概率公式中的 B 视作“果”，而把 Ω 的每一划分 A_i 视作“因”，则全概率公式反映“由因求果”的概率问题；$P(A_i)$是根据以往信息和经验得到的，所以被称为先验概率. 贝叶斯公式则是“执果溯因”的概率问题，即在“结果”B 已发生的条件下，寻找 B 发生的“原因”，公式中 $P(A_i|B)$是得到“结果”B 后求出的，所以称为后验概率.

独立性是概率论中一个非常重要的概念，概率论与数理统计中很多内容都是在独立性的前提下讨论的. 就解题而言，独立性有助于简化概率计算. 比如计算相互独立事件的积的概率，可简化为

$$P(A_1A_2\cdots A_n)=P(A_1)P(A_2)\cdots P(A_n);$$

计算相互独立事件的并的概率，可简化为

$$P(A_1\cup A_2\cup\cdots\cup A_n)=1-P(\overline{A_1})P(\overline{A_2})\cdots P(\overline{A_n}).$$

n 重伯努利试验是一类很重要的概型. 解题前，首先要确认试验是不是多重独立试验及每次试验结果是否只有两个(若有多个结果，可分成 A 及$\overline{A}$)，再确定重数 n 及一次试验中 A 发生的概率 p，以求出事件 A 在 n 重伯努利试验中发生 k 次的概率.

重要术语及主题

下面列出了本章的重要术语及主题，请读者自查是否能在不看书的前提下写出它们的含义.

随机试验	样本空间	随机事件
基本事件	频率	概率
古典概型	A 的对立事件$\overline{A}$及其概率	
两个互不相容事件的和事件的概率		概率的加法定理
条件概率	概率的乘法公式	全概率公式
贝叶斯公式	事件的独立性	n 重伯努利试验

习　题　一

1. 写出下列随机试验的样本空间及下列事件包含的样本点：

(1)掷一颗骰子，出现奇数点；

(2)掷两颗骰子，

A=“出现点数之和为奇数，且恰好其中有一个 1 点”，

B=“出现点数之和为偶数，但没有一颗骰子出现 1 点”；

(3)将一枚硬币抛两次，

A=“第一次出现正面”，

B=“至少有一次出现正面”，

C=“两次出现同一面”.

2. 设 A,B,C 为 3 个事件，试用 A,B,C 的运算关系式表示下列事件：

(1)A 发生，B,C 都不发生；

(2)A 与 B 发生，C 不发生；

(3)A,B,C 都发生；

(4)A,B,C 至少有一个发生；

(5)A,B,C 都不发生；

(6)A,B,C 不都发生；

(7)A,B,C 至多有两个发生；

(8)A,B,C 至少有两个发生.

3. 指出下列等式命题是否成立，并说明理由：

(1)$A\cup B=(AB)\cup B$；

(2)$\overline{A}B=A\cup B$；

(3)$\overline{A\cup B}\cap C=\overline{A}\,\overline{B}C$；

(4)$(AB)(\overline{AB})=\varnothing$；

(5)若 $A\subset B$，则 $A=AB$；

(6)若 $AB=\varnothing$，且 $C\subset A$，则 $BC=\varnothing$；

(7)若 $A\subset B$，则 $\overline{B}\supset\overline{A}$；

(8)若 $B\subset A$，则 $A\cup B=A$.

4. 设 A,B 为随机事件，且 $P(A)=0.7$，$P(A-B)=0.3$，求 $P(\overline{AB})$.

5. 设 A,B 是两个事件，且 $P(A)=0.6$，$P(B)=0.7$，求：

(1)在什么条件下 $P(AB)$ 取到最大值？

(2)在什么条件下 $P(AB)$ 取到最小值？

6. 设 A,B,C 为 3 个事件，且 $P(A)=P(B)=1/4$，$P(C)=1/3$ 且 $P(AB)=P(BC)=0$，$P(AC)=1/12$，求 A,B,C 至少有一个发生的概率.

7. 从 52 张扑克牌中任意取出 13 张，问有 5 张黑桃、3 张红心、3 张方块、2 张梅花的概率是多少？

8. 对一个 5 人学习小组考虑生日问题：

(1)求 5 个人的生日都在星期日的概率；

(2)求 5 个人的生日都不在星期日的概率；

(3)求 5 个人的生日不都在星期日的概率.

9. 从一批由 45 件正品、5 件次品组成的产品中任取 3 件，求其中恰有一件次品的概率.

10. 一批产品共 N 件，其中有 M 件正品. 从中随机地取出 $n(n<N)$ 件. 试求其中恰有 $m(m\leqslant M)$ 件正品(记为 A)的概率，如果：

(1)n 件是同时取出的；

(2)n 件是无放回逐件取出的；

(3)n 件是有放回逐件取出的.

11. 在电话号码簿中任取一电话号码，求后面 4 个数全不相同的概率(设后面 4 个数中的每一个数都是等可能地取自 $0,1,\cdots,9$).

12. 50 只铆钉随机地取来用在 10 个部件上，其中有 3 只铆钉强度太弱. 每个部件用 3 只铆钉. 若将 3 只强度太弱的铆钉都装在一个部件上，则这个部件强度就太弱. 求发生一个部件强度太弱的概率是多少？

13. 一个袋内装有大小相同的 7 个球，其中 4 个是白球，3 个是黑球，从中一次抽取 3 个，计算至少有两个是白球的概率.

14. 有甲、乙两批种子，发芽率分别为 0.8 和 0.7，在两批种子中各随机取一粒，求：

(1)两粒都发芽的概率；

(2)至少有一粒发芽的概率；

(3)恰有一粒发芽的概率.

15. 掷一枚均匀硬币直到出现 3 次正面才停止.

(1)求正好在第 6 次停止的概率；

(2)求正好在第6次停止的情况下，第5次也是出现正面的概率.

16.甲、乙两个篮球运动员，投篮命中率分别为0.7和0.6，每人各投了3次，求两人进球数相等的概率.

17.从5双不同的鞋子中任取4只，求这4只鞋子中至少有两只鞋子配成一双的概率.

18.某地某天下雪的概率为0.3，下雨的概率为0.5，既下雪又下雨的概率为0.1，求：

(1)在下雨条件下下雪的概率；

(2)这天下雨或下雪的概率.

19.已知一个家庭有3个小孩，且已知其中一个为女孩，求至少有一个男孩的概率(小孩为男为女是等可能的).

20.已知5%的男人和0.25%的女人是色盲，现随机地挑选一人，此人恰为色盲，问此人是男人的概率(假设男人和女人各占人数的一半).

21.两人约定上午9:00—10:00在公园会面，求一人要等另一人半小时以上的概率.

22.从(0,1)中随机地取两个数，求：

(1)两个数之和小于6/5的概率；

(2)两个数之积小于1/4的概率.

23.设$P(\overline{A})=0.3$，$P(B)=0.4$，$P(A\overline{B})=0.5$，求$P(B|A\cup\overline{B})$.

24.在一个盒中装有15个乒乓球，其中有9个新球，在第一次比赛中任意取出3个球，比赛后放回原盒中；第二次比赛同样任意取出3个球，求第二次取出的3个球均为新球的概率.

25.按以往概率论考试结果分析，努力学习的学生有90%的可能性考试及格，不努力学习的学生有90%的可能性考试不及格.据调查，学生中有80%的人是努力学习的，试问：

(1)考试及格的学生有多大可能性是不努力学习的人？

(2)考试不及格的学生有多大可能性是努力学习的人？

26.将两信息分别编码为A和B传递出来，接收站收到时，A被误收作B的概率为0.02，而B被误收作A的概率为0.01.信息A与B传递的频繁程度为2∶1.若接收站收到的信息是A，试问原发信息是A的概率是多少？

27.在已有两个球的箱子中再放一白球，然后任意取出一球，若发现这个球为白球，试求箱子中原有一白球的概率(箱中原有什么球是等可能的，颜色只有黑、白两种).

28.某工厂生产的产品中96%是合格品，检查产品时，一个合格品被误认为是次品的概率为0.02，一个次品被误认为是合格品的概率为0.05，求在被检查后认为是合格品的产品确是合格品的概率.

29.某保险公司把被保险人分为3类："谨慎的""一般的""冒失的".统计资料表明，上述3类人在一年内发生事故的概率依次为0.05，0.15和0.30；如果"谨慎的"被保险人占20%，"一般的"占50%，"冒失的"占30%，现知某被保险人在一年内出了事故，则他是"谨慎的"人的概率是多少？

30.加工某一零件需要经过四道工序，设第一、二、三、四道工序的次品率分别为0.02，0.03，0.05，0.03，假定各道工序是相互独立的，求加工出来的零件的次品率.

31.设每次射击的命中率为0.2，问至少进行多少次独立射击才能使至少击中一次的概率不小于0.9？

32.证明：若$P(A|B)=P(A|\overline{B})$，则A,B相互独立.

33.三人独立地破译一个密码，他们能破译的概率分别为1/5，1/3，1/4，求将此密码破译出的概率.

34.甲、乙、丙三人独立地向同一飞机射击，设击中的概率分别是0.4，0.5，0.7，若只有一人击中，则飞机被击落的概率为0.2；若有两人击中，则飞机被击落的概率为0.6；若三人都击中，则飞机一定被击落.求飞机被击落的概率.

35.已知某种疾病患者的痊愈率为25%，为试验一种新药是否有效，把它给10个病人服用，且规定若10个病人中至少有4个人治好则认为这种药有效，反之则认为无效，求：

(1)虽然新药有效，且把治愈率提高到35%，但通过试验被否定的概率；

(2)新药完全无效，但通过试验被认为有效的概率.

36.一架升降机开始时有6位乘客，并等可能地停于10层楼的每一层.试求下列事件的概率：

(1)A="某指定的一层有两位乘客离开";

(2)B="没有两位及两位以上的乘客在同一层离开";

(3)C="恰有两位乘客在同一层离开";

(4)D="至少有两位乘客在同一层离开".

37.n个朋友随机地围绕圆桌而坐,

(1)求甲、乙两人坐在一起,且乙坐在甲的左边的概率;

(2)求甲、乙、丙3人坐在一起的概率;

(3)如果n个人并排坐在长桌的一边,求上述事件的概率.

38.将线段$[0,a]$任意折成3折,试求这3折线段能构成三角形的概率.

39.某人有n把钥匙,其中只有一把能开他的门.他逐个将它们去试开(抽样是无放回的).证明试开$k(k=1,2,\cdots,n)$次才能把门打开的概率与k无关.

40.把一个表面涂有颜色的立方体等分为1000个小立方体,在这些小立方体中随机地取出一个,试求它有i面涂有颜色的概率$P(A_i)(i=0,1,2,3)$.

41.对任意的随机事件A,B,C,试证:

$$P(AB)+P(AC)-P(BC)\leqslant P(A).$$

42.将3个球随机地放入4个杯子中去,求杯中球的最大个数分别为1,2,3的概率.

43.将一枚均匀硬币掷$2n$次,求出现正面次数多于反面次数的概率.

44.掷n次均匀硬币,求出现正面次数多于反面次数的概率.

45.设甲掷均匀硬币$n+1$次,乙掷n次,求甲掷出正面次数多于乙掷出正面次数的概率.

46.证明"确定的原则"(sure thing):若$P(A|C)\geqslant P(B|C)$,$P(A|\overline{C})\geqslant P(B|\overline{C})$,则$P(A)\geqslant P(B)$.

47.一列火车共有n节车厢,有$k(k\geqslant n)$个旅客上火车并随意地选择车厢.求每一节车厢内至少有一个旅客的概率.

48.设随机试验中,某一事件A出现的概率为$\varepsilon>0$.试证明:不论$\varepsilon>0$如何小,只要不断地独立地重复做此试验,则A迟早会出现的概率为1.

49.袋中装有m枚正品硬币、n枚次品硬币(次品硬币的两面均印有国徽).在袋中任取一枚,将它投掷r次,已知每次都得到国徽.试问这枚硬币是正品的概率是多少?

50.巴拿赫(Banach)火柴盒问题:某数学家有甲、乙两盒火柴,每盒有N根火柴,每次用火柴时他在两盒中任取一盒并从中任取一根.试问他首次发现一盒空时另一盒恰有r根的概率是多少?第一次用完一盒火柴时(不是发现空)而另一盒恰有r根的概率又有多少?

51.求n重伯努利试验中A出现奇数次的概率.

52.设A,B是任意两个随机事件,求$P\{(\overline{A}+B)(A+B)(\overline{A}+\overline{B})(A+\overline{B})\}$的值. (1997考研)

53.设两两相互独立的3个事件A,B和C满足条件:$ABC=\varnothing$,$P(A)=P(B)=P(C)<1/2$,且$P(A\cup B\cup C)=9/16$,求$P(A)$. (1999考研)

54.设两个相互独立的事件A和B都不发生的概率为1/9,A发生但B不发生的概率与B发生但A不发生的概率相等,求$P(A)$. (2000考研)

55.随机地向半圆$0<y<\sqrt{2ax-x^2}$(a为正常数)内掷一点,点落在半圆内任何区域的概率与区域的面积成正比,则原点和该点的连线与x轴的夹角小于$\pi/4$的概率为多少? (1991考研)

56.设10件产品中有4件不合格品,从中任取两件,已知所取两件产品中有一件是不合格品,求另一件也是不合格品的概率. (1993考研)

57.设有来自3个地区的各10名、15名和25名考生的报名表,其中女生的报名表分别为3份、7份和5份.随机地取一个地区的报名表,从中先后抽出两份.

(1)求先抽到的一份是女生表的概率p;

(2)已知后抽到的一份是男生表,求先抽到的一份是女生表的概率q. (1998考研)

58.设A,B为随机事件,且$P(B)>0$,$P(A|B)=1$,试比较$P(A\cup B)$与$P(A)$的大小. (2006考研)

第二章

随机变量

第一节　随机变量及其分布函数

上一章中我们讨论的随机事件中有些是直接用数量来表示的，如抽样检验灯泡质量试验中灯泡的寿命；而有些则不是直接用数量来表示的，如性别抽查试验中所抽到的样本的性别. 为了更深入地研究各种与随机现象有关的理论和应用问题，我们有必要将样本空间的元素与实数对应起来，即将随机试验的每个可能的结果 e 都用一个实数 X 来表示. 例如，在性别抽查试验中用实数"1"表示"出现男性"，用"0"表示"出现女性". 显然，一般来讲此处的实数 X 值将随 e 的不同而变化，它的值因 e 的随机性而具有随机性，我们称这种取值具有随机性的变量为随机变量.

定义 2.1　设随机试验的样本空间为 Ω，如果对 Ω 中每一个元素 e，有一个实数 $X(e)$ 与之对应，这样就得到一个定义在 Ω 上的实值单值函数 $X=X(e)$，称之为随机变量(Random variable).

随机变量的取值随试验结果而定，在试验之前不能确定它取什么值，只有在试验之后才知道它的确切值；而试验的各个结果出现有一定的概率，故随机变量取各值有一定的概率. 这些性质显示了随机变量与普通函数之间有着本质的差异. 再者，普通函数是定义在实数集或实数集的一个子集上的，而随机变量是定义在样本空间上的(样本空间的元素不一定是实数)，这也是二者的差别.

本书中，我们一般以大写字母如 $X,Y,Z,W,\cdots$ 表示随机变量，而以小写字母如 $x,y,z,w,\cdots$ 表示实数.

为了研究随机变量的概率规律，并由于随机变量 X 的可能取值不一定能逐个列出，所以我们在一般情况下需研究随机变量落在某区间 $(x_1,x_2]$ 中的概率，即求 $P\{x_1<X\leqslant x_2\}$. 但由于 $P\{x_1<X\leqslant x_2\}=P\{X\leqslant x_2\}-P\{X\leqslant x_1\}$，因此，研究 $P\{x_1<X\leqslant x_2\}$ 的问题就归结为研究形如 $P\{X\leqslant x\}$ 的问题了. 不难看出，$P\{X\leqslant x\}$ 的值随 x 的变化而变化，它是 x 的函数，我们称这函数为分布函数.

定义 2.2　设 X 是随机变量，x 为任意实数，函数

$$F(x)=P\{X\leqslant x\}$$

称为 X 的分布函数(Distribution function).

对于任意实数 $x_1,x_2(x_1<x_2)$，有

$$P\{x_1<X\leqslant x_2\}=P\{X\leqslant x_2\}-P\{X\leqslant x_1\}$$
$$=F(x_2)-F(x_1). \tag{2.1}$$

因此，若已知 X 的分布函数，我们就能知道 X 落在任一区间 $(x_1,x_2]$ 上的概率. 在这个意义上说，分布函数完整地描述了随机变量的统计规律性.

如果将 X 看成是数轴上的随机点的坐标，那么，分布函数 $F(x)$ 在 x 处的函数值就表示 X 落在区间 $(-\infty,x]$ 上的概率.

分布函数具有如下基本性质：

(1) $F(x)$ 为单调不减的函数.

事实上，由(2.1)式，对于任意实数 $x_1,x_2(x_1<x_2)$，有

$$F(x_2)-F(x_1)=P\{x_1<X\leqslant x_2\}\geqslant 0.$$

(2) $0\leqslant F(x)\leqslant 1$，且 $\lim\limits_{x\to+\infty}F(x)=1$，常记为 $F(+\infty)=1$；

$$\lim_{x\to-\infty}F(x)=0，常记为 F(-\infty)=0.$$

我们从几何上说明这两个式子. 当区间端点 x 沿数轴无限向左移动 $(x\to-\infty)$ 时，则"X 落在 x 左边"这一事件趋于不可能事件，故其概率 $P\{X\leqslant x\}=F(x)$ 趋于 0；又当 x 无限向右移动 $(x\to+\infty)$ 时，事件"X 落在 x 左边"趋于必然事件，从而其概率 $P\{X\leqslant x\}=F(x)$ 趋于 1.

(3) $F(x+0)=F(x)$，即 $F(x)$ 为右连续.

证略.

反过来可以证明，任一满足这 3 个性质的函数，一定可以作为某个随机变量的分布函数.

例 2.1 设随机变量 X 的分布函数为

$$F(x)=A+B\arctan x \quad (-\infty<x<+\infty),$$

试求常数 A,B.

解 由分布函数的性质，我们有

$$0=\lim_{x\to-\infty}F(x)=\lim_{x\to-\infty}(A+B\arctan x)=A-\frac{\pi}{2}B,$$

$$1=\lim_{x\to+\infty}F(x)=\lim_{x\to+\infty}(A+B\arctan x)=A+\frac{\pi}{2}B.$$

解方程组

$$\begin{cases}A-\dfrac{\pi}{2}B=0,\\ A+\dfrac{\pi}{2}B=1,\end{cases} 得 A=\frac{1}{2},B=\frac{1}{\pi}.$$

概率论主要是利用随机变量来描述和研究随机现象，而利用随机变量分布函数就能很好地表示各事件的概率. 例如，$P\{X>a\}=1-P\{X\leqslant a\}=1-F(a)$，$P\{X<a\}=F(a-0)$，$P\{X=a\}=F(a)-F(a-0)$ 等. 在引进了随机变量和分布函数后我们就能利用高等数学的许多结果和方法来研究各种随机现象了，它们是概率论的两个重要而基本的概念. 下面我们从离散和连续两种类别来更深入地研究随机变量及其分布函数，另有一种奇异型随机变量超出本书范围，就不作介绍了.

第二节 离散型随机变量及其分布

如果随机变量所有可能的取值为有限个或可列无穷多个，则称这种随机变量为离散型随机变量(Discrete random variable).

离散型随机变量

容易知道，要掌握一个离散型随机变量 X 的统计规律，就需知道 X 的所有可能取的值以及取每一个可能值的概率.

设离散型随机变量 X 所有可能的取值为 $x_k(k=1,2,\cdots)$，X 取各个可能值的概率，即事件 $\{X=x_k\}$ 的概率

$$P\{X=x_k\}=p_k,\quad k=1,2,\cdots. \tag{2.2}$$

我们称(2.2)式为离散型随机变量 X 的概率分布或分布律. 分布律也常用表格来表示，如表 2-1 所示.

表 2-1

X	x_1	x_2	x_3	$\cdots$	x_k	$\cdots$
p_k	p_1	p_2	p_3	$\cdots$	p_k	$\cdots$

由概率的性质容易推得，任一离散型随机变量的分布律 $\{p_k\}$，都具有下述两个基本性质：

$\sum\limits_k p_k=1$ 的用途

(1) $p_k\geqslant 0, k=1,2,\cdots;$ (2.3)

(2) $\sum\limits_{k=1}^{\infty} p_k=1.$ (2.4)

反过来，任意一个具有以上两个性质的数列 $\{p_k\}$，一定可以作为某一个离散型随机变量的分布律.

为了直观地表达分布律，我们还可以作类似图 2-1 的分布律图.

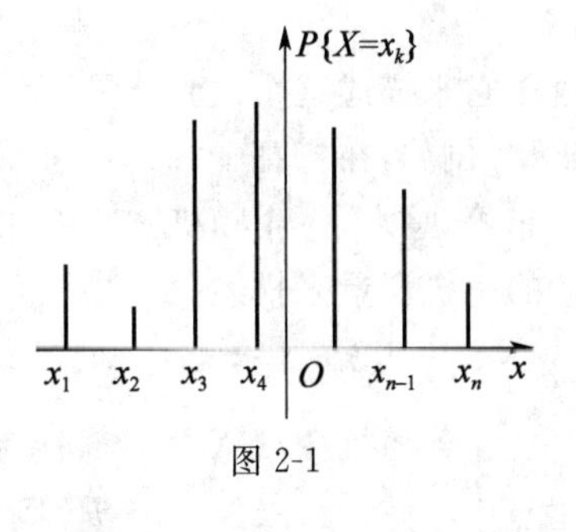

图 2-1

图 2-1 中 x_i 处垂直于 x 轴的线段高度为 p_i，它表示 X 取 x_i 的概率值.

例 2.2 从学校到火车站乘坐汽车的途中会遇上 4 盏信号灯，假设在各个交通岗遇见红灯的事件相互独立，概率都为 0.3，以 X 表示汽车首次停下时已经通过的信号灯盏数，求 X 的分布律.

解 以 p 表示每盏信号灯禁止汽车通过的概率，显然 X 的可能取值为 0,1,2,3,4，易知 X 的分布律如表 2-2 所示，或写成

$$P\{X=k\}=(1-p)^k p,\quad k=0,1,2,3.$$

$$P\{X=4\}=(1-p)^4.$$

表 2-2

X	0	1	2	3	4
p_k	p	$(1-p)p$	$(1-p)^2p$	$(1-p)^3p$	$(1-p)^4$

将 $p=0.3,1-p=0.7$ 代入上式，所得结果如表 2-3 所示.

表 2-3

X	0	1	2	3	4
p_k	0.3	0.21	0.147	0.102 9	0.240 1

下面介绍几种常见的离散型随机变量的概率分布.

1. 两点分布

若随机变量 X 只可能取 x_1 与 x_2 两值，它的分布律是

$$P\{X=x_1\}=1-p \quad (0<p<1),$$
$$P\{X=x_2\}=p,$$

则称 X 服从参数为 p 的两点分布.

特别，当 $x_1=0,x_2=1$ 时两点分布也叫(0—1)分布，记作 $X\sim(0—1)$分布. 写成分布律表形式如表 2-4 所示.

表 2-4

X	0	1
p_k	$1-p$	p

对于一个随机试验，若它的样本空间只包含两个元素，即 $\Omega=\{e_1,e_2\}$，我们总能在 Ω 上定义一个服从(0—1)分布的随机变量

$$X=X(e)=\begin{cases}0, & \text{当 } e=e_1,\\ 1, & \text{当 } e=e_2,\end{cases}$$

用它来描述这个试验结果. 因此，两点分布可以作为描述试验只包含两个基本事件的数学模型. 例如，在打靶中"命中"与"不中"的概率分布；产品抽验中"合格品"与"不合格品"的概率分布等. 总之，一个随机试验中如果我们只关心某事件 A 出现与否，则可用一个服从(0—1)分布的随机变量来描述.

2. 二项分布

若随机变量 X 的分布律为

$$P\{X=k\}=C_n^kp^k(1-p)^{n-k}, \quad k=0,1,\cdots,n, \tag{2.5}$$

则称 X 服从参数为 n,p 的二项分布(Binomial distribution)，记作 $X\sim B(n,p)$.

易知(2.5)式满足(2.3)、(2.4)两式. 事实上，$P\{X=k\}\geqslant 0$ 是显然的；再由二项展开式知

$$\sum_{k=0}^{n}P\{X=k\}=\sum_{k=0}^{n}C_n^kp^k(1-p)^{n-k}=[p+(1-p)]^n=1.$$

我们知道，$P\{X=k\}=C_n^kp^k(1-p)^{n-k}$ 恰好是 $[p+(1-p)]^n$ 二项展开式中出现 p^k 的那一项，这就是二项分布名称的由来.

回忆 n 重伯努利试验中事件 A 出现 k 次的概率计算公式

$$P_n(k)=C_n^k p^k(1-p)^{n-k},\quad k=0,1,\cdots,n,$$

可知，若 $X\sim B(n,p)$，X 就可以用来表示 n 重伯努利试验中事件 A 出现的次数. 因此，二项分布可以作为描述 n 重伯努利试验中事件 A 出现次数的数学模型. 比如，射手射击 n 次中，"中靶"次数的概率分布；随机抛掷硬币 n 次，落地时出现"正面"次数的概率分布；从一批足够多的产品中任意抽取 n 件，其中"废品"件数的概率分布等.

不难看出，(0—1)分布就是二项分布在 $n=1$ 时的特殊情形，故(0—1)分布的分布律也可写成

$$P\{X=k\}=p^k q^{1-k}\quad (k=0,1,q=1-p).$$

例 2.3　某大学的校乒乓球队与数学系乒乓球队举行对抗赛. 校队的实力较系队的强，当一个校队运动员与一个系队运动员比赛时，校队运动员获胜的概率为 0.6. 现在校、系双方商量对抗赛的方式，提了 3 种方案：

(1)双方各出 3 人；(2)双方各出 5 人；(3)双方各出 7 人.

3 种方案中均以比赛中得胜人数多的一方为胜利. 问：对系队来说，哪一种方案有利？

解　设系队得胜人数为 X，则在上述 3 种方案中，系队胜利的概率为：

(1) $P\{X\geqslant 2\}=\sum\limits_{k=2}^{3}C_3^k(0.4)^k(0.6)^{3-k}\approx 0.352$；

(2) $P\{X\geqslant 3\}=\sum\limits_{k=3}^{5}C_5^k(0.4)^k(0.6)^{5-k}\approx 0.317$；

(3) $P\{X\geqslant 4\}=\sum\limits_{k=4}^{7}C_7^k(0.4)^k(0.6)^{7-k}\approx 0.290$.

因此第 1 种方案对系队最为有利. 这在直觉上是容易理解的，因为参赛人数越少，系队侥幸获胜的可能性也就越大.

例 2.4　已知某公司生产的螺丝钉的次品率为 0.01，并设每个螺丝钉是否为次品是相互独立的. 这家公司将每 10 个包成一包出售，并保证若发现包内多于一个次品则可退款，问卖出的某包螺丝钉将被退回的概率有多大?

解　设 X 为某包螺丝钉中次品的个数，则 X 服从参数为(10，0.01)的二项分布，即 $X\sim B(10,0.01)$. 据题意，当 X 大于 1 时，这包螺丝钉被退回，因此这包螺丝钉被退回的概率为

$$\begin{aligned}P(X>1)&=1-P(X=0)-P(X=1)\\&=1-C_{10}^0(0.01)^0(0.99)^{10}-C_{10}^1(0.01)^1(0.99)^9\\&\approx 0.0043.\end{aligned}$$

若在上例中将参数 10 改为 100 或更大，显然此时直接计算该概率就显得相当麻烦. 为此我们给出一个当 n 很大而 p(或 $1-p$)很小时的近似计算公式.

定理 2.1［泊松(Poisson)定理］　设 $np_n=\lambda$($\lambda>0$ 是一常数，n 是任意正整数)，则对任意一固定的非负整数 k，有

$$\lim_{n\to\infty}C_n^k p_n^k(1-p_n)^{n-k}=\frac{\lambda^k e^{-\lambda}}{k!}.$$

证　由 $p_n=\lambda/n$，有

$$C_n^k p_n^k(1-p_n)^{n-k}=\frac{n(n-1)\cdots(n-k+1)}{k!}\left(\frac{\lambda}{n}\right)^k\left(1-\frac{\lambda}{n}\right)^{n-k}$$

$$=\frac{\lambda^k}{k!}\left[1\cdot\left(1-\frac{1}{n}\right)\left(1-\frac{2}{n}\right)\cdots\left(1-\frac{k-1}{n}\right)\right]\cdot\left(1-\frac{\lambda}{n}\right)^n\left(1-\frac{\lambda}{n}\right)^{-k}.$$

对任意固定的 k，当 $n\to\infty$ 时，

$$\left[1\cdot\left(1-\frac{1}{n}\right)\left(1-\frac{2}{n}\right)\cdots\left(1-\frac{k-1}{n}\right)\right]\to1,$$

$$\left(1-\frac{\lambda}{n}\right)^n\to e^{-\lambda},\quad\left(1-\frac{\lambda}{n}\right)^{-k}\to1,$$

故

$$\lim_{n\to\infty}C_n^k p_n^k(1-p_n)^{n-k}=\frac{\lambda^k e^{-\lambda}}{k!}.$$

由于 $\lambda=np_n$ 是常数，所以当 n 很大时 p_n 必定很小，因此，上述定理表明当 n 很大而 p 很小时，有以下近似公式

$$C_n^k p^k(1-p)^{n-k}\approx\frac{\lambda^k e^{-\lambda}}{k!},\tag{2.6}$$

其中 $\lambda=np$.

从表 2-5 可以直观地看出(2.6)式两端的近似程度.

表 2-5

k	按二项分布公式直接计算				按泊松近似公式(2.6)计算
	$n=10$ $p=0.1$	$n=20$ $p=0.05$	$n=40$ $p=0.025$	$n=100$ $p=0.01$	$\lambda=1(=np)$
0	0.349	0.358	0.363	0.366	0.368
1	0.385	0.377	0.372	0.370	0.368
2	0.194	0.189	0.186	0.185	0.184
3	0.057	0.060	0.060	0.061	0.061
4	0.011	0.013	0.014	0.015	0.015
⋮	⋮	⋮	⋮	⋮	⋮

由表 2-5 可以看出，两者的结果是很接近的. 在实际计算中，当 $n\geqslant20, p\leqslant0.05$ 时近似效果颇佳，而当 $n\geqslant100, np\leqslant10$ 时效果更好. $\frac{\lambda^k e^{-\lambda}}{k!}$的值有表可查(见本书附表 1).

二项分布的泊松近似，常常被应用于研究稀有事件(即每次试验中事件 A 出现的概率 p 很小)，当伯努利试验的次数 n 很大时，事件 A 发生的次数的分布.

例 2.5 某十字路口有大量汽车通过，假设每辆汽车在这里发生交通事故的概率为 0.001，如果每天有 5 000 辆汽车通过这个十字路口，求发生交通事故的汽车数不少于 2 的概率.

解 设 X 表示发生交通事故的汽车数，则 $X\sim B(n,p)$，此处 $n=5\,000, p=0.001$，令 $\lambda=np=5$，则

$$P\{X\geqslant2\}=1-P\{X<2\}=1-\sum_{k=0}^{1}P\{X=k\}$$

$$=1-(0.999)^{5\,000}-5(0.999)^{4\,999}$$

$$\approx1-\frac{5^0 e^{-5}}{0!}-\frac{5e^{-5}}{1!}.$$

查附表1可得

$$P\{X\geqslant 2\}\approx 1-0.006\,74-0.033\,69=0.959\,57.$$

例 2.6 某部队进行炮弹演练,设每次射击时炮弹落入50个目标的可能性相同,均为0.02,独立射击400次,试求至少有两发炮弹落入某一固定目标的概率.

解 将一次发射看成是一次试验.设击中固定目标的次数为X,则$X\sim B(400,0.02)$,即X的分布律为

$$P\{X=k\}=C_{400}^{k}(0.02)^{k}(0.98)^{400-k},\quad k=0,1,\cdots,400.$$

故所求概率为

$$\begin{aligned}P\{X\geqslant 2\}&=1-P\{X=0\}-P\{X=1\}\\&=1-(0.98)^{400}-400(0.02)(0.98)^{399}\\&\approx 0.997\,2.\end{aligned}$$

这个概率很接近1,我们从两方面来讨论这一结果的实际意义.其一,虽然每次射击的命中率很小(为0.02),但如果射击400次,则击中目标至少两次是几乎可以肯定的.这一事实说明,一个事件尽管在一次试验中发生的概率很小,但只要试验次数很多,而且试验是独立地进行的,那么这一事件的发生几乎是肯定的.这也告诉人们决不能轻视小概率事件.其二,如果在400次射击中击中目标的次数竟不到两次,由于$P\{X<2\}\approx 0.003$很小,根据实际推断原理,我们将怀疑"每次射击的命中率为0.02"这一假设,即认为该射手射击的命中率达不到0.02.

3.泊松分布

若随机变量X的分布律为

$$P\{X=k\}=\frac{\lambda^{k}e^{-\lambda}}{k!},\quad k=0,1,2,\cdots,\tag{2.7}$$

其中$\lambda>0$是常数,则称X服从参数为λ的泊松分布(Poisson distribution),记为$X\sim P(\lambda)$.

易知(2.7)式满足(2.3)、(2.4)两式,事实上,$P\{X=k\}\geqslant 0$显然;再由

$$\sum_{k=0}^{\infty}\frac{\lambda^{k}e^{-\lambda}}{k!}=e^{-\lambda}\cdot e^{\lambda}=1,$$

可知

$$\sum_{k=0}^{\infty}P\{X=k\}=1.$$

泊松分布与二项分布关系

由泊松定理可知,泊松分布可以作为描述大量试验中稀有事件出现的次数($k=0,1,\cdots$)的概率分布情况的一个数学模型.比如,大量产品中抽样检查时得到的不合格品数,一个集团中员工生日是元旦的人数,一页中印刷错误出现的数目,数字通信中传输数字时发生误码的个数等,这些都近似服从泊松分布.除此之外,理论与实践都说明,一般来说它也可作为下列随机变量的概率分布的数学模型:在任给一段固定的时间间隔内,①由某块放射性物质放射出的α质点,到达某个计数器的质点数;②某地区发生交通事故的次数;③来到某公共设施要求给予服务的顾客数(这里的公共设施的意义可以是极为广泛的,诸如售货员、机场跑道、电话交换台、医院等,在机场跑道的例子中,顾客可以相应地想象为飞机).泊松分布是概率论中一种很重要的分布.

例 2.7 计算机硬件公司制造某种特殊型号的微型芯片,次品率为0.1%,各芯片成为次品是相互独立的.求在1 000只产品中至少有2只次品的概率,以X记产品中的次品数$X\sim$

$B(1\,000,0.01)$.

解 所求概率为

$$\begin{aligned}P\{X\geqslant 2\}&=1-P\{X=0\}-P\{X=1\}\\&=1-(0.999)^{1\,000}-C_{1\,000}^{1}(0.999)^{999}(0.001)\\&\approx 1-0.367\,695\,4-0.368\,063\,5=0.264\,241\,1.\end{aligned}$$

令 $\lambda=1\,000\times 0.001=1$,可利用(2.7)式计算得

$$\begin{aligned}P\{X\geqslant 2\}&=1-P\{X=0\}-P\{X=1\}\\&=1-e^{-1}-e^{-1}\approx 0.264\,241\,1.\end{aligned}$$

显然利用(2.7)式的计算来得方便.

下面我们就一般的离散型随机变量讨论其分布函数.设离散型随机变量 X 的分布律如表 2-1 所示.

由分布函数的定义可知

$$F(x)=P\{X\leqslant x\}=\sum_{x_k\leqslant x}P\{X=x_k\}=\sum_{x_k\leqslant x}p_k,$$

此处的和式 $\sum\limits_{x_k\leqslant x}$ 表示对所有满足 $x_k\leqslant x$ 的 k 求和,形象地讲就是对那些满足 $x_k\leqslant x$ 所对应的 p_k 的累加.

例 2.8 求例 2.2 中 X 的分布函数 $F(x)$.

解 由例 2.2 的分布律知:

当 $x<0$ 时,

$$F(x)=P\{X\leqslant x\}=0;$$

当 $0\leqslant x<1$ 时,

$$F(x)=P\{X\leqslant x\}=P\{X=0\}=0.3;$$

当 $1\leqslant x<2$ 时,

$$F(x)=P\{X\leqslant x\}=P(\{X=0\}\cup\{X=1\})=P\{X=0\}+P\{X=1\}=0.3+0.21=0.51;$$

当 $2\leqslant x<3$ 时,

$$\begin{aligned}F(x)&=P\{X\leqslant x\}=P(\{X=0\}\cup\{X=1\}\cup\{X=2\})\\&=P\{X=0\}+P\{X=1\}+P\{X=2\}\\&=0.3+0.21+0.147\\&=0.657;\end{aligned}$$

当 $3\leqslant x<4$ 时,

$$\begin{aligned}F(x)&=P\{X\leqslant x\}=P(\{X=0\}\cup\{X=1\}\cup\{X=2\}\cup\{X=3\})\\&=0.3+0.21+0.147+0.102\,9=0.759\,9;\end{aligned}$$

当 $x\geqslant 4$ 时,

$$\begin{aligned}F(x)&=P\{X\leqslant x\}\\&=P(\{X=0\}\cup\{X=1\}\cup\{X=2\}\cup\{X=3\}\cup\{X=4\})\\&=0.3+0.21+0.147+0.102\,9+0.240\,1=1.\end{aligned}$$

综上所述

$$F(x)=P\{X\leqslant x\}=\begin{cases}0, & x<0,\\ 0.3, & 0\leqslant x<1,\\ 0.51, & 1\leqslant x<2,\\ 0.657, & 2\leqslant x<3,\\ 0.7599, & 3\leqslant x<4,\\ 1, & x\geqslant 4.\end{cases}$$

$F(x)$的图形是一条阶梯状右连续曲线，在 $x=0,1,2,3,4$ 处有跳跃，其跳跃高度分别为 0.3，0.21，0.147，0.102 9，0.240 1，这条曲线从左至右依次从 $F(x)=0$ 逐步升级到 $F(x)=1$.

对表 2-1 所示的一般的分布律，其分布函数 $F(x)$表示一条阶梯状右连续曲线，在 $X=x_k$ $(k=1,2,\cdots)$处有跳跃，跳跃的高度恰为 $p_k=P\{X=x_k\}$，从左至右，由水平直线 $F(x)=0$ 分别按阶高 $p_1,p_2,\cdots$升至水平直线 $F(x)=1$.

以上是已知分布律来求分布函数. 反过来，若已知离散型随机变量 X 的分布函数 $F(x)$，则 X 的分布律也可由分布函数所确定：

$$p_k=P\{X=x_k\}=F(x_k)-F(x_k-0).$$

第三节 连续型随机变量及其分布

上一节我们研究了离散型随机变量，这类随机变量的特点是它的可能取值及其相对应的概率能被逐个地列出. 这一节我们将要研究的连续型随机变量就不具有这样的性质了. 连续型随机变量的特点是它的可能取值连续地充满某个区间甚至整个数轴. 此外，连续型随机变量取某特定值的概率总是零(关于这点将在以后说明). 例如，抽检一个工件，其长度 X 丝毫不差刚好是其固定值(如 1.824 cm)的事件$\{X=1.824\}$几乎是不可能的，应认为 $P\{X=1.824\}=0$. 因此讨论连续型随机变量在某点的概率是毫无意义的. 于是，对于连续型随机变量就不能用对离散型随机变量那样的方法进行研究了. 为了说明方便我们先来看一个例子.

例 2.9 一个半径为 2 m 的圆盘靶，设击中靶上任一同心圆盘上的点的概率与该圆盘的面积成正比，并设射击都能中靶，以 X 表示弹着点与圆心的距离，试求随机变量 X 的分布函数.

解 (1)若 $x<0$，因为事件$\{X\leqslant x\}$是不可能事件，所以

$$F(x)=P\{X\leqslant x\}=0.$$

(2)若 $0\leqslant x\leqslant 2$，由题意 $P\{0\leqslant X\leqslant x\}=kx^2$，$k$ 是常数. 为了确定 k 的值，取 $x=2$，有$P\{0\leqslant X\leqslant 2\}=2^2k$，但事件$\{0\leqslant X\leqslant 2\}$是必然事件，故 $P\{0\leqslant X\leqslant 2\}=1$，即 $2^2k=1$，所以 $k=1/4$. 故

$$P\{0\leqslant X\leqslant x\}=x^2/4.$$

于是
$$F(x)=P\{X\leqslant x\}=P\{X<0\}+P\{0\leqslant X\leqslant x\}=x^2/4.$$

(3)若 $x\geqslant 2$，由于$\{X\leqslant 2\}$是必然事件，于是

$$F(x)=P\{X\leqslant x\}=1.$$

综上所述，

$$F(x)=\begin{cases}0, & x<0,\\ \frac{1}{4}x^2, & 0\leqslant x<2,\\ 1, & x\geqslant 2.\end{cases}$$

它的图形是一条连续曲线,如图 2-2 所示.

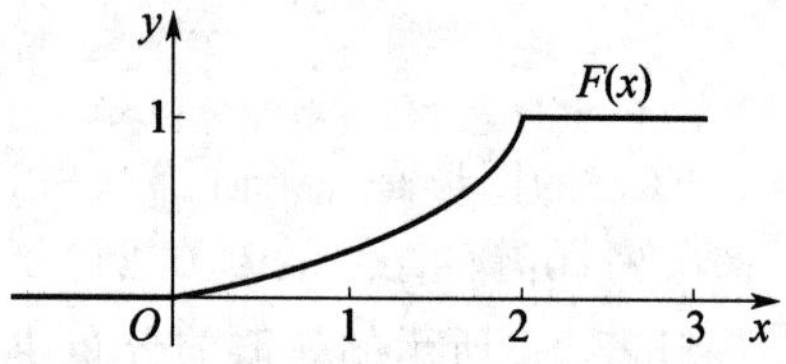

另外,容易看到本例中 X 的分布函数 $F(x)$ 还可写成如下形式:

$$F(x)=\int_{-\infty}^{x}f(t)\mathrm{d}t,$$

其中
$$f(t)=\begin{cases}\frac{1}{2}t, & 0<t<2,\\ 0, & \text{其他}.\end{cases}$$

图 2-2

这就是说 $F(x)$ 恰好是非负函数 $f(t)$ 在区间 $(-\infty,x]$ 上的积分,这种随机变量 X,我们称为连续型随机变量.一般地有如下定义.

定义 2.3 若对随机变量 X 的分布函数 $F(x)$,存在非负函数 $f(x)$,使对于任意实数 x 有

$$F(x)=\int_{-\infty}^{x}f(t)\mathrm{d}t, \tag{2.8}$$

则称 X 为连续型随机变量(Continuous random variable),其中 $f(x)$ 称为 X 的概率密度函数,简称概率密度或密度函数(Density function).

由(2.8)式知道连续型随机变量 X 的分布函数 $F(x)$ 是连续函数.由分布函数的性质:$F(-\infty)=0$,$F(+\infty)=1$ 及 $F(x)$ 单调不减,知 $F(x)$ 是一条位于直线 $y=0$ 与 $y=1$ 之间的单调不减的连续(但不一定光滑)曲线.

由定义 2.3 知道,$f(x)$ 具有以下性质:

(1) $f(x)\geqslant 0$;

(2) $\int_{-\infty}^{+\infty}f(x)\mathrm{d}x=1$;

(3) $P\{x_1<X\leqslant x_2\}=F(x_2)-F(x_1)=\int_{x_1}^{x_2}f(x)\mathrm{d}x\,(x_1\leqslant x_2)$;

(4)若 $f(x)$ 在 x 点处连续,则有 $F'(x)=f(x)$.

由性质(2)知道,介于曲线 $y=f(x)$ 与 $y=0$ 之间的面积为 1.由性质(3)知道,X 落在区间 $(x_1,x_2]$ 的概率 $P\{x_1<X\leqslant x_2\}$ 等于区间 $(x_1,x_2]$ 上曲线 $y=f(x)$ 之下的曲边梯形面积.由性质(4)知道,在 $f(x)$ 的连续点 x 处有

$$f(x)=\lim_{\Delta x\to 0^+}\frac{F(x+\Delta x)-F(x)}{\Delta x}=\lim_{\Delta x\to 0^+}\frac{P\{x<X\leqslant x+\Delta x\}}{\Delta x}.$$

这种形式恰与物理学中线密度定义相类似,这也正是为什么称 $f(x)$ 为概率密度的原因.同样我们也指出,任一满足以上(1)、(2)两个性质的函数 $f(x)$,一定可以作为某个连续型随机变量的密度函数.

前面我们曾指出,对连续型随机变量 X 而言,它取任一特定值 a 的概率为零,即 $P\{X=a\}=0$.事实上,令 $\Delta x>0$.设 X 的分布函数为 $F(x)$,则由

$$\{X=a\}\subset\{a-\Delta x<X\leqslant a\},$$

得
$$0\leqslant P\{X=a\}\leqslant P\{a-\Delta x<X\leqslant a\}=F(a)-F(a-\Delta x);$$

由于 $F(x)$ 连续，所以 $\lim\limits_{\Delta x\to 0}F(a-\Delta x)=F(a)$；

当 $\Delta x\to 0$ 时，由夹逼定理得

$$P\{X=a\}=0.$$

连续型随机变量分布函数

由此很容易推导出

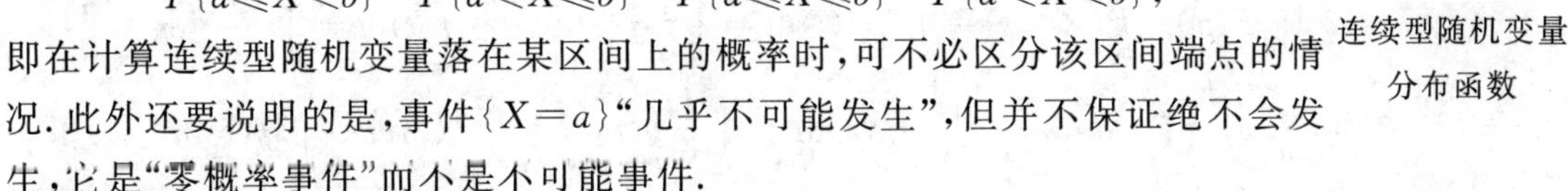

$$P\{a\leqslant X<b\}=P\{a<X\leqslant b\}=P\{a\leqslant X\leqslant b\}=P\{a<X<b\},$$

即在计算连续型随机变量落在某区间上的概率时，可不必区分该区间端点的情况. 此外还要说明的是，事件 $\{X=a\}$"几乎不可能发生"，但并不保证绝不会发生，它是"零概率事件"而不是不可能事件.

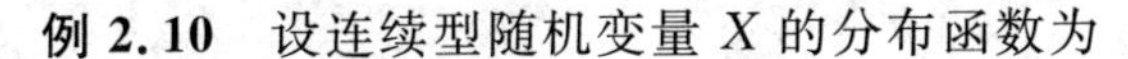

例 2.10 设连续型随机变量 X 的分布函数为

连续型随机变量

$$F(x)=\begin{cases}0, & x<0,\\ Ax^2, & 0\leqslant x<1,\\ 1, & x\geqslant 1.\end{cases}$$

试求：

(1) 系数 A；

(2) X 落在区间 $(0.3,0.7)$ 内的概率；

(3) X 的密度函数.

解 (1) 由于 X 为连续型随机变量，故 $F(x)$ 是连续函数. 因此有

$$1=F(1)=\lim_{x\to 1^-}F(x)=\lim_{x\to 1^-}Ax^2=A,$$

即 $A=1$，于是有

$$F(x)=\begin{cases}0, & x<0,\\ x^2, & 0\leqslant x<1,\\ 1, & x\geqslant 1.\end{cases}$$

(2) $P\{0.3<X<0.7\}=F(0.7)-F(0.3)=(0.7)^2-(0.3)^2=0.4.$

(3) X 的密度函数为

$$f(x)=F'(x)=\begin{cases}2x, & 0\leqslant x<1,\\ 0, & \text{其他}.\end{cases}$$

由定义 2.3 知，改变密度函数 $f(x)$ 在个别点的函数值，不影响分布函数 $F(x)$ 的取值，因此，改变个别点的密度函数值的影响可以忽略不计(比如在 $x=0$ 或 $x=1$ 上 $f(x)$ 的值).

例 2.11 设随机变量 X 具有密度函数

$$f(x)=\begin{cases}cx^2, & 0<x<2,\\ 0, & \text{其他}.\end{cases}$$

(1) 确定常数 c；(2) 求 X 的分布函数 $F(x)$；(3) 求 $P\{-1<X\leqslant 1\}$.

解 (1) 由 $\int_{-\infty}^{+\infty}f(x)\mathrm{d}x=1$，得

$$c\int_0^2 x^2\mathrm{d}x=1,$$

解得 $c=\dfrac{3}{8}$. 故 X 的密度函数为

$$f(x)=\begin{cases}\frac{3}{8}x^2, & 0<x<2,\\ 0, & \text{其他}.\end{cases}$$

(2)当 $x<0$ 时，$F(x)=P\{X\leqslant x\}=\int_{-\infty}^{x}f(t)\mathrm{d}t=0.$

当 $0\leqslant x<2$ 时，$F(x)=P\{X\leqslant x\}=\int_{-\infty}^{x}f(t)\mathrm{d}t=\int_{-\infty}^{0}f(t)\mathrm{d}t+\int_{0}^{x}f(t)\mathrm{d}t=\int_{0}^{x}\frac{3}{8}t^2\mathrm{d}t=\frac{x^3}{8}$；

当 $x\geqslant 2$ 时，$F(x)=P\{X\leqslant x\}=\int_{-\infty}^{x}f(t)\mathrm{d}t=\int_{-\infty}^{0}f(t)\mathrm{d}t+\int_{0}^{2}f(t)\mathrm{d}t+\int_{2}^{x}f(t)\mathrm{d}t=1.$

故

$$F(x)=\begin{cases}0, & x<0,\\ \frac{x^3}{8}, & 0\leqslant x<2,\\ 1, & x\geqslant 2.\end{cases}$$

(3)$P\{-1<X\leqslant 1\}=F(1)-F(-1)=\frac{1}{8}.$

下面介绍 3 种常见的连续型随机变量.

1. 均匀分布

若连续型随机变量 X 具有概率密度

$$f(x)=\begin{cases}\frac{1}{b-a}, & a<x<b,\\ 0, & \text{其他},\end{cases} \tag{2.9}$$

则称 X 在区间(a,b)上服从均匀分布(Uniform distribution)，记为 $X\sim U(a,b)$. 易知 $f(x)\geqslant 0$ 且

$$\int_{-\infty}^{+\infty}f(x)\mathrm{d}x=\int_{a}^{b}\frac{1}{b-a}\mathrm{d}x=1.$$

由(2.9)式可得

(1) $$P\{X\geqslant b\}=\int_{b}^{+\infty}0\mathrm{d}x=0,\quad P\{X\leqslant a\}=\int_{-\infty}^{a}0\mathrm{d}x=0,$$

即 $$P\{a<X<b\}=1-P\{X\geqslant b\}-P\{X\leqslant a\}=1;$$

(2)若 $a\leqslant c<d\leqslant b$，则

$$P\{c<X<d\}=\int_{c}^{d}\frac{1}{b-a}\mathrm{d}x=\frac{d-c}{b-a}.$$

因此，在区间(a,b)上服从均匀分布的随机变量 X 的物理意义是：X 以概率 1 在区间(a,b)内取值，而以概率 0 在区间(a,b)以外取值，并且 X 值落入(a,b)中任一子区间(c,d)中的概率与子区间的长度成正比，而与子区间的位置无关.

由(2.8)式易得 X 的分布函数为

$$F(x)=\begin{cases}0, & x<a,\\ \frac{x-a}{b-a}, & a\leqslant x<b,\\ 1, & x\geqslant b.\end{cases} \tag{2.10}$$

均匀分布的密度函数 $f(x)$ 和分布函数 $F(x)$ 的图形分别如图 2-3 和图 2-4 所示.

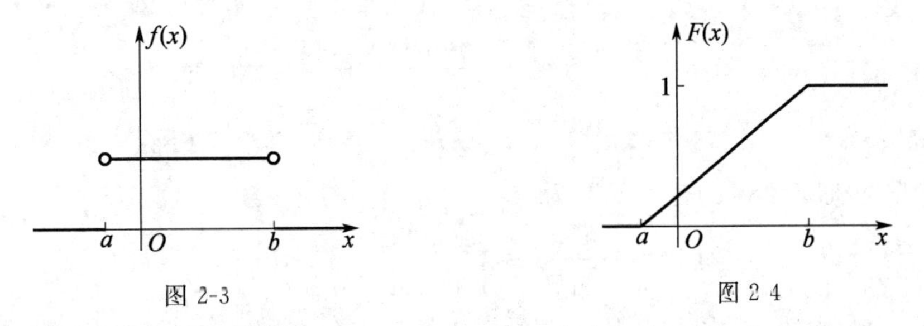

图 2-3　　　　图 2-4

在数值计算中,由于四舍五入,小数点后第一位小数所引起的误差 X,一般可以看作是一个服从在 $[-0.5,0.5]$ 上的均匀分布的随机变量;又如在 (a,b) 中随机掷质点,则该质点的坐标 X 一般也可看作是一个服从在 (a,b) 上的均匀分布的随机变量.

例 2.12　设电阻值 R 是一个随机变量,均匀分布在 900～1 100 Ω. 求 R 的密度函数及 R 落在 950～1 050 Ω 的概率.

解　按题意,设 R 的密度函数为

$$f(R)=\begin{cases}\dfrac{1}{1\,100-900}, & 900\leqslant R\leqslant 1\,100,\\ 0, & \text{其他}.\end{cases}$$

故有

$$P\{950<R\leqslant 1\,050\}=\int_{950}^{1\,050}\frac{1}{200}\mathrm{d}R=0.5.$$

2. 指数分布

若随机变量 X 的密度函数为

$$f(x)=\begin{cases}\lambda \mathrm{e}^{-\lambda x}, & x>0,\\ 0, & x\leqslant 0,\end{cases} \tag{2.11}$$

其中 $\lambda>0$ 为常数,则称 X 服从参数为 λ 的指数分布(Exponentially distribution),记作 $X\sim Z(\lambda)$.

显然 $f(x)\geqslant 0$,且 $\int_{-\infty}^{+\infty}f(x)\mathrm{d}x=\int_{0}^{+\infty}\lambda \mathrm{e}^{-\lambda x}\mathrm{d}x=1$.

容易得到 X 的分布函数为

$$F(x)=\begin{cases}1-\mathrm{e}^{-\lambda x}, & x>0,\\ 0, & x\leqslant 0.\end{cases}$$

指数分布最常见的一个场合是寿命分布. 指数分布具有"无记忆性",即对于任意 $s,t>0$,有

$$P\{X>s+t\,|\,X>s\}=P\{X>t\}. \tag{2.12}$$

如果用 X 表示某一元件的寿命,那么(2.12)式表明,在已知元件已使用了 s 小时的条件下,它还能再使用至少 t 小时的概率,与从开始使用时算起它至少能使用 t 小时的概率相等. 这就是说元件对它已使用过 s 小时没有记忆. 当然,指数分布描述的是无老化时的寿命分布,但"无老化"是不可能的,因而只是一种近似. 对一些寿命长的元件,在初期阶段其老化现象很小,在这一阶段,指数分布比较确切地描述了其寿命分布情况.

(2.12)式是容易证明的. 事实上,

$$P\{X>s+t \mid X>s\}=\frac{P\{X>s, X>s+t\}}{P\{X>s\}}=\frac{P\{X>s+t\}}{P\{X>s\}}$$

$$=\frac{1-F(s+t)}{1-F(s)}=\frac{\mathrm{e}^{-\lambda(s+t)}}{\mathrm{e}^{-\lambda s}}=\mathrm{e}^{-\lambda t}=P\{X>t\}.$$

3. 正态分布

若连续型随机变量 X 的密度函数为

$$f(x)=\frac{1}{\sqrt{2\pi}\sigma}\mathrm{e}^{-\frac{(x-\mu)^2}{2\sigma^2}}, \quad -\infty<x<+\infty, \tag{2.13}$$

其中 $\mu,\sigma(\sigma>0)$ 为常数，则称 X 服从参数为 μ,σ 的正态分布(Normal distribution)，记为 $X\sim N(\mu,\sigma^2)$. 显然 $f(x)\geqslant 0$，下面来证明 $\int_{-\infty}^{+\infty} f(x)\mathrm{d}x=1$. 令 $\frac{x-u}{\sigma}=t$，得到

$$\int_{-\infty}^{+\infty}\frac{1}{\sqrt{2\pi}\sigma}\mathrm{e}^{-\frac{(x-\mu)^2}{2\sigma^2}}\mathrm{d}x=\frac{1}{\sqrt{2\pi}}\int_{-\infty}^{+\infty}\mathrm{e}^{-\frac{t^2}{2}}\mathrm{d}t.$$

记 $I=\int_{-\infty}^{+\infty}\mathrm{e}^{-\frac{t^2}{2}}\mathrm{d}t$，则有 $$I^2=\int_{-\infty}^{+\infty}\int_{-\infty}^{+\infty}\mathrm{e}^{-\frac{t^2+s^2}{2}}\mathrm{d}t\mathrm{d}s.$$

作极坐标变换：$s=r\cos\theta, t=r\sin\theta$，得到

$$I^2=\int_{-\infty}^{2\pi}\int_{0}^{+\infty} r\mathrm{e}^{-\frac{r^2}{2}}\mathrm{d}r\mathrm{d}\theta=2\pi,$$

而 $I>0$，故有 $I=\sqrt{2\pi}$，即有

$$\int_{-\infty}^{+\infty}\mathrm{e}^{-\frac{t^2}{2}}\mathrm{d}t=\sqrt{2\pi}.$$

于是

$$\int_{-\infty}^{+\infty}\frac{1}{\sqrt{2\pi}\sigma}\mathrm{e}^{-\frac{(x-\mu)^2}{2\sigma^2}}\mathrm{d}x=\frac{1}{\sqrt{2\pi}}\cdot\sqrt{2\pi}=1.$$

正态分布是概率论和数理统计中最重要的分布之一. 在实际问题中大量的随机变量服从或近似服从正态分布. 只要某一个随机变量受到许多相互独立随机因素的影响，而每个个别因素的影响都不能起决定性作用，那么就可以断定该随机变量服从或近似服从正态分布. 例如，人的身高、体重受到种族、饮食习惯、地域、运动等因素的影响，但这些因素又不能对身高、体重起决定性作用，所以我们可以认为身高、体重服从或近似服从正态分布.

参数 μ,σ 的意义将在第四章中说明. $f(x)$的图形如图 2-5 所示，它具有如下性质：

(1)曲线关于 $x=\mu$ 对称；

(2)曲线在 $x=\mu$ 处取到最大值，x 离 μ 越远，$f(x)$值越小，这表明对于同样长度的区间，当区间离 μ 越远，X 落在这个区间上的概率越小；

(3)曲线在 $\mu\pm\sigma$ 处有拐点；

(4)曲线以 x 轴为渐近线；

(5)若固定 μ，当 σ 越小时图形越尖陡(见图 2-6)，因而 X 落在 μ 附近的概率越大；若固定 σ，让 μ 值改变，则图形沿 x 轴平移，而不改变其形状，如图 2-5 所示. 故称 σ 为精度参数，μ 为位置参数.

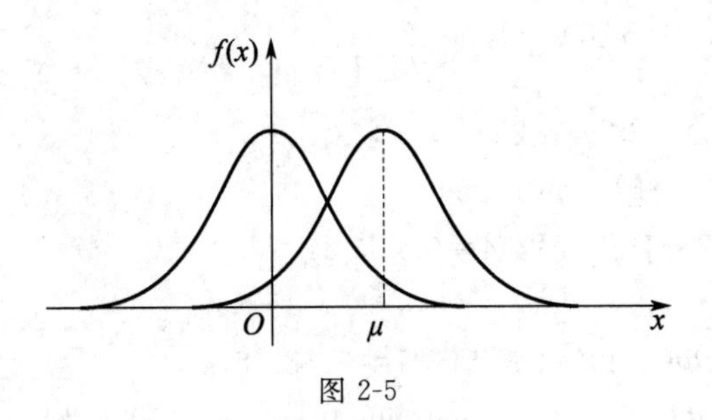

图 2-5

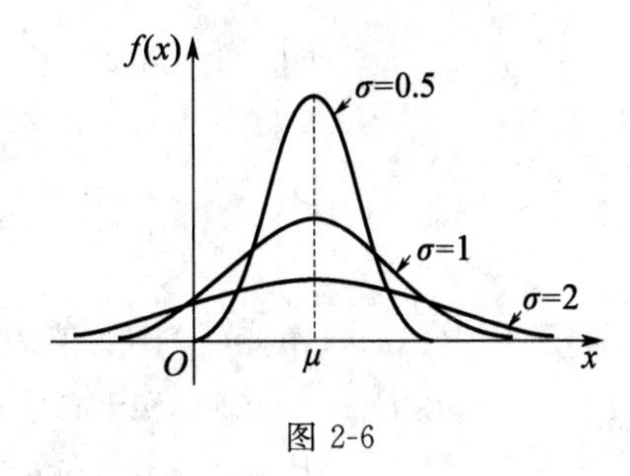

图 2-6

由(2.13)式得 X 的分布函数

$$F(x)=\frac{1}{\sqrt{2\pi}\sigma}\int_{-\infty}^{x}\mathrm{e}^{-\frac{(t-\mu)^2}{2\sigma^2}}\mathrm{d}t. \tag{2.14}$$

特别地，当 $\mu=0,\sigma=1$ 时，称 X 服从标准正态分布 $N(0,1)$，其密度函数和分布函数分别用$\varphi(x)$，$\Phi(x)$表示，即有

$$\varphi(x)=\frac{1}{\sqrt{2\pi}}\mathrm{e}^{-\frac{x^2}{2}}, \tag{2.15}$$

$$\Phi(x)=\frac{1}{\sqrt{2\pi}}\int_{-\infty}^{x}\mathrm{e}^{-\frac{t^2}{2}}\mathrm{d}t. \tag{2.16}$$

易知，$\Phi(-x)=1-\Phi(x)$.

人们已事先编制了 $\Phi(x)$的函数值表，见本书附表 2.

一般地，若 $X\sim N(\mu,\sigma^2)$，则有 $\frac{X-\mu}{\sigma}\sim N(0,1)$.

事实上，$Z=\frac{X-\mu}{\sigma}$的分布函数为

$$\begin{aligned}P\{Z\leqslant x\}&=P\left\{\frac{X-\mu}{\sigma}\leqslant x\right\}=P\{X\leqslant\mu+\sigma x\}\\&=\int_{-\infty}^{\mu+\sigma x}\frac{1}{\sqrt{2\pi}\sigma}\mathrm{e}^{-\frac{(t-\mu)^2}{2\sigma^2}}\mathrm{d}t,\end{aligned}$$

令$\frac{t-\mu}{\sigma}=s$，得

$$P\{Z\leqslant x\}=\frac{1}{\sqrt{2\pi}}\int_{-\infty}^{x}\mathrm{e}^{-\frac{s^2}{2}}\mathrm{d}s=\Phi(x),$$

由此知

$$Z=\frac{X-\mu}{\sigma}\sim N(0,1).$$

由上述可知，若 $X\sim N(\mu,\sigma^2)$，则可利用标准正态分布函数 $\Phi(x)$，查表求得 X 落在任一区间$(x_1,x_2]$内的概率，即

$$\begin{aligned}P\{x_1<X\leqslant x_2\}&=P\left\{\frac{x_1-\mu}{\sigma}<\frac{X-\mu}{\sigma}\leqslant\frac{x_2-\mu}{\sigma}\right\}\\&=P\left\{\frac{X-\mu}{\sigma}\leqslant\frac{x_2-\mu}{\sigma}\right\}-P\left\{\frac{X-\mu}{\sigma}\leqslant\frac{x_1-\mu}{\sigma}\right\}\\&=\Phi\left(\frac{x_2-\mu}{\sigma}\right)-\Phi\left(\frac{x_1-\mu}{\sigma}\right).\end{aligned}$$

例如，设 $X\sim N(1.5,4)$，可得

$$P\{-1\leqslant X\leqslant 2\}=P\left\{\frac{-1-1.5}{2}\leqslant\frac{X-1.5}{2}\leqslant\frac{2-1.5}{2}\right\}$$
$$=\Phi(0.25)-\Phi(-1.25)$$
$$=\Phi(0.25)-[1-\Phi(1.25)]$$
$$=0.5987-1+0.8944=0.4931.$$

设 $X\sim N(\mu,\sigma^2)$，由 $\Phi(x)$ 函数值表可得

$$P\{\mu-\sigma<X<\mu+\sigma\}=\Phi(1)-\Phi(-1)=2\Phi(1)-1=0.6826,$$
$$P\{\mu-2\sigma<X<\mu+2\sigma\}=\Phi(2)-\Phi(-2)=0.9544,$$
$$P\{\mu-3\sigma<X<\mu+3\sigma\}=\Phi(3)-\Phi(-3)=0.9974.$$

我们看到，尽管正态随机变量的取值范围是 $(-\infty,\infty)$，但它的值落在 $(\mu-3\sigma,\mu+3\sigma)$ 内几乎是肯定的事，因此在实际问题中，基本上可以认为有 $|X-\mu|<3\sigma$. 这就是人们所说的"3σ 原则".

例 2.13 已知 $X\sim N(8,4^2)$，求 $P\{X\leqslant 16\}$，$P\{X\leqslant 0\}$，$P\{12\leqslant X\leqslant 20\}$.

解 由上面知识可知当 $X\sim N(\mu,\sigma^2)$ 时，$P\{x_1\leqslant X\leqslant x_2\}=\Phi\left(\frac{x_2-\mu}{\sigma}\right)-\Phi\left(\frac{x_1-\mu}{\sigma}\right)$，所以

$$P\{X<16\}=P\left\{\frac{X-8}{4}<\frac{16-8}{4}\right\}=\Phi(2)=0.9772,$$

$$P\{X<0\}=P\left\{\frac{X-8}{4}<\frac{-8}{4}\right\}=\Phi(-2)=1-\Phi(2)=0.0227,$$

$$P\{12<X\leqslant 20\}=P\left\{\frac{12-8}{4}<\frac{X-8}{4}\leqslant\frac{20-8}{4}\right\}=\Phi(3)-\Phi(1)=0.1574.$$

例 2.14 测量某一物件的长度时发生的随机误差 X（单位：m）一般服从正态分布，其密度函数为

$$f(x)=\frac{1}{4\sqrt{2\pi}}\mathrm{e}^{-\frac{(x-2)^2}{32}}.$$

试求在 4 次测量中至少有一次误差的绝对值不超过 3 m 的概率.

解 X 的密度函数

$$f(x)=\frac{1}{4\sqrt{2\pi}}\mathrm{e}^{-\frac{(x-2)^2}{32}}=\frac{1}{4\times\sqrt{2\pi}}\mathrm{e}^{-\frac{(x-2)^2}{2\times 4^2}},$$

即 $X\sim N(2,4^2)$，故一次测量中随机误差的绝对值不超过 3 m 的概率为

$$P\{|X|\leqslant 3\}=P\{-3\leqslant X\leqslant 3\}=\Phi\left(\frac{3-2}{4}\right)-\Phi\left(\frac{-3-2}{4}\right)$$
$$=\Phi(0.25)-\Phi(-1.25)=0.5981-(1-0.8944)=0.4931.$$

设 Y 为 4 次测量中误差的绝对值不超过 3 m 的次数，则 Y 服从二项分布 $B(3,0.4931)$，故

$$P\{Y\geqslant 1\}=1-P\{Y=0\}=1-(0.5069)^4=0.9340.$$

为了便于今后应用，对于标准正态分布，我们引入了 α 分位点的定义.

设 $X\sim N(0,1)$，若 z_α 满足条件

$$P\{X>z_\alpha\}=\alpha,\quad 0<\alpha<1, \tag{2.17}$$

则称点 z_α 为标准正态分布的上 α 分位点. 例如，由查表（见附表 2）可得 $z_{0.05}=1.645$，$z_{0.001}=3.16$. 故1.645 与 3.16 分别是标准正态分布的上 0.05 分位点与上 0.001 分位点.

第四节　随机变量函数的分布

随机变量函数分布

我们常常遇到一些随机变量，它们的分布往往难于直接得到（如测量轴承滚珠体积值 Y 等），但是与它们有函数关系的另一些随机变量，其分布却是容易知道的（如滚珠直径测量值 X）. 因此，要研究随机变量之间的函数关系，从而通过这种关系由已知的随机变量的分布求出与其有函数关系的另一个随机变量的分布.

例 2.15　设随机变量 X 的分布律如表 2-6 所示，试求(1)$Y=2X$，(2)$Z=(X-1)^2$ 的分布律.

表 2-6

X	-1	0	1	2
p_k	0.3	0.2	0.1	0.4

解　(1)由于在 X 的取值范围内，事件"$X=0$""$X=2$"，分别与事件"$2X=0$""$2X=4$"等价，所以

$$P\{X=0\}=P\{2X=0\}=0.2,$$
$$P\{X=2\}=P\{2X=4\}=0.4,$$

类似可得：

$$P\{X=1\}=P\{2X=2\}=0.1,$$
$$P\{X=-1\}=P\{2X=-2\}=0.3,$$

于是得 $Y=2X$ 的分布律如表 2-7 所示.

表 2-7

$2X$	-2	0	2	4
p_k	0.3	0.2	0.1	0.4

(2)Z 的所有可能取值为 0，1，4. 根据事件的等价关系有

$$P\{Z=0\}=P\{(X-1)^2=0\}=P\{X=1\}=0.1,$$
$$P\{Z=1\}=P\{(X-1)^2=1\}=P\{X=0\}+P\{X=2\}=0.6,$$
$$P\{Z=4\}=P\{(X-1)^2=4\}=P\{X=-1\}=0.3.$$

故 Z 的分布律如表 2-8 所示.

表 2-8

Z	0	1	4
p_k	0.1	0.6	0.3

例 2.16　设连续型随机变量 X 具有概率密度 $f_X(x)$，$-\infty<x<+\infty$，求 $Y=g(X)=X^2$ 的概率密度.

解　先求 Y 的分布函数 $F_Y(y)$. 由于 $Y=g(X)=X^2\geqslant 0$，故当 $y\leqslant 0$ 时事件"$Y\leqslant y$"的概率

为 0,即 $F_Y(y)=P\{Y\leqslant y\}=0$. 当 $y>0$ 时,有

$$F_Y(y)=P\{Y\leqslant y\}=P\{X^2\leqslant y\}=P\{-y\leqslant X\leqslant y\}$$
$$=\int_{-\sqrt{y}}^{\sqrt{y}}f_X(x)\mathrm{d}x.$$

将 $F_Y(y)$关于 y 求导,即得 Y 的概率密度为

$$f_Y(y)=\begin{cases}\dfrac{1}{2\sqrt{y}}\left[f_X(\sqrt{y})+f_X(-\sqrt{y})\right], & y>0,\\ 0, & y\leqslant 0.\end{cases}$$

例如,当 $X\sim N(0,1)$时,其概率密度为(2.15)式,则 $Y=X^2$ 的概率密度为

$$f_Y(y)=\begin{cases}\dfrac{1}{\sqrt{2\pi}}y^{-\frac{1}{2}}\mathrm{e}^{-\frac{y}{2}}, & y>0,\\ 0, & y\leqslant 0.\end{cases}$$

此时称 Y 服从自由度为 1 的 χ^2 分布.

例 2.16 中关键的一步在于将事件"$Y\leqslant y$"由其等价事件"$-\sqrt{y}\leqslant X\leqslant\sqrt{y}$"代替,即将事件"$Y\leqslant y$"转换为有关 X 的范围所表示的等价事件. 下面我们仅对 $Y=g(X)$,其中 $g(x)$为严格单调函数,写出一般结论.

定理 2.2 设随机变量 X 具有概率密度 $f_X(x)$, $-\infty<x<+\infty$,又设函数 $g(x)$处处可导且 $g'(x)>0$(或 $g'(x)<0$),则 $Y=g(X)$是连续型随机变量,其概率密度为

$$f_Y(y)=\begin{cases}f_X[h(y)]|h'(y)|, & \alpha<x<\beta,\\ 0, & \text{其他},\end{cases}\tag{2.18}$$

其中 $\alpha=\min\{g(-\infty),g(+\infty)\}$, $\beta=\max\{g(-\infty),g(+\infty)\}$, $h(y)$是 $g(x)$的反函数.

证 我们只证 $g'(x)>0$ 的情况. 由于 $g'(x)>0$,故 $g(x)$在$(-\infty,+\infty)$上严格单调递增,它的反函数 $h(y)$存在,且在(α,β)上严格单调递增并可导. 我们先求 Y 的分布函数 $F_Y(y)$,再通过对 $F_Y(y)$求导求出 $f_Y(y)$.

由于 $Y=g(X)$在(α,β)上取值,故:

当 $y\leqslant\alpha$ 时, $F_Y(y)=P\{Y\leqslant y\}=0$;

当 $y\geqslant\beta$ 时, $F_Y(y)=P\{Y\leqslant y\}=1$;

当 $\alpha<y<\beta$ 时,

$$F_Y(y)=P\{Y\leqslant y\}=P\{g(X)\leqslant y\}=P\{X\leqslant h(y)\}=\int_{-\infty}^{h(y)}f_X(x)\mathrm{d}x.$$

于是得 $Y=g(x)$的概率密度

$$f_Y(y)=\begin{cases}f_X[h(y)][h'(y)], & \alpha<x<\beta,\\ 0, & \text{其他}.\end{cases}$$

对于 $g'(x)<0$ 的情况可以同样证明,即

$$f_Y(y)=\begin{cases}f_X[h(y)][-h'(y)], & \alpha<x<\beta,\\ 0, & \text{其他}.\end{cases}$$

将上面两种情况合并得

$$f_Y(y)=\begin{cases}f_X[h(y)]|h'(y)|, & \alpha<x<\beta,\\ 0, & \text{其他}.\end{cases}$$

注 若 $f(x)$ 在 $[a,b]$ 之外为零,则只需假设在 (a,b) 上恒有 $g'(x)>0$ [或恒有 $g'(x)<0$],此时

$$\alpha=\min\{g(a),g(b)\},\quad \beta=\max\{g(a),g(b)\}.$$

例 2.17 已知 $X\sim N(\mu,\sigma^2)$,且有 $Y=2X+3$. 试证明 $Y\sim N(2\mu+3,4\sigma^2)$.

证 设 X 的概率密度

$$f_X(x)=\frac{1}{\sqrt{2\pi}\sigma}\mathrm{e}^{-\frac{(x-\mu)^2}{2\sigma^2}},\quad -\infty<x<+\infty.$$

再令 $y=g(x)=2x+3$,得 $g(x)$ 的反函数

$$x=h(y)=\frac{y-3}{2}.$$

所以

$$h'(y)=\frac{1}{2}.$$

由(2.18)式得 $Y=g(X)=2X+3$ 的概率密度为

$$f_Y(y)=\frac{1}{2}f_X\left(\frac{y-3}{2}\right),\quad -\infty<y<+\infty,$$

即

$$f_Y(y)=\frac{1}{2\sigma\sqrt{2\pi}}\mathrm{e}^{-\frac{[y-(3+2\mu)]^2}{2(2\sigma)^2}},\quad -\infty<y<+\infty,$$

所以

$$Y=2X+3\sim N(2\mu+3,4\sigma^2).$$

例 2.18 设电压 $V=A\sin\theta$,其中 A 是一个已知的正常数,相角 θ 是一个随机变量,且有 $\theta\sim U\left(-\frac{\pi}{2},\frac{\pi}{2}\right)$,试求电压 V 的概率密度.

解 现令 $v=g(\theta)=A\sin\theta$,在 $\left(-\frac{\pi}{2},\frac{\pi}{2}\right)$ 上恒有 $g'(\theta)=A\cos\theta>0$,且有反函数

$$\theta=h(v)=\arcsin\frac{v}{A},\quad h'(v)=\frac{1}{\sqrt{A^2-v^2}}.$$

θ 的概率密度为 $f_\theta(\theta)=\begin{cases}\frac{1}{\pi}, & -\frac{\pi}{2}<\theta<\frac{\pi}{2},\\ 0, & \text{其他}.\end{cases}$

随机变量函数分布常见问题

由前面的知识可知 $V=A\sin\theta$ 的概率密度为

$$f_V(v)=\begin{cases}\frac{1}{\pi}\cdot\frac{1}{\sqrt{A^2-v^2}}, & -A<v<A,\\ 0, & \text{其他}.\end{cases}$$

小　结

随机变量 $X=X(e)$ 是定义在样本空间 $\Omega=\{e\}$ 上的实值单值函数,它的取值随试验结果而定,是不能预先确定的,且它的取值有一定的概率,因而它与普通函数是不同的. 引入随机变量,就可以用微积分的理论和方法对随机试验与随机事件的概率进行数学推理与计算,从而完

成对随机试验结果的规律性的研究.

分布函数

$$F(x)=P\{X\leqslant x\},\quad -\infty<x<+\infty$$

反映了随机变量 X 的取值不大于实数 x 的概率. X 落入实轴上任意区间 $(x_1,x_2]$ 上的概率也可用 $F(x)$ 来表示,即

$$P\{x_1<X\leqslant x_2\}=F(x_2)-F(x_1).$$

因此掌握了随机变量 X 的分布函数,就了解了随机变量 X 在 $(-\infty,+\infty)$ 上的概率分布,可以说分布函数完整地描述了随机变量的统计规律性.

本书只讨论了两类重要的随机变量. 一类是离散型随机变量. 对于离散型随机变量,我们需要知道它可能取哪些值,以及它取每个可能值的概率,常用分布律

$$P\{X=x_k\}=p_k,\quad k=1,2,\cdots$$

或用表 2-9 表示它取值的统计规律性. 要掌握已知分布律情况下求分布函数 $F(x)$ 的方法以及已知分布函数 $F(x)$ 情况下求分布律的方法. 分布律与分布函数是一一对应的.

表 2-9

X	x_1	x_2	$\cdots$	x_k	$\cdots$
p_k	p_1	p_2	$\cdots$	p_k	$\cdots$

另一类是连续型随机变量,设随机变量 X 的分布函数为 $F(x)$,若存在非负函数 $f(x)$,使得对于任意 x,有

$$F(x)=\int_{-\infty}^{x}f(t)\mathrm{d}t,$$

则称 X 是连续型随机变量,其中 $f(x)$ 称为 X 的概率密度函数. 连续型随机变量的分布函数是连续的,但不能认为凡是分布函数为连续函数的随机变量就是连续型随机变量. 判别一个随机变量是不是连续型的,要看符合定义条件的 $f(x)$ 是否存在[事实上存在分布函数 $F(x)$ 连续,但又不能以非负函数的变上限的定积分表示的随机变量].

要掌握已知 $f(x)$ 来求 $F(x)$ 的方法,以及已知 $F(x)$ 来求 $f(x)$ 的方法. 由连续型随机变量定义可知,改变 $f(x)$ 在个别点的函数值,并不改变 $F(x)$ 的值,因此改变 $f(x)$ 在个别点的值是无关紧要的.

读者要掌握分布函数、分布律、密度函数的性质.

本章还介绍了几种重要的随机变量的分布:(0—1)分布、二项分布、泊松分布、均匀分布、指数分布、正态分布. 读者必须熟练掌握这几种分布的分布律或密度函数,还须知道每一种分布的概率意义.

随机变量 X 的函数 $Y=g(X)$ 也是一个随机变量. 求 Y 的分布时,首先要准确界定 Y 的取值范围(在离散型时要注意相同值的合并),其次要正确计算 Y 的分布,尤其要注意 Y 为连续型随机变量时的分布计算. 当 $y=g(x)$ 单调或分段单调时,可按定理写出 Y 的密度函数 $f_Y(y)$,否则应先按分布函数定义求出 $F_Y(y)$,再对 y 求导,得到 $f_Y(y)$[即使是 $y=g(x)$ 单调或分段单调时,也应掌握先求出 $F_Y(y)$,再求出 $f_Y(y)$ 的一般方法].

重要术语及主题

随机变量　　　　分布函数　　　　离散型随机变量及其分布律

连续型随机变量及其密度函数　　(0—1)分布
二项分布　　泊松分布　　均匀分布
指数分布　　正态分布　　随机变量函数的分布

习　题　二

1. 一袋中有5个乒乓球，编号为1,2,3,4,5，在其中同时取3个，以X表示取出的3个球中的最大号码，写出随机变量X的分布律.

2. 设在15个同类型零件中有2个为次品，在其中取3次，每次任取1个，做不放回抽样，以X表示取出的次品个数，求：

(1)X的分布律；

(2)X的分布函数并作图；

(3)$P\{X\leqslant 12\}$,$P\{1<X\leqslant 32\}$,$P\{1\leqslant X\leqslant 32\}$,$P\{1<X<2\}$.

3. 射手向目标独立地进行了3次射击，每次击中率为0.8，求3次射击中击中目标的次数的分布律及分布函数，并求3次射击中至少击中2次的概率.

4. (1)设随机变量X的分布律为

$$P\{X=k\}=a\frac{\lambda^k}{k!},$$

其中$k=0,1,2,\cdots$,$\lambda>0$为常数，试确定常数a.

(2)设随机变量X的分布律为

$$P\{X=k\}=a/N,\quad k=1,2,\cdots,N,$$

试确定常数a.

5. 甲、乙两人投篮，投中的概率分别为0.6,0.7，今各投3次，求：

(1)两人投中次数相等的概率；

(2)甲比乙投中次数多的概率.

6. 设某机场每天有200架飞机在此降落，任一飞机在某一时刻降落的概率设为0.02，且设各飞机降落是相互独立的. 试问该机场需配备多少条跑道，才能保证某一时刻飞机需立即降落而没有空闲跑道的概率小于0.01(每条跑道只能允许一架飞机降落)？

7. 有一繁忙的汽车站，每天有大量汽车通过，设每辆汽车在一天的某时段出事故的概率为0.000 1，在某天的该时段内有1 000辆汽车通过，问该天出事故的次数不小于2的概率是多少(利用泊松定理)？

8. 已知在5重伯努利试验中成功的次数X满足$P\{X=1\}=P\{X=2\}$，求概率$P\{X=4\}$.

9. 设事件A在每一次试验中发生的概率为0.3，当A发生不少于3次时，指示灯发出信号.

(1)进行了5次独立试验，试求指示灯发出信号的概率；

(2)进行了7次独立试验，试求指示灯发出信号的概率.

10. 某公安局在长度为t的时间间隔内收到的紧急呼救的次数X服从参数为$(1/2)t$的泊松分布，而与时间间隔起点无关(时间以h计).

(1)求某一天12:00—15:00没收到呼救的概率；

(2)求某一天12:00—17:00至少收到1次呼救的概率.

11. 设

$$P\{X=k\}=C_2^k p^k(1-p)^{2-k},k=0,1,2,$$

$$P\{Y=m\}=C_4^m p^m(1-p)^{4-m},m=0,1,2,3,4$$

分别为随机变量X,Y的概率分布，如果已知$P\{X\geqslant 1\}=59$，试求$P\{Y\geqslant 1\}$.

12. 某教科书出版了2 000册，因装订等原因造成错误的概率为0.001，试求在这2 000册书中恰有5册有错误的概率.

13. 进行某种试验,成功的概率为 3/4,失败的概率为 1/4. 以 X 表示试验首次成功所需试验的次数,试写出 X 的分布律,并计算 X 取偶数的概率.

14. 有 2 500 名同一年龄和同社会阶层的人参加了保险公司的人寿保险. 在一年中每个人死亡的概率为 0.002,每个参加保险的人在 1 月 1 日须交 12 元保险费,若发生死亡则家属可从保险公司领取 2 000 元赔偿金. 求:

(1)保险公司亏本的概率;

(2)保险公司获利分别不少于 10 000 元、20 000 元的概率.

15. 已知随机变量 X 的密度函数为

$$f(x)=Ae^{-|x|}, \quad -\infty<x<+\infty,$$

求:(1)A 值;(2)$P\{0<X<1\}$;(3)$F(x)$.

16. 设某种仪器内装有三只同样的电子管,电子管使用寿命 X 的密度函数为

$$f(x)=\begin{cases}\dfrac{100}{x^2}, & x\geqslant 100,\\ 0, & x<100.\end{cases}$$

求:(1)在开始 150 h 内没有电子管损坏的概率;

(2)在这段时间内有一只电子管损坏的概率;

(3)$F(x)$.

17. 在区间$[0,a]$上任意投掷一个质点,以 X 表示这质点的坐标,设这质点落在$[0,a]$中任意小区间内的概率与这小区间长度成正比例,试求 X 的分布函数.

18. 设随机变量 X 在$[2,5]$上服从均匀分布. 现对 X 进行 3 次独立观测,求至少有两次的观测值大于 3 的概率.

19. 设顾客在某银行的窗口等待服务的时间 X(以 min 计)服从指数分布 $Z(15)$. 某顾客在窗口等待服务,若超过 10 min 则他就离开. 他一个月要到银行 5 次,以 Y 表示一个月内他未等到服务而离开窗口的次数,试写出 Y 的分布律,并求 $P\{Y\geqslant 1\}$.

20. 某人乘汽车去火车站乘火车,有两条路可走. 第一条路程较短但交通拥挤,所需时间 X 服从 $N(40,10^2)$;第二条路程较长但堵塞少,所需时间 X 服从 $N(50,4^2)$.

(1)若动身时离火车开车只有 1 h,问走哪条路能乘上火车的把握大些?

(2)又若动身时离火车开车时间只有 45 min,问走哪条路能赶上火车的把握大些?

21. 设 $X\sim N(3,22)$,

(1)求 $P\{2<X\leqslant 5\}$,$P\{-4<X\leqslant 10\}$,$P\{|X|>2\}$,$P\{X>3\}$;

(2)确定 c 使 $P\{X>c\}=P\{X\leqslant c\}$.

22. 由某机器生产的螺栓的长度(单位:cm)$X\sim N(10.05,0.062)$,规定长度在 10.05 ± 0.12 内为合格品,求一螺栓为不合格品的概率.

23. 一工厂生产的电子管的寿命 X(单位:h)服从正态分布 $N(160,\sigma^2)$,若要求 $P\{120<X\leqslant 200\}\geqslant 0.8$,允许 σ 最大不超过多少?

24. 设随机变量 X 分布函数为

$$F(x)=\begin{cases}A+Be^{-\lambda x}, & x\geqslant 0,\\ 0, & x<0\end{cases} \quad (\lambda>0).$$

(1)求常数 A,B;

(2)求 $P\{X\leqslant 2\}$,$P\{X>3\}$;

(3)求密度函数 $f(x)$.

25. 设随机变量 X 的密度函数为

$$f(x)=\begin{cases} x, & 0\leqslant x<1, \\ 2-x, & 1\leqslant x<2, \\ 0, & \text{其他}. \end{cases}$$

求 X 的分布函数 $F(x)$.

26. 设随机变量 X 的密度函数分别为：

(1) $f(x)=ae^{-\lambda|x|}$，$\lambda>0$；

(2) $f(x)=\begin{cases} bx, & 0<x<1, \\ \dfrac{1}{x^2}, & 1\leqslant x<2, \\ 0, & \text{其他}. \end{cases}$

试确定常数 a,b，并求其分布函数 $F(x)$.

27. 求标准正态分布的上 α 或 $\alpha/2$ 分位点：

(1) $\alpha=0.01$，求 z_α；

(2) $\alpha=0.003$，求 z_α，$z_{\alpha/2}$.

28. 设随机变量 X 的分布律如表 2-10 所示，求 $Y=X^2$ 的分布律.

表 2-10

X	-2	-1	0	1	3
p_k	1/5	1/6	1/5	1/15	1/130

29. 设 $P\{X=k\}=\left(\dfrac{1}{2}\right)^k$，$k=1,2,\cdots$，令

$$Y=\begin{cases} 1, & \text{当 } X \text{ 取偶数时}, \\ -1, & \text{当 } X \text{ 取奇数时}. \end{cases}$$

求随机变量 X 的函数 Y 的分布律.

30. 设 $X\sim N(0,1)$.

(1) 求 $Y=e^X$ 的密度函数；

(2) 求 $Y=2X^2+1$ 的密度函数；

(3) 求 $Y=|X|$ 的密度函数.

31. 设随机变量 $X\sim U(0,1)$，试求：

(1) $Y=e^X$ 的分布函数及密度函数；

(2) $Z=-2\ln X$ 的分布函数及密度函数.

32. 设随机变量 X 的密度函数为

$$f(x)=\begin{cases} \dfrac{2x}{\pi^2}, & 0<x<\pi, \\ 0, & \text{其他}. \end{cases}$$

试求 $Y=\sin X$ 的密度函数.

33. 设随机变量 X 的分布函数如下：

$$F(x)=\begin{cases} \dfrac{1}{1+x^2}, & x<\underline{\quad①\quad}, \\ \underline{\quad②\quad}, & x\geqslant\underline{\quad③\quad}. \end{cases}$$

试填上①，②，③项.

34. 同时掷两颗骰子，直到一颗骰子出现 6 点为止，求抛掷次数 X 的分布律.

35. 随机数字序列要多长才能使数字 0 至少出现一次的概率不小于 0.9?

36. 已知

$$F(x)=\begin{cases}0, & x<0,\\ x+0.5, & 0\leqslant x<0.5,\\ 1, & x\geqslant 0.5,\end{cases}$$

则 $F(x)$ 是(　　)随机变量的分布函数.

A. 连续型　　B. 离散型

C. 非连续亦非离散型

37. 设在区间 $[a,b]$ 上随机变量 X 的密度函数为 $f(x)=\sin x$,而在 $[a,b]$ 外 $f(x)=0$,则区间 $[a,b]$ 等于(　　).

A. $\left[0,\frac{\pi}{2}\right]$　　B. $[0,\pi]$

C. $\left[-\frac{\pi}{2},0\right]$　　D. $\left[0,\frac{3}{2}\pi\right]$

38. 设随机变量 $X\sim N(0,\sigma^2)$,问:当 σ 取何值时,X 落入区间 $(1,3)$ 的概率最大?

39. 设在一段时间内进入某一商店的顾客人数 X 服从泊松分布 $P(\lambda)$,每个顾客购买某种物品的概率为 p,并且各个顾客是否购买该种物品相互独立,求进入商店的顾客购买这种物品的人数 Y 的分布律.

40. 设随机变量 X 服从参数为 2 的指数分布. 证明:$Y=1-\mathrm{e}^{-2X}$ 在区间 $(0,1)$ 上服从均匀分布.

(1995 考研)

41. 设随机变量 X 的密度函数为

$$f(x)=\begin{cases}1/3, & 0\leqslant x\leqslant 1,\\ 2/9, & 3\leqslant x\leqslant 6,\\ 0, & \text{其他}.\end{cases}$$

若 k 使得 $P\{X\geqslant k\}=2/3$,求 k 的取值范围.　　(2000 考研)

42. 设随机变量 X 的分布函数为

$$F(x)=\begin{cases}0, & x<-1,\\ 0.4, & -1\leqslant x<1,\\ 0.8, & 1\leqslant x<3,\\ 1, & x\geqslant 3.\end{cases}$$

求 X 的概率分布.　　(1991 考研)

43. 设 3 次独立试验中,事件 A 出现的概率相等. 若已知 A 至少出现一次的概率为 19/27,求 A 在一次试验中出现的概率.　　(1988 考研)

44. 若随机变量 X 在 $(1,6)$ 上服从均匀分布,则方程 $y^2+Xy+1=0$ 有实根的概率是多少?　　(1989 考研)

45. 若随机变量 $X\sim N(2,\sigma^2)$,且 $P\{2<X<4\}=0.3$,则 $P\{0<X\}=$________.　　(1991 考研)

46. 假设一厂家生产的每台仪器以概率 0.7 可以直接出厂;以概率 0.3 需进一步调试,经调试后以概率 0.8 可以出厂,以概率 0.2 定为不合格品而不能出厂. 现该厂新生产了 $n(n\geqslant 2)$ 台仪器(假设各台仪器的生产过程相互独立). 求:

(1) 全部能出厂的概率 α;

(2) 其中恰好有两台不能出厂的概率 β;

(3) 其中至少有两台不能出厂的概率 θ.　　(1995 考研)

47. 某地抽样调查结果表明,考生的外语成绩(百分制)近似服从正态分布,平均成绩为 72 分,96 分以上的考生占考生总数的 2.3%,试求考生的外语成绩在 60 分至 84 分之间的概率.　　(1990 考研)

48. 在电源电压不超过 200 V、200~240 V 和超过 240 V 3 种情形下,某种电子元件损坏的概率分别为

0.1,0.001 和 0.2[假设电源电压 X 服从正态分布 $N(220,25^2)$].试求：

(1)该电子元件损坏的概率 α；

(2)该电子元件损坏时,电源电压在 200～240 V 的概率 β.　(1991 考研)

49.设随机变量 X 在区间(1,2)上服从均匀分布,试求随机变量 $Y=e^{2X}$ 的概率密度 $f_Y(y)$.　(1988 考研)

50.设随机变量 X 的密度函数为

$$f_X(x)=\begin{cases} e^{-x}, & x\geqslant 0, \\ 0, & x<0. \end{cases}$$

求随机变量 $Y=e^X$ 的密度函数 $f_Y(y)$.　(1995 考研)

51.设随机变量 X 的密度函数为

$$f_X(x)=\frac{1}{\pi(1+x^2)},$$

求 $Y=1-\sqrt[3]{x}$ 的密度函数 $f_Y(y)$.　(1988 考研)

52.假设一大型设备在任何时长为 t(以 n 计)的时间内发生故障的次数 $N(t)$ 服从参数为 λt 的泊松分布.

(1)求相继两次故障之间时间间隔 T 的概率分布；

(2)求在设备已经无故障工作 8 h 的情形下,再无故障运行 8 h 的概率 Q.　(1993 考研)

53.设随机变量 X 的绝对值不大于 1,$P\{X=-1\}=1/8$,$P\{X=1\}=1/4$.在事件$\{-1<X<1\}$出现的条件下,随机变量 X 在(−1,1)内任一子区间上取值的条件概率与该子区间的长度成正比,试求 X 的分布函数 $F(x)=P\{X\leqslant x\}$.　(1997 考研)

54.设随机变量 X 服从正态分布 $N(\mu_1,\sigma_1^2)$,随机变量 Y 服从正态分布 $N(\mu_2,\sigma_2^2)$,且 $P\{|X-\mu_1|<1\}>P\{|Y-\mu_2|<1\}$,试比较 σ_1 与 σ_2 的大小.　(2006 考研)

第三章

随机向量

在实际问题中，除了经常用到一个随机变量的情形外，还常用到多个随机变量的情形．例如，观察炮弹在地面弹着点 e 的位置，需要用它的横坐标 $X(e)$ 与纵坐标 $Y(e)$ 来确定，而横坐标和纵坐标是定义在同一个样本空间 $\Omega=\{e\}=\{$所有可能的弹着点$\}$上的两个随机变量．又如，某钢铁厂炼钢时必须考察炼出的钢 e 的硬度 $X(e)$、含碳量 $Y(e)$ 和含硫量 $Z(e)$ 的情况，它们也是定义在同一个 $\Omega=\{e\}$上的 3 个随机变量．因此，在实际中，有时只用一个随机变量是不够的，要考虑多个随机变量及其相互联系．本章以两个随机变量的情形为代表，讲述多个随机变量的一些基本内容．

第一节　二维随机向量及其分布

一、二维随机向量的定义及其分布函数

定义 3.1　设 E 是一个随机试验，它的样本空间是 $\Omega=\{e\}$．设 $X(e)$ 与 $Y(e)$ 是定义在同一样本空间 Ω 上的两个随机变量，则称$(X(e),Y(e))$为 Ω 上的二维随机向量(2-dimensional random vector)或二维随机变量(2-dimensional random variable)，简记为(X,Y)．

类似地，可定义 n 维随机向量或 n 维随机变量$(n>2)$．

设 E 是一个随机试验，它的样本空间是 $\Omega=\{e\}$，设随机变量 $X_1(e),X_2(e),\cdots,X_n(e)$是定义在同一个样本空间 Ω 上的 n 个随机变量，则称向量$(X_1(e),X_2(e),\cdots,X_n(e))$为 Ω 上的 n 维随机向量或 n 维随机变量，简记为$(X_1,X_2,\cdots,X_n)$．

与一维随机变量的情形类似，对于二维随机向量，也是通过分布函数来描述其概率分布规律．考虑到两个随机变量的相互关系，我们需要将(X,Y)作为一个整体来进行研究．

定义 3.2　设(X,Y)是二维随机向量，对任意实数 x 和 y，称二元函数

$$F(x,y)=P\{X\leqslant x,Y\leqslant y\} \tag{3.1}$$

为二维随机向量(X,Y)的分布函数，或称为随机变量 X 和 Y 的联合分布函数．

类似地，可定义 n 维随机变量$(X_1,X_2,\cdots,X_n)$的分布函数．

设$(X_1,X_2,\cdots,X_n)$是 n 维随机变量，对任意实数 $x_1,x_2,\cdots,x_n$，称 n 元函数

$$F(x_1,x_2,\cdots,x_n)=P\{X_1\leqslant x_1,X_2\leqslant x_2,\cdots,X_n\leqslant x_n\}$$

为 n 维随机变量 $(X_1,X_2,\cdots,X_n)$的联合分布函数．

我们容易给出分布函数的几何解释.如果把二维随机变量(X,Y)看成是平面上随机点的坐标,那么,分布函数$F(x,y)$在(x,y)处的函数值就是随机点(X,Y)落在直线$X=x$的左侧和直线$Y=y$的下方的无穷矩形域内的概率(见图3-1).

根据以上几何解释,并借助于图3-2,可以算出随机点(X,Y)落在矩形域$\{x_1<X\leqslant x_2,y_1<Y\leqslant y_2\}$内的概率为

$$P\{x_1<X\leqslant x_2,y_1<Y\leqslant y_2\}=F(x_2,y_2)-F(x_2,y_1)-F(x_1,y_2)+F(x_1,y_1). \quad (3.2)$$

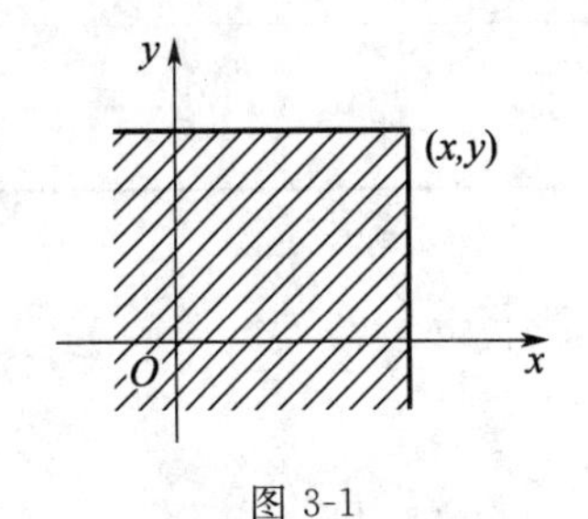

图 3-1

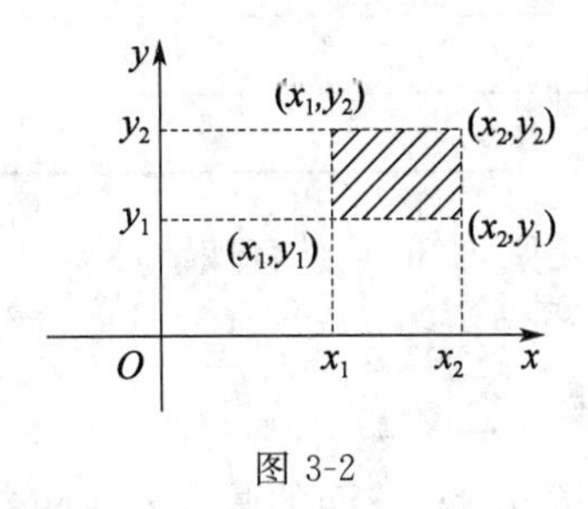

图 3-2

容易证明,分布函数$F(x,y)$具有以下基本性质.

(1)$F(x,y)$是变量x和y的不减函数,即:

对于任意固定的y,当$x_2>x_1$时,$F(x_2,y)\geqslant F(x_1,y)$;

对于任意固定的x,当$y_2>y_1$时,$F(x,y_2)\geqslant F(x,y_1)$.

(2)$0\leqslant F(x,y)\leqslant 1$,且对于任意固定的$y$有

$$F(-\infty,y)=0,$$

对于任意固定的x有

$$F(x,-\infty)=0,$$

以及

$$F(-\infty,-\infty)=0,$$

$$F(+\infty,+\infty)=1.$$

(3)$F(x,y)$关于x和y是右连续的,即

$$F(x,y)=F(x+0,y),$$

$$F(x,y)=F(x,y+0).$$

(4)对于任意(x_1,y_1),(x_2,y_2),且$x_1<x_2$,$y_1<y_2$,下述不等式成立:

$$F(x_2,y_2)-F(x_2,y_1)-F(x_1,y_2)+F(x_1,y_1)\geqslant 0.$$

与一维随机变量一样,经常讨论的二维随机变量有两种类型:离散型与连续型.

二、二维离散型随机变量

定义 3.3 若二维随机变量(X,Y)的所有可能取值是有限对或可列无穷多对,则称(X,Y)为二维离散型随机变量.

设二维离散型随机变量(X,Y)的一切可能取值为(x_i,y_j),$i,j=1,2,\cdots$,且(X,Y)取各对可能值的概率为

$$P\{X=x_i,Y=y_i\}=p_{ij},\quad i,j=1,2,\cdots, \quad (3.3)$$

称式(3.3)为(X,Y)的(联合)概率分布或(联合)分布律.离散型随机变量(X,Y)的联合分布律可用表3-1表示.

表 3-1

Y	X				
	x_1	x_2	…	x_i	…
y_1	p_{11}	p_{21}	…	p_{i1}	…
y_2	p_{12}	p_{22}	…	p_{i2}	…
⋮	⋮	⋮		⋮	
y_j	p_{1j}	p_{2j}	…	p_{ij}	…
⋮	⋮	⋮		⋮	

由概率的定义可知 p_{ij} 具有如下性质：

(1)非负性　$p_{ij}\geqslant 0(i,j=1,2,\cdots)$；

(2)规范性　$\sum\limits_{i,j}p_{ij}=1$.

离散型随机变量(X,Y)的联合分布函数为

$$F(x,y)=P\{X\leqslant x,Y\leqslant y\}=\sum_{x_i\leqslant x}\sum_{y_j\leqslant y}p_{ij},\tag{3.4}$$

其中和式是对一切满足 $x_i\leqslant x,y_j\leqslant y$ 的 i,j 来求和的.

例 3.1　设二维随机变量(X,Y)的联合概率分布如表 3-2 所示，求 $P\{X\leqslant 1,Y\geqslant 0\}$及 $F(0,0)$.

表 3-2

X	Y		
	-2	0	1
-1	0.3	0.1	0.1
1	0.05	0.2	0
2	0.2	0	0.05

解　$P\{X\leqslant 1,Y\geqslant 0\}$

$=P\{X=-1,Y=0\}+P\{X=-1,Y=1\}+P\{X=1,Y=0\}+P\{X=1,Y=1\}$

$=0.1+0.1+0.2+0=0.4$.

$F(0,0)=P\{X=-1,Y=-2\}+P\{X=-1,Y=0\}=0.3+0.1=0.4$.

例 3.2　盒子里有 3 个黑球、2 个红球、2 个白球，现从盒中任取 4 个球，以 X 表示取到的黑球个数，Y 表示取到的红球个数，求：

(1)(X,Y)的联合分布律；

(2)$P\{X=0,Y\neq 0\}$，$P\{X=Y\}$.

解　(1)依题意可知 X 的可能取值为 0、1、2、3，Y 的可能取值为 0、1、2. 易得

$$P\{X=0,Y=2\}=\frac{C_3^0C_2^2C_2^2}{C_7^4}=\frac{1}{35},\quad P\{X=1,Y=1\}=\frac{C_3^1C_2^1C_2^2}{C_7^4}=\frac{6}{35},$$

$$P\{X=1,Y=2\}=\frac{C_3^1C_2^2C_2^1}{C_7^4}=\frac{6}{35},\quad P\{X=2,Y=0\}=\frac{C_3^2C_2^0C_2^2}{C_7^4}=\frac{3}{35},$$

$$P\{X=2,Y=1\}=\frac{C_3^2C_2^1C_2^1}{C_7^4}=\frac{12}{35},\quad P\{X=2,Y=2\}=\frac{C_3^2C_2^2C_2^0}{C_7^4}=\frac{3}{35},$$

$$P\{X=3,Y=0\}=\frac{C_3^3C_2^0C_2^1}{C_7^4}=\frac{2}{35},\quad P\{X=3,Y=1\}=\frac{C_3^3C_2^1C_2^0}{C_7^4}=\frac{2}{35}.$$

所以(X,Y)的联合分布律如表 3-3 所示.

表 3-3

Y	X			
	0	1	2	3
0	0	0	3/35	2/35
1	0	6/35	12/35	2/35
2	1/35	6/35	3/35	0

(2)
$$P\{X=0,Y\neq 0\}=P\{X=0,Y=1\}+P\{X=0,Y=2\}=0+\frac{1}{35}=\frac{1}{35},$$

$$P\{X=Y\}=P\{X=0,Y=0\}+P\{X=1,Y=1\}+P\{X=2,Y=2\}=0+\frac{6}{35}+\frac{3}{35}=\frac{9}{35}.$$

三、二维连续型随机变量

定义 3.4 设随机变量(X,Y)的分布函数为$F(x,y)$,如果存在一个非负可积函数$f(x,y)$,使得对任意实数x,y,有

$$F(x,y)=P\{X\leqslant x,Y\leqslant y\}=\int_{-\infty}^{x}\int_{-\infty}^{y}f(u,v)\mathrm{d}u\mathrm{d}v,\tag{3.5}$$

则称(X,Y)为二维连续型随机变量,称$f(x,y)$为(X,Y)的联合分布密度或概率密度.

按定义 3.4,概率密度$f(x,y)$具有如下性质:

(1) $f(x,y)\geqslant 0\ (-\infty<x,y<+\infty)$;

(2) $\int_{-\infty}^{+\infty}\int_{-\infty}^{+\infty}f(u,v)\mathrm{d}u\mathrm{d}v=1$;

(3)若$f(x,y)$在点(x,y)处连续,则有

$$\frac{\partial^2F(x,y)}{\partial x\partial y}=f(x,y);$$

(4)设G为xOy平面上的任一区域,随机点(X,Y)落在G内的概率为

$$P\{(X,Y)\in G\}=\iint_G f(x,y)\mathrm{d}x\mathrm{d}y.\tag{3.6}$$

在几何上,$z=f(x,y)$表示空间一曲面,介于它和xOy平面的空间区域的立体体积等于1;$P\{(X,Y)\in G\}$的值等于以G为底,以曲面$z=f(x,y)$为顶的曲顶柱体体积.

与一维随机变量相似,有如下常用的二维均匀分布和二维正态分布.

设G是平面上的有界区域,其面积为A,若二维随机变量(X,Y)具有概率密度

$$f(x,y)=\begin{cases}\frac{1}{A}, & (x,y)\in G,\\ 0, & 其他,\end{cases}$$

则称(X,Y)在G上服从均匀分布.

类似地，设 G 为空间上的有界区域，其体积为 A，若三维随机变量 (X,Y,Z) 具有概率密度

$$f(x,y,z)=\begin{cases}\dfrac{1}{A}, & (x,y,z)\in G,\\ 0, & \text{其他},\end{cases}$$

则称 (X,Y,Z) 在 G 上服从均匀分布.

设二维随机变量 (X,Y) 具有概率密度

$$f(x,y)=\frac{1}{2\pi\sigma_1\sigma_2\sqrt{1-\rho^2}}\mathrm{e}^{-\frac{1}{2(1-\rho^2)}\left[\frac{(x-\mu_1)^2}{\sigma_1^2}-2\rho\frac{(x-\mu_1)(y-\mu_2)}{\sigma_1\sigma_2}+\frac{(y-\mu_2)^2}{\sigma_2^2}\right]},$$

其中 $\mu_1,\mu_2,\sigma_1,\sigma_2,\rho$ 均为常数，且 $\sigma_1>0,\sigma_2>0,-1<\rho<1$，则称 (X,Y) 为具有参数 $\mu_1,\mu_2,\sigma_1,\sigma_2,\rho$ 的二维正态随机变量，记作 $(X,Y)\sim N(\mu_1,\mu_2,\sigma_1^2,\sigma_2^2,\rho)$.

例 3.3 设二维随机变量 (X,Y) 的概率密度为

$$f(x,y)=\begin{cases}C\mathrm{e}^{-(2x+3y)}, & x>y>0,\\ 0, & \text{其他}.\end{cases}$$

求：(1) 未知常数 C；(2) $P\{0\leqslant X\leqslant 1,0\leqslant Y\leqslant 2\}$.

解 (1) 因为 $\int_{-\infty}^{+\infty}\int_{-\infty}^{+\infty}f(x,y)\mathrm{d}x\mathrm{d}y=1$，所以有 $\int_0^{+\infty}\mathrm{d}x\int_0^x C\mathrm{e}^{-(2x+3y)}\mathrm{d}y=1$，计算积分可得 $\frac{C}{10}=1$，即 $C=10$.

(2) $P\{0\leqslant X\leqslant 1,0\leqslant Y\leqslant 2\}=\int_0^1\mathrm{d}x\int_0^x 10\mathrm{e}^{-(2x+3y)}\mathrm{d}y=1-\frac{1}{3}\mathrm{e}^{-2}(5-2\mathrm{e}^{-3})$.

例 3.4 设二维随机变量 (X,Y) 具有概率密度

$$f(x,y)=\begin{cases}2\mathrm{e}^{-(2x+y)}, & x>0,y>0,\\ 0, & \text{其他}.\end{cases}$$

求：(1) 分布函数 $F(x,y)$；(2) $P\{Y\leqslant X\}$.

解 (1)

$$F(x,y)=\int_{-\infty}^{y}\int_{-\infty}^{x}f(x,y)\mathrm{d}x\mathrm{d}y=\begin{cases}\int_0^y\int_0^x 2\mathrm{e}^{-(2x+y)}\mathrm{d}x\mathrm{d}y, & x>0,y>0,\\ 0, & \text{其他},\end{cases}$$

即有

$$F(x,y)=\begin{cases}(1-\mathrm{e}^{-2x})(1-\mathrm{e}^{-y}), & x>0,y>0,\\ 0, & \text{其他}.\end{cases}$$

(2) 将 (X,Y) 看作是平面上随机点的坐标，即有 $\{Y\leqslant X\}=\{(X,Y)\in G\}$，其中 G 为 xOy 平面上直线 $y=x$ 及其下方的部分. 于是

$$\begin{aligned}P\{Y\leqslant X\}&=P\{(x,y)\in G\}\\&=\iint_G f(x,y)\mathrm{d}x\mathrm{d}y\\&=\int_0^{+\infty}\int_y^{+\infty}2\mathrm{e}^{-(2x+y)}\mathrm{d}x\mathrm{d}y\\&=\int_{-\infty}^{+\infty}\mathrm{d}y\int_y^{+\infty}2\mathrm{e}^{-(2x+y)}\mathrm{d}x\\&=\int_{-\infty}^{+\infty}\mathrm{e}^{-y}(-\mathrm{e}^{-2x})\Big|_y^{+\infty}\mathrm{d}y\\&=\int_{-\infty}^{+\infty}\mathrm{e}^{-3y}\mathrm{d}y=\frac{1}{3}.\end{aligned}$$

例 3.5 设随机变量 X,Y 均服从 $(0,4)$ 上的均匀分布，且 $P\{X\leqslant 3,Y\leqslant 3\}=\dfrac{9}{16}$，求 $P\{X>3,Y>3\}$.

解

$$\begin{aligned}P\{X>3,Y>3\}&=P\{X>3\}+P\{Y>3\}-P\{(X>3)\cup(Y>3)\}\\&=P\{X>3\}+P\{Y>3\}-[1-P\{X\leqslant 3,Y\leqslant 3\}].\end{aligned}$$

又因为 X,Y 均服从 $(0,4)$ 上的均匀分布，所以有 $P\{X>3\}=P\{Y>3\}=\int_3^4\frac{1}{4}\mathrm{d}x=\frac{1}{4}$，故

$$P\{X>3,Y>3\}=P\{X>3\}+P\{Y>3\}-[1-P\{X\leqslant 3,Y\leqslant 3\}]=\frac{1}{4}+\frac{1}{4}-\left(1-\frac{9}{16}\right)=\frac{1}{16}.$$

第二节 边缘分布

二维随机变量 (X,Y) 作为一个整体，它具有分布函数 $F(x,y)$，而 X 和 Y 也都是随机变量，它们各自也具有分布函数，将它们分别记为 $F_X(x)$ 和 $F_Y(y)$，依次称为二维随机变量 (X,Y) 关于 X 和 Y 的边缘分布函数(Marginal distribution function). 边缘分布函数可以由 (X,Y) 的分布函数 $F(x,y)$ 来确定，事实上

$$F_X(x)=P\{X\leqslant x\}=P\{X\leqslant x,Y<+\infty\}=F(x,+\infty),\tag{3.7}$$

$$F_Y(y)=P\{Y\leqslant y\}=P\{X<+\infty,Y\leqslant y\}=F(+\infty,y).\tag{3.8}$$

下面分别讨论二维离散型随机变量与连续型随机变量的边缘分布.

一、二维离散型随机变量的边缘分布

二维随机变量边缘分布

设 (X,Y) 是二维离散型随机变量，其分布律为

$$P\{X=x_i,Y=y_j\}=p_{ij},\quad i,j=1,2,\cdots.$$

于是，关于 X 的边缘分布函数为

$$F_X(x)=F(x,+\infty)=\sum_{x_i\leqslant x}\sum_j p_{ij}.$$

由此可知，X 的分布律为

$$P\{X=x_i\}=\sum_j p_{ij},\quad i=1,2,\cdots,\tag{3.9}$$

称其为 (X,Y) 关于 X 的边缘分布律. 同理，(X,Y) 关于 Y 的边缘分布律为

$$P\{Y=y_j\}=\sum_i p_{ij},\quad j=1,2,\cdots.\tag{3.10}$$

例 3.6 设袋中有 4 个白球和 5 个红球，现从袋中随机地抽取两次，每次取一个. 定义随机变量 X,Y 如下：

$$X=\begin{cases}0, & \text{第一次摸出白球},\\1, & \text{第一次摸出红球};\end{cases}\quad Y=\begin{cases}0, & \text{第二次摸出白球},\\1, & \text{第二次摸出红球}.\end{cases}$$

写出下列两种试验的随机变量 (X,Y) 的联合分布律与边缘分布律：

(1)有放回摸球；(2)无放回摸球.

解 (1)采取有放回摸球时，(X,Y) 的联合分布律与边缘分布律由表 3-4 给出.

表 3-4

X	Y		
	0	1	$P\{X=x_i\}$
0 1	$4/9\times4/9$ $5/9\times4/9$	$4/9\times5/9$ $5/9\times5/9$	4/9 5/9
$P\{Y=y_j\}$	4/9	5/9	

(2)采取无放回摸球时，(X,Y)的联合分布律与边缘分布律由表 3-5 给出.

表 3-5

X	Y		
	0	1	$P\{X=x_i\}$
0 1	$4/9\times3/8$ $5/9\times4/8$	$4/9\times5/8$ $5/9\times4/8$	4/9 5/9
$P\{Y=y_j\}$	4/9	5/9	

在例 3.6 的表中，中间部分是(X,Y)的联合分布律；而边缘部分是 X 和 Y 的边缘分布律，它们由联合分布经同一行或同一列的和而得到，“边缘”二字即由上表的外貌得来.显然，离散型二维随机变量的边缘分布律也是离散的.另外，例 3.6 的(1)和(2)中的 X 和 Y 的边缘分布律是相同的，但它们的联合分布律却完全不同.由此可见，联合分布不能由边缘分布唯一确定，也就是说，二维随机变量的性质不能由它的两个分量的个别性质来确定.此外，还必须考虑它们之间的联系.这进一步说明了多维随机变量的作用.在什么情况下二维随机变量的联合分布可由两个随机变量的边缘分布确定，这是第四节的内容.

二、二维连续型随机变量的边缘分布

设(X,Y)是二维连续型随机变量，其概率密度为 $f(x,y)$，由

$$F_X(x)=F(x,+\infty)=\int_{-\infty}^{x}\left[\int_{-\infty}^{+\infty}f(x,y)\mathrm{d}y\right]\mathrm{d}x$$

知，X 是一个连续型随机变量，且其概率密度为

$$f_X(x)=\frac{\mathrm{d}F_X(x)}{\mathrm{d}x}=\int_{-\infty}^{+\infty}f(x,y)\mathrm{d}y. \tag{3.11}$$

同样，Y 也是一个连续型随机变量，其概率密度为

$$f_Y(y)=\frac{\mathrm{d}F_Y(y)}{\mathrm{d}y}=\int_{-\infty}^{+\infty}f(x,y)\mathrm{d}x. \tag{3.12}$$

分别称 $f_X(x)$，$f_Y(y)$为(X,Y)关于 X 和关于 Y 的边缘分布密度或边缘概率密度.

例 3.7 设(X,Y)的概率密度是

$$f(x,y)=\begin{cases}cy(2-x), & 0\leqslant x\leqslant1,0\leqslant y\leqslant x,\\ 0, & \text{其他}.\end{cases}$$

求：(1)c 的值；(2)$f_X(x)$，$f_Y(y)$.

解 (1)由 $\int_{-\infty}^{+\infty}\int_{-\infty}^{+\infty}f(x,y)\mathrm{d}x\mathrm{d}y=1$ 确定 c.

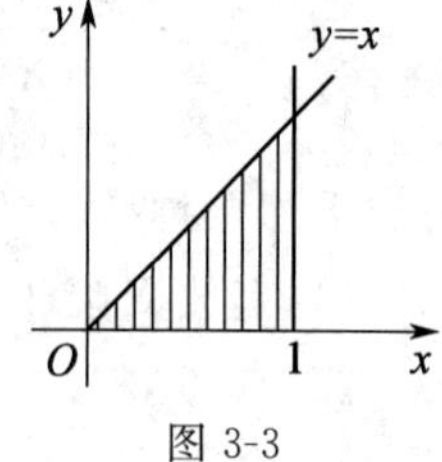

图 3-3

如图 3-3 所示，$f(x,y)$在区域 $D=\{(x,y)\mid0\leqslant x\leqslant1,0\leqslant y\leqslant x\}$内不

等于零.

$$\int_{-\infty}^{+\infty}\int_{-\infty}^{+\infty} f(x,y)\mathrm{d}x\mathrm{d}y = \int_0^1\left[\int_0^x cy(2-x)\mathrm{d}y\right]\mathrm{d}x$$
$$= c\int_0^1 [x^2(2-x)/2]\mathrm{d}x$$
$$= 5c/24 = 1 \Rightarrow c = 24/5.$$

(2) $$f_X(x) = \int_0^x \frac{24}{5}y(2-x)\mathrm{d}y = \frac{12}{5}x^2(2-x),\quad 0\leqslant x\leqslant 1,$$

$$f_Y(y) = \int_y^1 \frac{24}{5}y(2-x)\mathrm{d}x = \frac{24}{5}y\left(\frac{3}{2}-2y+\frac{y^2}{2}\right),\quad 0\leqslant y\leqslant 1,$$

即

$$f_X(x)=\begin{cases}\dfrac{12}{5}x^2(2-x), & 0\leqslant x\leqslant 1,\\ 0, & \text{其他},\end{cases}$$

$$f_Y(y)=\begin{cases}\dfrac{24}{5}y\left(\dfrac{3}{2}-2y+\dfrac{y^2}{2}\right), & 0\leqslant y\leqslant 1,\\ 0, & \text{其他}.\end{cases}$$

例 3.8 求二维正态随机变量(X,Y)的边缘概率密度.

解 $f_X(x)=\int_{-\infty}^{+\infty} f(x,y)\mathrm{d}y$, 由于

$$\frac{(y-\mu_2)^2}{\sigma_2^2} - 2\rho\frac{(x-\mu_1)(y-\mu_2)}{\sigma_1\sigma_2} = \left[\frac{y-\mu_2}{\sigma_2}-\rho\frac{x-\mu_1}{\sigma_1}\right]^2 - \rho^2\frac{(x-\mu_1)^2}{\sigma_1^2},$$

于是

$$f_X(x)=\frac{1}{2\pi\sigma_1\sigma_2\sqrt{1-\rho^2}}\mathrm{e}^{-\frac{(x-\mu_1)^2}{2\sigma_1^2}}\int_{-\infty}^{+\infty}\mathrm{e}^{-\frac{1}{2(1-\rho^2)}\left[\frac{y-\mu_2}{\sigma_2}-\rho\frac{x-\mu_1}{\sigma_1}\right]^2}\mathrm{d}y.$$

令

$$t=\frac{1}{\sqrt{1-\rho^2}}\left(\frac{y-\mu_2}{\sigma_2}-\rho\frac{x-\mu_1}{\sigma_1}\right),$$

则有

$$f_X(x)=\frac{1}{2\pi\sigma_1}\mathrm{e}^{-\frac{(x-\mu_1)^2}{2\sigma_1^2}}\int_{-\infty}^{+\infty}\mathrm{e}^{-\frac{t^2}{2}}\mathrm{d}t = \frac{1}{\sqrt{2\pi}\sigma_1}\mathrm{e}^{-\frac{(x-\mu_1)^2}{2\sigma_1^2}},\quad -\infty < x < +\infty.$$

同理可得

$$f_Y(y)=\frac{1}{\sqrt{2\pi}\sigma_2}\mathrm{e}^{-\frac{(y-\mu_2)^2}{2\sigma_2^2}},\quad -\infty<y<+\infty.$$

我们看到二维正态分布的两个边缘分布都是一维正态分布，并且都不依赖于 ρ，亦即对于给定的 $\mu_1,\mu_2,\sigma_1,\sigma_2$，虽然不同的 ρ 对应不同的二维正态分布，但它们的边缘分布却都是一样的. 这一事实表明，对于连续型随机变量来说，单由关于 X 和关于 Y 的边缘分布，一般来说也是不能确定 X 和 Y 的联合分布的.

第三节 条件分布

二维随机变量条件分布

由条件概率的定义，我们可以定义多维随机变量的条件分布. 下面分别讨论二维离散型随机变量和二维连续型随机变量的条件分布.

一、二维离散型随机变量的条件分布律

定义 3.5 设(X,Y)是二维离散型随机变量，对于固定的j，若$P\{Y=y_j\}>0$，则称

$$P\{X=x_i|Y=y_j\}=\frac{P\{X=x_i,Y=y_j\}}{P\{Y=y_j\}},\quad i=1,2,\cdots$$

为在$Y=y_j$条件下随机变量X的条件分布律(Conditional distribution).

同样，对于固定的i，若$P\{X=x_i\}>0$，则称

$$P\{Y=y_j|X=x_i\}=\frac{P\{X=x_i,Y=y_j\}}{P\{X=x_i\}},\quad j=1,2,\cdots$$

为在$X=x_i$条件下随机变量Y的条件分布律.

例 3.9 已知(X,Y)的联合分布律如表 3-6 所示.求：

(1)在$Y=1$的条件下X的条件分布律；

(2)在$X=2$的条件下Y的条件分布律.

表 3-6

Y	X				
	1	2	3	4	$P\{Y=y_j\}$
1	1/4	1/8	1/12	1/16	25/48
2	0	1/8	1/12	1/16	13/48
3	0	0	1/12	2/16	10/48
$P\{X=x_i\}$	1/4	1/4	1/4	1/4	

解 (1)由联合分布律可得边缘分布律，见表 3-6.于是

$$P\{X=1|Y=1\}=\frac{1}{4}\Big/\frac{25}{48}=\frac{12}{25},$$

$$P\{X=2|Y=1\}=\frac{1}{8}\Big/\frac{25}{48}=\frac{6}{25},$$

$$P\{X=3|Y=1\}=\frac{1}{12}\Big/\frac{25}{48}=\frac{4}{25},$$

$$P\{X=4|Y=1\}=\frac{1}{16}\Big/\frac{25}{48}=\frac{3}{25}.$$

即在$Y=1$的条件下X的条件分布律如表 3-7 所示.

表 3-7

X	1	2	3	4
p_k	12/25	6/25	4/25	3/25

(2)同理可求得在$X=2$的条件下Y的条件分布律如表 3-8 所示.

表 3-8

Y	1	2	3
p_k	1/2	1/2	0

例 3.10　一射手进行射击,击中的概率为 $p(0<p<1)$,射击到击中目标两次为止.记 X 表示首次击中目标时的射击次数,Y 表示射击的总次数.试求(X,Y)的联合分布律与条件分布律.

解　依题意,"$X=m,Y=n$"表示"前 $m-1$ 次不中,第 m 次击中,接着又 $n-1-m$ 次不中,第 n 次击中".因各次射击是独立的,故(X,Y)的联合分布律为

$$P\{X=m,Y=n\}=p^2(1-p)^{n-2},\quad m=1,2,\cdots,n-1,\quad n=2,3,\cdots.$$

又因

$$P\{X=m\}=\sum_{n=m+1}^{\infty}P\{X=m,Y=n\}=\sum_{n=m+1}^{\infty}p^2(1-p)^{n-2}$$

$$=p^2\sum_{n=m+1}^{\infty}(1-p)^{n-2}=\frac{p^2(1-p)^{m-1}}{p}=p(1-p)^{m-1},\quad m=1,2,\cdots,$$

$$P\{Y=n\}=(n-1)p^2(1-p)^{n-2},\quad n=2,3,\cdots,$$

因此,所求的条件分布律为:

当 $n=2,3,\cdots$时,

$$P\{X=m|Y=n\}=\frac{P\{X=m,Y=n\}}{P\{Y=n\}}=\frac{1}{n-1},\quad m=1,2,\cdots,n-1;$$

当 $m=1,2,\cdots$时,

$$P\{Y=n|X=m\}=\frac{P\{X=m,Y=n\}}{P\{X=m\}}=p(1-p)^{n-m-1},\quad n=m+1,m+2,\cdots.$$

二、二维连续型随机变量的条件分布

对于连续型随机变量(X,Y),因为 $P\{X=x,Y=y\}=0$,所以不能直接由定义 3.5 来定义条件分布.但是对于任意的 $\varepsilon>0$,如果 $P\{y-\varepsilon<Y\leqslant y+\varepsilon\}>0$,则可以考虑

$$P\{X\leqslant x|y-\varepsilon<Y\leqslant y+\varepsilon\}=\frac{P\{X\leqslant x,y-\varepsilon<y\leqslant y+\varepsilon\}}{P\{y-\varepsilon<Y\leqslant y+\varepsilon\}}.$$

如果上述条件概率当 $\varepsilon\to 0^+$ 时的极限存在,自然可以将此极限值定义为在 $Y=y$ 条件下 X 的条件分布.

定义 3.6　设对于任何固定的正数 ε,$P\{y-\varepsilon<Y\leqslant y+\varepsilon\}>0$,若

$$\lim_{\varepsilon\to 0^+}P\{X\leqslant x|y-\varepsilon<Y\leqslant y+\varepsilon\}=\lim_{\varepsilon\to 0^+}\frac{P\{X\leqslant x,y-\varepsilon<Y\leqslant y+\varepsilon\}}{P\{y-\varepsilon<Y\leqslant y+\varepsilon\}}$$

存在,则称此极限为在 $Y=y$ 的条件下 X 的条件分布函数,记作 $P\{X\leqslant x|Y=y\}$或 $F_{X|Y}(x|y)$.

设二维连续型随机变量(X,Y)的分布函数为 $F(x,y)$,概率密度为 $f(x,y)$,且 $f(x,y)$和边缘分布密度函数 $f_Y(y)$连续,$f_Y(y)>0$,则不难验证,在 $Y=y$ 的条件下 X 的条件分布函数为

$$F_{X|Y}(x|y)=\int_{-\infty}^{x}\frac{f(u,y)}{f_Y(y)}\mathrm{d}u.$$

若记 $f_{X|Y}(x|y)$为在 $Y=y$ 的条件下 X 的条件分布密度,则

$$f_{X|Y}(x|y)=\frac{f(x,y)}{f_Y(y)}.$$

类似地,若边缘分布密度 $f_X(x)$连续,$f_X(x)>0$,则在 $X=x$ 的条件下 Y 的条件分布函数为

$$F_{Y|X}(y|x)=\int_{-\infty}^{y}\frac{f(x,v)}{f_X(x)}\mathrm{d}v.$$

若记 $f_{Y|X}(y|x)$为在 $X=x$ 的条件下 Y 的条件分布密度,则

$$f_{Y|X}(y|x)=\frac{f(x,y)}{f_X(x)}.$$

例 3.11 设 $f(x,y)=\begin{cases}4xy, & 0<x<1,0<y<1,\\0, & \text{其他},\end{cases}$ 求 $f_{X|Y}(x|y)$与 $f_{Y|X}(y|x)$.

解 X,Y 的边缘分布密度分别为

$$f_X(x)=\begin{cases}2x, & 0<x<1,\\0, & \text{其他},\end{cases}\quad f_Y(y)=\begin{cases}2y, & 0<y<1,\\0, & \text{其他}.\end{cases}$$

所以有

$$\forall\, 0<y<1,\quad f_{X|Y}(x|y)=\frac{f(x,y)}{f_Y(y)}=\frac{4xy}{2y}=2x,\quad 0<x<1;$$

$$\forall\, 0<x<1,\quad f_{Y|X}(y|x)=\frac{f(x,y)}{f_X(x)}=\frac{4xy}{2x}=2y,\quad 0<y<1.$$

例 3.12 设随机变量 X 服从(0,2)上的均匀分布,而 Y 服从$(X,2)$上的均匀分布. 求:(1)(X,Y)的联合概率密度;(2)Y 的边缘分布密度.

解 (1)X 的密度函数为 $f_X(x)=\begin{cases}\dfrac{1}{2}, & 0<x<2,\\0, & \text{其他},\end{cases}$ 依题意,对任意的 $0<x<2$,有

$$f_{Y|X}(y|x)=\begin{cases}\dfrac{1}{2-x}, & x<y<2,\\0, & \text{其他},\end{cases}$$

故(X,Y)的联合概率密度 $f(x,y)=f_X(x)f_{Y|X}(y|x)=\begin{cases}\dfrac{1}{2(2-x)}, & 0<x<y<2,\\0, & \text{其他}.\end{cases}$

(2)Y 的边缘分布密度为

$$f_Y(y)=\int_{-\infty}^{+\infty}f(x,y)\mathrm{d}x=\begin{cases}\displaystyle\int_0^y\frac{1}{2(2-x)}\mathrm{d}x, & 0<y<2,\\0, & \text{其他}\end{cases}$$

$$=\begin{cases}\dfrac{1}{2}[\ln 2-\ln(2-y)], & 0<y<2,\\0, & \text{其他}.\end{cases}$$

随机变量独立性

第四节 随机变量的独立性

我们在前面已经知道,随机事件的独立性在概率的计算中起着很大的作用. 下面我们介绍随机变量的独立性,它在概率论和数理统计的研究中占有十分重要的地位.

定义 3.7 设 X 和 Y 为两个随机变量,若对于任意的 x 和 y 有

$$P\{X\leqslant x,Y\leqslant y\}=P\{X\leqslant x\}P\{Y\leqslant y\},$$

则称 X 和 Y 是相互独立(Mutually independent)的.

若二维随机变量(X,Y)的分布函数为 $F(x,y)$,其边缘分布函数分别为 $F_X(x)$和 $F_Y(y)$,

则定义 3.7 中的独立性条件等价于对所有 x 和 y 有

$$F(x,y)=F_X(x)F_Y(y). \tag{3.13}$$

对于二维离散型随机变量，定义 3.7 中的独立性条件等价于对于 (X,Y) 的任何可能取的值 (x_i,y_j) 有

$$P\{X=x_i,Y=y_j\}=P\{X=x_i\}P\{Y=y_j\}. \tag{3.14}$$

对于二维连续型随机变量，定义 3.7 中的独立性条件的等价形式是对一切 x 和 y 有

$$f(x,y)=f_X(x)f_Y(y), \tag{3.15}$$

这里，$f(x,y)$ 为 (X,Y) 的联合概率密度，而 $f_X(x)$ 和 $f_Y(y)$ 分别是边缘分布密度.

如在例 3.6 中，(1)有放回摸球时，X 与 Y 是相互独立的，而(2)无放回摸球时，X 与 Y 不是相互独立的.

例 3.13 设 (X,Y) 的联合概率密度为 $f(x,y)=\begin{cases}4xy, & 0<x<1,0<y<1,\\ 0, & \text{其他}.\end{cases}$ 问 X 和 Y 是否相互独立？

解 (X,Y) 的联合概率密度为

$$f(x,y)=\begin{cases}4xy, & 0<x<1,0<y<1,\\ 0, & \text{其他},\end{cases}$$

判断随机变量独立性

由此可得 X、Y 的边缘分布密度分别为

$$f_X(x)=\begin{cases}2x, & 0<x<1,\\ 0, & \text{其他},\end{cases}$$

$$f_Y(y)=\begin{cases}2y, & 0<y<1,\\ 0, & \text{其他}.\end{cases}$$

易知 $\forall x,y\in(-\infty,+\infty)$，有 $f(x,y)=f_X(x)f_Y(y)$，故 X,Y 相互独立.

例 3.14 某仪器由两个电子部件组成，记 X,Y 为这两个电子部件的寿命(单位：kh)，已知二维随机变量 (X,Y) 的联合分布函数为

$$F(x,y)=\begin{cases}1-\mathrm{e}^{-0.5x}-\mathrm{e}^{-0.5y}+\mathrm{e}^{-0.5(x+y)}, & x,y>0,\\ 0, & \text{其他}.\end{cases}$$

(1)求关于 X,Y 的边缘分布函数；(2)判断 X,Y 是否独立；(3)两个部件的寿命都超过 100 h 的概率？

解 (1)设 X,Y 的边缘分布函数分别为 $F_X(x)$、$F_Y(y)$，则有

$$F_X(x)=F(x,+\infty)=\begin{cases}1-\mathrm{e}^{-0.5x}, & x>0,\\ 0, & \text{其他},\end{cases}\quad F_Y(y)=F(+\infty,y)=\begin{cases}1-\mathrm{e}^{-0.5y}, & y>0,\\ 0, & \text{其他}.\end{cases}$$

(2)对任意的 x,y 有

$$F_X(x)F_Y(y)=\begin{cases}1-\mathrm{e}^{-0.5x}-\mathrm{e}^{-0.5y}+\mathrm{e}^{-0.5(x+y)}, & x,y>0,\\ 0, & \text{其他}\end{cases}$$
$$=F(x,y),$$

所以 X,Y 相互独立.

(3)因为 X,Y 相互独立，所以有

$$P\{X>0.1,Y>0.1\}=P\{X>0.1\}P\{Y>0.1\}=[1-F_X(0.1)][1-F_Y(0.1)]=\mathrm{e}^{-0.1}.$$

第五节　两个随机变量的函数的分布

两个随机变量函数

下面讨论两个随机变量函数的分布问题，就是已知二维随机变量(X,Y)的分布律或密度函数，求$Z=\varphi(X,Y)$的分布律或密度函数问题.

一、二维离散型随机变量函数的分布律

设(X,Y)为二维离散型随机变量，则函数$Z=\varphi(X,Y)$仍然是离散型随机变量. 从下面两例可知，离散型随机变量函数的分布律是不难获得的.

例 3.15　设(X,Y)的分布律如表 3-9 所示，求$Z=X+Y$和$Z=XY$的分布律.

表 3-9

X	Y		
	-1	0	1
0	0.3	0	0.3
1	0.1	0.2	0.1

解　先列出下表 3-10.

表 3-10

(X,Y)	$(0,-1)$	$(0,0)$	$(0,1)$	$(1,-1)$	$(1,0)$	$(1,1)$
p_{ij}	0.3	0	0.3	0.1	0.2	0.1
$Z=X+Y$	-1	0	1	0	1	2
$Z=XY$	0	0	0	-1	0	1

从表 3-10 中看出$Z=X+Y$可能取值为$-1,0,1,2$，且可得

$$P\{Z=-1\}=P\{X+Y=-1\}=0.3,$$
$$P\{Z=0\}=P\{X+Y=0\}=0.1,$$
$$P\{Z=1\}=P\{X+Y=1\}=0.5,$$
$$P\{Z=2\}=P\{X+Y=2\}=P\{X=1,Y=1\}=0.1.$$

于是得$Z=X+Y$的分布律如表 3-11 所示.

表 3-11

$Z=X+Y$	-1	0	1	2
p_k	0.3	0.1	0.5	0.1

同理可得，$Z=XY$的分布律如表 3-12 所示.

表 3-12

$Z=XY$	-1	0	1
p_k	0.1	0.8	0.1

例 3.16　设 X,Y 相互独立，且分别服从参数为 λ_1 与 λ_2 的泊松分布，求证 $Z=X+Y$ 服从参数为 $\lambda_1+\lambda_2$ 的泊松分布.

证　易知 Z 的可能取值为 $0,1,2,\cdots,Z$ 的分布律为

$$P\{Z=k\}=P\{X+Y=k\}=\sum_{i=0}^{k}P\{X=i\}P\{Y=k-i\}$$

$$=\sum_{i=0}^{k}\frac{\lambda_1^i\lambda_2^{k-i}}{i!(k-i)!}\mathrm{e}^{-\lambda_1}\mathrm{e}^{-\lambda_2}=\frac{1}{k!}\mathrm{e}^{-(\lambda_1+\lambda_2)}(\lambda_1+\lambda_2)^k,k=0,1,2,\cdots.$$

所以 Z 服从参数为 $\lambda_1+\lambda_2$ 的泊松分布.

例 3.16 说明，若 X,Y 相互独立，且 $X\sim P(\lambda_1),Y\sim P(\lambda_2)$，则 $X+Y\sim P(\lambda_1+\lambda_2)$. 这种性质称为分布的可加性，泊松分布是一个可加性分布. 类似地可以证明二项分布也是一个可加性分布，即若 X,Y 相互独立，且 $X\sim B(n_1,p),Y\sim B(n_2,p)$，则 $X+Y\sim B(n_1+n_2,p)$.

二、二维连续型随机变量函数的分布

设 (X,Y) 为二维连续型随机变量，若其函数 $Z=\varphi(X,Y)$ 仍然是连续型随机变量，则存在概率密度 $f_Z(z)$. 求概率密度 $f_Z(z)$ 的一般方法如下：

首先求出 $Z=\varphi(X,Y)$ 的分布函数

$$F_Z(z)=P\{Z\leqslant z\}=P\{\varphi(X,Y)\leqslant z\}=P\{(X,Y)\in G\}$$

$$=\iint\limits_G f(u,v)\mathrm{d}u\mathrm{d}v,$$

其中 $f(x,y)$ 是概率密度，$G=\{(x,y)\mid\varphi(x,y)\leqslant z\}$；

其次利用分布函数与概率密度的关系，对分布函数求导，就可得到概率密度 $f_Z(z)$.

下面讨论 3 个具体的随机变量函数的分布.

1. $Z=X+Y$ 的分布

设 (X,Y) 的概率密度为 $f(x,y)$，则 $Z=X+Y$ 的分布函数为

$$F_Z(z)=P\{Z\leqslant z\}=\iint\limits_{x+y\leqslant z}f(x,y)\mathrm{d}x\mathrm{d}y,$$

这里积分区域 $G:x+y\leqslant z$ 是直线 $x+y=z$ 左下方的半平面，化成累次积分得

$$F_Z(z)=\int_{-\infty}^{+\infty}\left[\int_{-\infty}^{z-y}f(x,y)\mathrm{d}x\right]\mathrm{d}y.$$

固定 z 和 y，对积分 $\int_{-\infty}^{z-y}f(x,y)\mathrm{d}x$ 作变量变换，令 $x=u-y$，得

$$\int_{-\infty}^{z-y}f(x,y)\mathrm{d}x=\int_{-\infty}^{z}f(u-y,y)\mathrm{d}u.$$

于是

$$F_Z(z)=\int_{-\infty}^{+\infty}\int_{-\infty}^{z}f(u-y,y)\mathrm{d}u\mathrm{d}y=\int_{-\infty}^{z}\left[\int_{-\infty}^{+\infty}f(u-y,y)\mathrm{d}y\right]\mathrm{d}u.$$

由概率密度的定义，即得 Z 的概率密度为

$$f_Z(z)=\int_{-\infty}^{+\infty}f(z-y,y)\mathrm{d}y. \tag{3.16}$$

由 X,Y 的对称性，$f_Z(z)$ 又可写成

$$f_Z(z)=\int_{-\infty}^{+\infty}f(x,z-x)\mathrm{d}x. \tag{3.17}$$

这样，我们得到了两个随机变量和的概率密度的一般公式.

特别地，当 X 和 Y 相互独立时，设 (X,Y) 关于 X,Y 的边缘概率密度分别为 $f_X(x)$, $f_Y(y)$，则有

$$f_Z(z)=\int_{-\infty}^{+\infty} f_X(z-y)f_Y(y)\mathrm{d}y, \tag{3.18}$$

$$f_Z(z)=\int_{-\infty}^{+\infty} f_X(x)f_Y(z-x)\mathrm{d}x. \tag{3.19}$$

这两个公式称为卷积(Convolution)公式，记为 $f_X * f_Y$，即

$$f_X * f_Y=\int_{-\infty}^{+\infty} f_X(z-y)f_Y(y)\mathrm{d}y=\int_{-\infty}^{+\infty} f_X(x)f_Y(z-x)\mathrm{d}x.$$

例 3.17 设 X 和 Y 是两个相互独立的随机变量，它们都服从 $N(0,1)$ 分布，求 $Z=X+Y$ 的概率密度.

解 由题设知 X,Y 的概率密度分别为

$$f_X(x)=\frac{1}{\sqrt{2\pi}}\mathrm{e}^{-\frac{x^2}{2}},\quad -\infty<x<+\infty,$$

$$f_Y(y)=\frac{1}{\sqrt{2\pi}}\mathrm{e}^{-\frac{y^2}{2}},\quad -\infty<y<+\infty.$$

由卷积公式知

$$f_Z(z)=\int_{-\infty}^{+\infty} f_X(x)f_Y(z-x)\mathrm{d}x=\frac{1}{2\pi}\int_{-\infty}^{+\infty}\mathrm{e}^{-\frac{x^2}{2}}\mathrm{e}^{-\frac{(z-x)^2}{2}}\mathrm{d}x=\frac{1}{2\pi}\mathrm{e}^{-\frac{z^2}{4}}\int_{-\infty}^{+\infty}\mathrm{e}^{-(x-\frac{z}{2})^2}\mathrm{d}x.$$

设 $t=x-\frac{z}{2}$，得

$$f_Z(z)=\frac{1}{2\pi}\mathrm{e}^{-\frac{z^2}{4}}\int_{-\infty}^{+\infty}\mathrm{e}^{-t^2}\mathrm{d}t=\frac{1}{2\pi}\mathrm{e}^{-\frac{z^2}{4}}\sqrt{\pi}=\frac{1}{2\sqrt{\pi}}\mathrm{e}^{-\frac{z^2}{4}},$$

即 Z 服从 $N(0,2)$ 分布.

一般地，设 X,Y 相互独立且 $X\sim N(\mu_1,\sigma_1^2)$，$Y\sim N(\mu_2,\sigma_2^2)$，由公式(3.19)经过计算知 $Z=X+Y$ 仍然服从正态分布，且有 $Z\sim N(\mu_1+\mu_2,\sigma_1^2+\sigma_2^2)$. 这个结论还能推广到 n 个独立正态随机变量之和的情况，即若 $X_i\sim N(\mu_i,\sigma_i^2)\,(i=1,2,\cdots,n)$，且它们相互独立，则它们的和 $Z=X_1+X_2+\cdots+X_n$ 仍然服从正态分布，且有 $Z\sim N\left(\sum_{i=1}^{n}\mu_i,\sum_{i=1}^{n}\sigma_i^2\right)$.

更一般地，可以证明有限个相互独立的正态随机变量的线性组合仍服从正态分布.

例 3.18 设 X 和 Y 是两个相互独立的随机变量，其概率密度分别为

$$f_X(x)=\begin{cases}1, & 0\leqslant x\leqslant 1,\\ 0, & \text{其他},\end{cases}\qquad f_Y(y)=\begin{cases}\mathrm{e}^{-y}, & y>0,\\ 0, & \text{其他}.\end{cases}$$

求随机变量 $Z=X+Y$ 的概率密度.

解 因为 X,Y 相互独立，所以由卷积公式知

$$f_Z(z)=\int_{-\infty}^{+\infty} f_X(x)f_Y(z-x)\mathrm{d}x.$$

由题设可知 $f_X(x)f_Y(y)$ 只有当 $0\leqslant x\leqslant 1$, $y>0$，即当 $0\leqslant x\leqslant 1$ 且 $z-x>0$ 时才不等于零. 现在所求的积分变量为 x，把 z 当作参数，当积分变量 x 满足不等式组 $\begin{cases}0\leqslant x\leqslant 1,\\ x<z\end{cases}$ 时，被积函数

$f_X(x)f_Y(z-x)\neq 0$. 下面针对参数 z 的不同取值范围来计算积分.

当 $z<0$ 时,上述不等式组无解,故 $f_X(x)f_Y(z-x)=0$. 当 $0\leqslant z\leqslant 1$ 时,不等式组的解为 $0\leqslant x\leqslant z$. 当 $z>1$ 时,不等式组的解为 $0\leqslant x\leqslant 1$. 所以

$$f_Z(z)=\begin{cases}\int_0^z e^{-(z-x)}dx=1-e^{-z}, & 0\leqslant z\leqslant 1,\\ \int_0^1 e^{-(z-x)}dx=e^{-z}(e-1), & z>1,\\ 0, & 其他.\end{cases}$$

例 3.19 设 X,Y 相互独立,且均服从参数为 λ 的指数分布,求 $Z=X+Y$ 的概率密度.

解 X,Y 均服从参数为 λ 的指数分布,所以 X,Y 的概率密度为

$$f_X(x)=\begin{cases}\lambda e^{-\lambda x}, & x>0,\\ 0, & x\leqslant 0,\end{cases}\quad f_Y(y)=\begin{cases}\lambda e^{-\lambda y}, & y>0,\\ 0, & y\leqslant 0.\end{cases}$$

设 $Z=X+Y$ 的概率密度为 $f_Z(z)$,则由卷积公式可得

$$f_Z(z)=\int_{-\infty}^{+\infty}f_X(x)f_Y(z-x)dx=\begin{cases}\int_0^z\lambda e^{-\lambda x}\lambda e^{-\lambda(z-x)}dx, & z>0,\\ 0, & z\leqslant 0\end{cases}=\begin{cases}\lambda(\lambda z)e^{-\lambda z}, & z>0,\\ 0 & z\leqslant 0.\end{cases}$$

2. $Z=X/Y$ 的分布

设(X,Y)的概率密度为 $f(x,y)$,则 $Z=X/Y$ 的分布函数为

$$F_Z(z)=P\{Z\leqslant z\}=P\left\{\frac{X}{Y}\leqslant z\right\}=\iint\limits_{x/y\leqslant z}f(x,y)dxdy.$$

令 $u=y,v=x/y$,即 $x=uv,y=u$. 这一变换的雅可比(Jacobi)行列式为

$$J=\begin{vmatrix}v & u\\ 1 & 0\end{vmatrix}=-u.$$

于是,对积分进行换元得

$$F_Z(z)=\iint\limits_{v\leqslant z}f(uv,u)\,|J|\,dudv=\int_{-\infty}^{z}\left[\int_{-\infty}^{+\infty}f(uv,u)\,|u|\,du\right]dv.$$

这就是说,随机变量 Z 的概率密度为

$$f_Z(z)=\int_{-\infty}^{+\infty}f(zu,u)\,|u|\,du. \tag{3.20}$$

特别地,当 X 和 Y 独立时,有

$$f_Z(z)=\int_{-\infty}^{+\infty}f_X(zu)f_Y(u)\,|u|\,du, \tag{3.21}$$

其中 $f_X(x),f_Y(y)$分别为(X,Y)关于 X 和 Y 的边缘概率密度.

例 3.20 设 X,Y 分别表示两只不同型号的灯泡的寿命,X,Y 相互独立,它们的概率密度依次为

$$f(x)=\begin{cases}e^{-x}, & x>0,\\ 0, & 其他,\end{cases}\quad g(y)=\begin{cases}2e^{-2y}, & y>0,\\ 0, & 其他.\end{cases}$$

求 $Z=X/Y$ 的概率密度.

解 当 $z>0$ 时,Z 的概率密度为

$$f_Z(z)=\int_0^{+\infty}ye^{-yz}2e^{-2y}dy=\int_0^{+\infty}2ye^{-(2+z)y}dy=\frac{2}{(2+z)^2};$$

当 $z\leqslant 0$ 时，$f_Z(z)=0$. 于是

$$f_Z(z)=\begin{cases}\dfrac{2}{(2+z)^2}, & z>0,\\ 0, & z\leqslant 0.\end{cases}$$

3. $M=\max\{X,Y\}$ 及 $N=\min\{X,Y\}$ 的分布

设 X,Y 相互独立，且它们分别有分布函数 $F_X(x)$ 与 $F_Y(y)$. 求 X,Y 的最大值、最小值：$M=\max\{X,Y\}$，$N=\min\{X,Y\}$ 的分布函数 $F_M(z)$，$F_N(z)$.

由于 $M=\max\{X,Y\}$ 不大于 z 等价于 X 和 Y 都不大于 z，故 $P\{M\leqslant z\}=P\{X\leqslant z,Y\leqslant z\}$；又由于 X 和 Y 相互独立，得

$$F_M(z)=P\{M\leqslant z\}=P\{X\leqslant z,Y\leqslant z\}=P\{X\leqslant z\}\cdot P\{Y\leqslant z\}=F_X(z)\cdot F_Y(z). \tag{3.22}$$

类似地，可得 $N=\min\{X,Y\}$ 的分布函数为

$$\begin{aligned}F_N(z)&=P\{N\leqslant z\}=1-P\{N>z\}=1-P\{X>z,Y>z\}=1-P\{X>z\}\cdot P\{Y>z\}\\&=1-[1-F_X(z)][1-F_Y(z)].\end{aligned} \tag{3.23}$$

以上结果容易推广到 n 个相互独立的随机变量的情况. 设 $X_1,X_2,\cdots,X_n$ 是 n 个相互独立的随机变量，它们的分布函数分别为 $F_{X_i}(x_i)(i=1,2,\cdots,n)$，则 $M=\max\{X_1,X_2,\cdots,X_n\}$ 及 $N=\min\{X_1,X_2,\cdots,X_n\}$ 的分布函数分别为

$$F_M(z)=F_{X_1}(z)F_{X_2}(z)\cdots F_{X_n}(z); \tag{3.24}$$

$$F_N(z)=1-[1-F_{X_1}(z)][1-F_{X_2}(z)]\cdots[1-F_{X_n}(z)]. \tag{3.25}$$

特别地，当 $X_1,X_2,\cdots,X_n$ 是相互独立且有相同分布函数 $F(x)$ 时，有

$$F_M(z)=[F(z)]^n, \tag{3.26}$$

$$F_N(z)=1-[1-F(z)]^n. \tag{3.27}$$

例 3.21 设随机变量 X,Y 相互独立，X 在 $(0,1)$ 上服从均匀分布，Y 服从参数为 $\frac{1}{2}$ 的指数分布. 求 $Z_1=\max\{X,Y\}$ 的密度函数.

解 易知 X 的密度函数和分布函数分别为

$$f_X(x)=\begin{cases}1, & 0<x<1,\\ 0, & \text{其他},\end{cases}\qquad F_X(x)=\begin{cases}0, & x<0,\\ x, & 0\leqslant x<1,\\ 1, & x\geqslant 1.\end{cases}$$

Y 的密度函数和分布函数分别为

$$f_Y(y)=\begin{cases}\dfrac{1}{2}e^{-\frac{y}{2}}, & y>0,\\ 0, & y\leqslant 0,\end{cases}\qquad F_Y(y)=\begin{cases}1-e^{-\frac{y}{2}}, & y>0,\\ 0, & y\leqslant 0.\end{cases}$$

所以 $Z_1=\max\{X,Y\}$ 的密度函数为

$$f_{Z_1}(s)=f_X(s)F_Y(s)+f_Y(s)F_X(s)=\begin{cases}0, & s\leqslant 0,\\ 1-e^{-\frac{s}{2}}\left(1-\dfrac{1}{2}s\right), & 0<s<1,\\ \dfrac{1}{2}e^{-\frac{s}{2}}, & s\geqslant 1.\end{cases}$$

下面再举一个由两个随机变量的分布函数求两随机变量函数的密度函数的一般例子.

例 3.22 随机变量 X,Y 分别表示不同电子器件的寿命(以 h 计)，并设 X,Y 相互独立，且

都服从相同的分布,密度函数为

$$f(x)=\begin{cases}\dfrac{1\,000}{x^2}, & x>1\,000,\\ 0, & \text{其他}.\end{cases}$$

求 $Z=X/Y$ 的密度函数.

解 因为 X,Y 相互独立,所以 (X,Y) 的联合密度函数为

$$f(x,y)=\begin{cases}\dfrac{10^6}{x^2y^2}, & x>1\,000, y>1\,000,\\ 0, & \text{其他}.\end{cases}$$

设 $Z=X/Y$ 的分布函数为 $F_Z(s)$,则有

$$F_Z(s)=P\{Z\leqslant s\}=P\left\{\frac{X}{Y}\leqslant s\right\}=\iint\limits_{\{(x,y)\mid \frac{x}{y}\leqslant s\}} f(x,y)\mathrm{d}x\mathrm{d}y.$$

(1) $s\leqslant 0$ 时, $F_Z(s)=0$;

(2) $s>0$ 时, $F_Z(s)=\iint\limits_{\{(x,y)\mid y\geqslant \frac{x}{s}\}} f(x,y)\mathrm{d}x\mathrm{d}y$.

①当 $\dfrac{1}{s}\geqslant 1$,即 $0<s\leqslant 1$ 时, $F_Z(s)=\displaystyle\int_{1\,000}^{+\infty}\mathrm{d}x\int_{\frac{x}{s}}^{+\infty}\frac{10^6}{x^2y^2}\mathrm{d}y=\frac{s}{2}$.

②当 $0<\dfrac{1}{s}<1$,即 $s>1$ 时, $F_Z(s)=\displaystyle\int_{1\,000}^{+\infty}\mathrm{d}y\int_{1\,000}^{sy}\frac{10^6}{x^2y^2}\mathrm{d}x=1-\frac{1}{2s}$,

所以 $Z=X/Y$ 的分布函数为

$$F_Z(s)=\begin{cases}0, & s\leqslant 0,\\ \dfrac{s}{2}, & 0<s\leqslant 1,\\ 1-\dfrac{1}{2s}, & s>1.\end{cases}$$

两个随机变量函数分布常见问题

密度函数为

$$f_Z(s)=F'_Z(s)=\begin{cases}\dfrac{1}{2}, & 0<s<1,\\ \dfrac{1}{2s^2}, & s>1,\\ 0, & \text{其他}.\end{cases}$$

小　结

对一维随机变量的概念加以扩充,就得多维随机变量,我们着重讨论二维随机变量.

(1)二维随机变量 (X,Y) 的分布函数:

$$F(x,y)=P\{X\leqslant x, Y\leqslant y\},\quad -\infty<x<+\infty, -\infty<y<+\infty.$$

①离散型随机变量 (X,Y) 的分布律:

$$P\{X=x_i, Y=y_j\}=p_{ij},\quad i,j=1,2,\cdots,\quad \sum_{i,j}p_{ij}=1.$$

②连续型随机变量 (X,Y) 的概率密度 $f(x,y)[f(x,y)\geqslant 0]$:

$$F(x,y)=\int_{-\infty}^{y}\int_{-\infty}^{x}f(x,y)\mathrm{d}x\mathrm{d}y,\quad 对任意\ x,y.$$

一般地,我们都是利用分布律或概率密度(不是利用分布函数)来描述和研究二维随机变量的.

(2)二维随机变量的分布律与概率密度的性质与一维的类似.特别地,对于二维连续型随机变量,有公式

$$P\{(X,Y)\in G\}=\iint_G f(x,y)\mathrm{d}x\mathrm{d}y,$$

其中,G 是平面上的某区域.这一公式常用来求随机变量的不等式成立的概率,例如,

$$P\{Y\leqslant X\}=P\{(X,Y)\in G\}=\iint_G f(x,y)\mathrm{d}x\mathrm{d}y,$$

其中 G 为半平面 $y\leqslant x$.

(3)研究二维随机变量 (X,Y) 时,除了讨论上述一维随机变量类似的内容,还讨论了以下新的内容:边缘分布、条件分布、随机变量的独立性等.

①对 (X,Y) 而言,由 (X,Y) 的分布可以确定关于 X、关于 Y 的边缘分布.反之,由 X 和 Y 的边缘分布一般是不能确定 (X,Y) 的分布的.只有当 X,Y 相互独立时,由两边缘分布才能确定 (X,Y) 分布.

②随机变量的独立性是随机事件独立性的扩充.我们也常利用问题的实际意义去判断两个随机变量的独立性.例如,若 X,Y 分别表示两个工厂生产的显像管的寿命,则可以认为 X,Y 是相互独立的.

③讨论了 $Z=X+Y,Z=X/Y,M=\max\{X,Y\},N=\min\{X,Y\}$ 的分布的求法(设 (X,Y) 分布已知),这是很有用的.

(4)本章在进行各种问题的计算时,例如,在求边缘概率密度,求条件概率密度,求 $Z=X+Y$ 的概率密度,或计算概率 $P\{(X,Y)\in G\}=\iint_G f(x,y)\mathrm{d}x\mathrm{d}y$ 时,要用到二重积分,或用到二元函数固定其中一个变量而另一个变量的积分.此时千万要搞清楚积分变量的变化范围.题目做错,往往是由于在积分运算时,将有关的积分区间或积分区域搞错了.在做题时,画出有关函数的积分域的图形,对于正确确定积分上下限肯定是有帮助的.另外,所求得的边缘密度函数、条件分布密度函数或 $Z=X+Y$ 的密度函数,往往是分段函数,正确写出分段函数的表达式当然是必需的.

重要术语及主题

二维随机变量 (X,Y)

(X,Y) 的分布函数

离散型随机变量 (X,Y) 的分布律

连续型随机变量 (X,Y) 的概率密度

离散型随机变量 (X,Y) 的边缘分布律

连续型随机变量 (X,Y) 的边缘概率密度

条件分布函数

条件分布律

条件概率密度

两个随机变量 X,Y 的独立性

$Z=X+Y$ 的概率密度

$Z=X/Y$ 的概率密度

$M=\max\{X,Y\},N=\min\{X,Y\}$ 的概率密度

习　题　三

1. 将一硬币抛掷 3 次，以 X 表示在 3 次中出现正面的次数，以 Y 表示 3 次中出现正面次数与出现反面次数之差的绝对值. 试写出 X 和 Y 的联合分布律.

2. 设二维随机变量 (X,Y) 的联合分布函数为

$$F(x,y)=\begin{cases}\sin x\sin y, & 0\leqslant x\leqslant \dfrac{\pi}{2},0\leqslant y\leqslant \dfrac{\pi}{2},\\ 0, & \text{其他}.\end{cases}$$

求二维随机变量 (X,Y) 在长方形域 $\left\{0<x\leqslant \dfrac{\pi}{4},\dfrac{\pi}{6}<y\leqslant \dfrac{\pi}{3}\right\}$ 内的概率.

3. 设随机变量 (X,Y) 的联合概率密度

$$f(x,y)=\begin{cases}A\mathrm{e}^{-(3x+4y)}, & x>0,y>0,\\ 0, & \text{其他}.\end{cases}$$

求：(1) 常数 A；

(2) 随机变量 (X,Y) 的分布函数；

(3) $P\{0\leqslant X<1,0\leqslant Y<2\}$.

4. 设随机变量 (X,Y) 的概率密度为

$$f(x,y)=\begin{cases}k(6-x-y), & 0<x<2,2<y<4,\\ 0, & \text{其他}.\end{cases}$$

(1) 确定常数 k；

(2) 求 $P\{X<1,Y<3\}$；

(3) 求 $P\{X<1.5\}$；

(4) 求 $P\{X+Y\leqslant 4\}$.

5. 设 X 和 Y 是两个相互独立的随机变量，X 在 $(0,0.2)$ 上服从均匀分布，Y 的概率密度为

$$f_Y(y)=\begin{cases}5\mathrm{e}^{-5y}, & y>0,\\ 0, & \text{其他}.\end{cases}$$

求：(1) X 与 Y 的联合概率密度；(2) $P\{Y\leqslant X\}$.

6. 设二维随机变量 (X,Y) 的联合分布函数为

$$F(x,y)=\begin{cases}(1-\mathrm{e}^{-4x})(1-\mathrm{e}^{-2y}), & x>0,y>0,\\ 0, & \text{其他}.\end{cases}$$

求 (X,Y) 的联合概率密度.

7. 设二维随机变量 (X,Y) 的概率密度为

$$f(x,y)=\begin{cases}4.8y(2-x), & 0\leqslant x\leqslant 1,0\leqslant y\leqslant x,\\ 0, & \text{其他}.\end{cases}$$

求边缘概率密度.

8. 设二维随机变量 (X,Y) 的概率密度为

$$f(x,y)=\begin{cases}\mathrm{e}^{-y}, & 0<x<y,\\ 0, & \text{其他}.\end{cases}$$

求边缘概率密度.

9.设二维随机变量(X,Y)的概率密度为

$$f(x,y)=\begin{cases} cx^2y, & x^2\leqslant y\leqslant 1, \\ 0, & \text{其他}. \end{cases}$$

(1)试确定常数c;

(2)求边缘概率密度.

10.设随机变量(X,Y)的概率密度为

$$f(x,y)=\begin{cases} 1, & |y|<x, 0<x<1, \\ 0, & \text{其他}. \end{cases}$$

求条件概率密度$f_{Y|X}(y|x)$,$f_{X|Y}(x|y)$.

11.袋中有5个号码1,2,3,4,5,从中任取3个,记这3个号码中最小的号码为X,最大的号码为Y.

(1)求X与Y的联合概率分布;

(2)X与Y是否相互独立?

12.设二维随机变量(X,Y)的联合分布律如表3-13所示.

表 3-13

Y	X		
	2	5	8
0.4	0.15	0.30	0.35
0.8	0.05	0.12	0.03

(1)求关于X和关于Y的边缘分布;

(2)X与Y是否相互独立?

13.设X和Y是两个相互独立的随机变量,X在(0,1)上服从均匀分布,Y的概率密度为

$$f_Y(y)=\begin{cases} \frac{1}{2}e^{-y/2}, & y>0, \\ 0, & \text{其他}. \end{cases}$$

(1)求X和Y的联合概率密度;

(2)设含有a的二次方程为$a^2+2Xa+Y=0$,试求a有实根的概率.

14.设X和Y分别表示两个不同电子器件的寿命(以h计),并设X和Y相互独立,且服从同一分布,其概率密度为

$$f(x)=\begin{cases} \frac{1\,000}{x^2}, & x>1\,000, \\ 0, & \text{其他}. \end{cases}$$

求$Z=X/Y$的概率密度.

15.设某种型号的电子管的寿命(以h计)近似地服从$N(160,20^2)$分布.随机地选取4只电子管,求其中没有一只的寿命小于180 h的概率.

16.设X,Y是相互独立的随机变量,其分布律分别为

$$P\{X=k\}=p(k), \quad k=0,1,2,\cdots,$$
$$P\{Y=r\}=q(r), \quad r=0,1,2,\cdots.$$

证明随机变量$Z=X+Y$的分布律为

$$P\{Z=i\}=\sum_{k=0}^{i}p(k)q(i-k), \quad i=0,1,2,\cdots.$$

17. 设 X,Y 是相互独立的随机变量，它们都服从参数为 n,p 的二项分布. 证明 $Z=X+Y$ 服从参数为 $2n$，p 的二项分布.

18. 设随机变量(X,Y)的分布律如表 3-14 所示.

表 3-14

Y	X					
	0	1	2	3	4	5
0	0	0.01	0.03	0.05	0.07	0.09
1	0.01	0.02	0.04	0.05	0.06	0.08
2	0.01	0.03	0.05	0.05	0.05	0.06
3	0.01	0.02	0.04	0.06	0.06	0.05

(1)求 $P\{X=2|Y=2\}$，$P\{Y=3|X=0\}$；

(2)求 $V=\max\{X,Y\}$的分布律；

(3)求 $U=\min\{X,Y\}$的分布律；

(4)求 $W=X+Y$ 的分布律.

19. 雷达的圆形屏幕半径为 R，设目标出现点(X,Y)在屏幕上服从均匀分布.

(1)求 $P\{Y>0|Y>X\}$；

(2)设 $M=\max\{X,Y\}$，求 $P\{M>0\}$.

20. 设平面区域 D 由曲线 $y=1/x$ 及直线 $y=0$，$x=1$，$x=\mathrm{e}^2$ 所围成，二维随机变量(X,Y)在区域 D 上服从均匀分布，求(X,Y)关于 X 的边缘概率密度在 $x=2$ 处的值. (1998 考研)

21. 设随机变量 X 和 Y 相互独立，表 3-15 列出了二维随机变量(X,Y)联合分布律及关于 X 和 Y 的边缘分布律中的部分数值. 试将其余数值填入表中的空白处. (1998 考研)

表 3-15

X	Y			$P\{X=x_i\}=p_i$
	y_1	y_2	y_3	
x_1		1/8		
x_2	1/8			
$P\{Y=y_j\}=p_j$	1/6			1

22. 设某班车的起点站上客人数 X 服从参数为 $\lambda(\lambda>0)$的泊松分布，每位乘客在中途下车的概率为 $p(0<p<1)$，且中途下车与否相互独立，以 Y 表示在中途下车的人数，求：

(1)在发车时有 n 个乘客的条件下，中途有 m 人下车的概率；

(2)二维随机变量(X,Y)的概率分布. (2001 考研)

23. 设随机变量 X 和 Y 独立，其中 X 的概率分布为

X	1	2
p	0.3	0.7

，

而 Y 的概率密度为 $f(y)$，求随机变量 $U=X+Y$ 的概率密度 $g(u)$. (2002 考研)

24. 设随机变量 X 与 Y 相互独立，且均服从区间$[0,3]$上的均匀分布，求 $P\{\max\{X,Y\}\leqslant 1\}$. (2006 考研)

25. 设二维随机变量(X,Y)的概率分布如表 3-16 所示.

表 3-16

Y	X		
	-1	0	1
-1	a	0	0.2
0	0.1	b	0.2
1	0	0.1	c

其中 a,b,c 为常数，且 $P\{Y\leqslant 0 \mid X\leqslant 0\}=0.5$. 记 $Z=X+Y$. 求：

(1) a,b,c 的值；

(2) Z 的概率分布；

(3) $P\{X=Z\}$.

(2006 考研)

第四章

随机变量的数字特征

前面讨论了随机变量的分布函数，我们知道分布函数全面地描述了随机变量的统计特性．但是在实际问题中，一方面由于求分布函数并非易事；另一方面往往不需要去全面考察随机变量的变化情况，而只需知道随机变量的某些特征就够了．例如，在考察一个班级学生的学习成绩时，只要知道这个班级的平均成绩及其分散程度就可以对该班的学习情况作出比较客观的判断了．这样的平均值及表示分散程度的数字虽然不能完整地描述随机变量，但能更突出地描述随机变量在某些方面的重要特征，我们称它们为随机变量的数字特征．本章将介绍随机变量的常用数字特征：数学期望、方差、相关系数和矩．

第一节　数学期望

一、数学期望的定义

粗略地说，数学期望就是随机变量的平均值．在给出数学期望的概念之前，先看一个例子．

要评判一个射手的射击水平，需要知道射手的平均命中环数．设射手 A 在同样条件下进行射击，命中的环数 X 是一随机变量，其分布律如表 4-1 所示．

表 4-1

X	10	9	8	7	6	5	0
p_k	0.1	0.1	0.2	0.3	0.1	0.1	0.1

由 X 的分布律可知，若射手 A 共射击 N 次，根据频率的稳定性，在 N 次射击中，大约有 $0.1\times N$ 次击中 10 环，$0.1\times N$ 次击中 9 环，$0.2\times N$ 次击中 8 环，$0.3\times N$ 次击中 7 环，$0.1\times N$ 次击中 6 环，$0.1\times N$ 次击中 5 环，$0.1\times N$ 次脱靶．于是在 N 次射击中，射手 A 击中的环数之和约为

$$10\times 0.1N+9\times 0.1N+8\times 0.2N+7\times 0.3N+6\times 0.1N+5\times 0.1N+0\times 0.1N.$$

平均每次击中的环数约为

$$\frac{1}{N}(10\times 0.1N+9\times 0.1N+8\times 0.2N+7\times 0.3N+6\times 0.1N+5\times 0.1N+0\times 0.1N)$$

$$=10\times 0.1+9\times 0.1+8\times 0.2+7\times 0.3+6\times 0.1+5\times 0.1+0\times 0.1=6.7(\text{环}).$$

由这样一个问题的启发，得到一般随机变量的“平均数”，应是随机变量所有可能取值与其

相应的概率乘积之和，也就是以概率为权数的加权平均值，这就是所谓“数学期望的概念”. 一般地，有如下定义：

定义 4.1 设离散型随机变量 X 的分布律为

$$P\{X=x_k\}=p_k,\quad k=1,2,\cdots,$$

若级数

$$\sum_{k=1}^{+\infty} x_k p_k$$

随机变量
数学期望

绝对收敛，则称级数 $\sum\limits_{k=1}^{+\infty} x_k p_k$ 为随机变量 X 的数学期望(Mathematical expectation)，记为$E(X)$. 即

$$E(X)=\sum_{k=1}^{+\infty} x_k p_k. \tag{4.1}$$

设连续型随机变量 X 的概率密度为 $f(x)$，若积分

$$\int_{-\infty}^{+\infty} x f(x)\mathrm{d}x$$

绝对收敛，则称积分 $\int_{-\infty}^{+\infty} x f(x)\mathrm{d}x$ 的值为随机变量 X 的数学期望，记为 $E(X)$. 即

$$E(X)=\int_{-\infty}^{+\infty} x f(x)\mathrm{d}x. \tag{4.2}$$

数学期望简称期望，又称为均值.

例 4.1 $X\sim B(1,p)$，求 $E(X)$.

解 易知 X 的分布律如表 4-2 所示：

表 4-2

X	0	1
p	$1-p$	p

所以，$E(X)=0\times(1-p)+1\times p=p$.

例 4.2 设 $X\sim P(\lambda)$，求 $E(X)$.

解 X 的分布律为

$$P\{X=k\}=\frac{\lambda^k \mathrm{e}^{-\lambda}}{k!},\quad k=0,1,2,\cdots,\lambda>0.$$

X 的数学期望为

$$E(X)=\sum_{k=0}^{+\infty} k\frac{\lambda^k \mathrm{e}^{-\lambda}}{k!}=\lambda \mathrm{e}^{-\lambda}\sum_{k=1}^{+\infty}\frac{\lambda^{k-1}}{(k-1)!}=\lambda \mathrm{e}^{-\lambda}\mathrm{e}^{\lambda}=\lambda.$$

例 4.3 设在某一规定的时间间隔内，一种电器设备用于最大负荷的时间 X(单位：min)是一个随机变量，其概率密度为

$$f(x)=\begin{cases}\dfrac{x}{1\,500^2}, & 0\leqslant x\leqslant 1\,500,\\ \dfrac{3\,000-x}{1\,500^2}, & 1\,500<x\leqslant 3\,000,\\ 0, & \text{其他}.\end{cases}$$

随机变量数学
期望常见问题

求数学期望 $E(X)$.

解　由连续型随机变量的期望定义可得

$$E(X)=\int_{-\infty}^{+\infty}xf(x)\mathrm{d}x=\int_{0}^{1\,500}\frac{x^2}{1\,500^2}\mathrm{d}x+\int_{1\,500}^{3\,000}\frac{x(3\,000-x)}{1\,500^2}\mathrm{d}x=1\,500\ \mathrm{min}.$$

例 4.4　某商店在年末大甩卖中进行有奖销售，摇奖时从摇箱摇出的球的可能颜色为红、黄、蓝、白、黑 5 种，其对应的奖金额分别为 10 000 元、1 000 元、100 元、10 元、1 元. 假定摇箱内装有很多球，其中红、黄、蓝、白、黑的比例分别为 0.01%，0.15%，1.34%，10%，88.5%，求每次摇奖摇出的奖金额 X 的数学期望.

解　每次摇奖摇出的奖金额 X 是一个随机变量，易知它的分布律如表 4-3 所示.

表 4-3

X	10 000	1 000	100	10	1
p_k	0.000 1	0.001 5	0.013 4	0.1	0.885

因此，

$$\begin{aligned}E(X)&=10\,000\times0.000\,1+1\,000\times0.001\,5+100\times0.013\,4+10\times0.1+1\times0.885\\&=5.725.\end{aligned}$$

可见，平均起来每次摇奖的奖金额不足 6 元.

二、随机变量函数的数学期望

在实际问题与理论研究中，我们经常需要求随机变量函数的数学期望. 这时，我们可以通过下面的定理来实现.

定理 4.1　设 Y 是随机变量 X 的函数 $Y=g(X)$（g 是连续函数）.

(1) X 是离散型随机变量，它的分布律为 $P\{X=x_k\}=p_k$，$k=1,2,\cdots$，若 $\sum\limits_{k=1}^{+\infty}g(x_k)p_k$ 绝对收敛，则有

$$E(Y)=E[g(X)]=\sum_{k=1}^{+\infty}g(x_k)p_k. \tag{4.3}$$

(2) X 是连续型随机变量，它的概率密度为 $f(x)$，若 $\int_{-\infty}^{+\infty}g(x)f(x)\mathrm{d}x$ 绝对收敛，则有

$$E(Y)=E[g(X)]=\int_{-\infty}^{+\infty}g(x)f(x)\mathrm{d}x. \tag{4.4}$$

定理 4.1 的重要意义在于当我们求 $E(Y)$ 时，不必知道 Y 的分布而只需知道 X 的分布就可以了. 当然，我们也可以由已知的 X 的分布，先求出其函数 $g(X)$ 的分布，再根据数学期望的定义去求 $E[g(X)]$，然而，求 $Y=g(X)$ 的分布是不容易的，所以一般不采用后一种方法.

定理 4.1 的证明超出了本书的范围，这里不作证明.

定理 4.1 还可以推广到两个或两个以上随机变量的函数情形.

例如，设 Z 是随机变量 X,Y 的函数，$Z=g(X,Y)$（g 是连续函数），那么 Z 也是一个随机变量，当 (X,Y) 是二维离散型随机变量，其分布律为 $P\{X=x_i,Y=y_j\}=p_{ij}$ $(i,j=1,2,\cdots)$ 时，若 $\sum\limits_{i}\sum\limits_{j}g(x_i,y_i)p_{ij}$ 绝对收敛，则有

$$E(Z)=E[g(X,Y)]=\sum_{i}\sum_{j}g(x_i,y_i)p_{ij}. \tag{4.5}$$

当 (X,Y) 是二维连续型随机变量，其概率密度为 $f(x,y)$ 时，若 $\int_{-\infty}^{+\infty}\int_{-\infty}^{+\infty}g(x,y)f(x,y)\mathrm{d}x\mathrm{d}y$

绝对收敛,则有

$$E(Z)=E[g(X,Y)]=\int_{-\infty}^{+\infty}\int_{-\infty}^{+\infty}g(x,y)f(x,y)\mathrm{d}x\mathrm{d}y. \tag{4.6}$$

特别地,有

$$E(X)=\int_{-\infty}^{+\infty}\int_{-\infty}^{+\infty}xf(x,y)\mathrm{d}x\mathrm{d}y=\int_{-\infty}^{+\infty}xf_X(x)\mathrm{d}x,$$

$$E(Y)=\int_{-\infty}^{+\infty}\int_{-\infty}^{+\infty}yf(x,y)\mathrm{d}x\mathrm{d}y=\int_{-\infty}^{+\infty}yf_Y(y)\mathrm{d}y.$$

例 4.5 设随机变量 X 的分布律如表 4-4 所示,求随机变量函数 $Y=X^2$ 的数学期望.

表 4-4

X	-2	-1	0	1	2	3
p_k	0.10	0.20	0.25	0.20	0.15	0.10

解 我们用两种方法计算.

方法一:先求 Y 的分布律,如表 4-5 所示.

表 4-5

Y	0	1	4	9
p_k	0.25	0.40	0.25	0.10

$$E(Y)=0\times0.25+1\times0.40+4\times0.25+9\times0.10=2.30.$$

方法二:应用公式(4.5)计算.

$$E(Y)=(-2)^2\times0.10+(-1)^2\times0.20+(0)^2\times0.25+(1)^2\times0.20+(2)^2\times0.15+(3)^2\times0.10=2.30.$$

例 4.6 设 $X\sim U(a,b)$,$a<b$,求 $E(X)$,$E(X^2)$.

解 注意到 X 有概率密度 $f(X)=\begin{cases}\dfrac{1}{b-a}, & a<x<b,\\ 0, & \text{其他},\end{cases}$

所以

$$E(X)=\int_a^b\frac{x}{b-a}\mathrm{d}x=\frac{b^2-a^2}{2(b-a)}=\frac{a+b}{2},$$

$$E(X^2)=\int_a^b\frac{x^2}{b-a}\mathrm{d}x=\frac{b^3-a^3}{3(b-a)}=\frac{a^2+b^2+ab}{3}.$$

例 4.7 设国际市场每年对我国某种出口商品的需求量 $X(t)$ 服从区间[2 000,4 000]上的均匀分布.若售出这种商品 1 吨,可挣得外汇 3 万元;但如果销售不出而囤积于仓库,则每吨需保管费 1 万元.问应预备多少吨这种商品,才能使国家的收益最大?

解 设预备这种商品 y 吨($2\,000\leqslant y\leqslant4\,000$),则收益(单位:万元)为

$$g(X)=\begin{cases}3y, & X\geqslant y,\\ 3X-(y-X), & X<y.\end{cases}$$

则 $$E[g(X)]=\int_{-\infty}^{+\infty}g(x)f(x)\mathrm{d}x=\int_{2\,000}^{4\,000}g(x)\cdot\frac{1}{4\,000-2\,000}\mathrm{d}x$$

$$=\frac{1}{2\,000}\int_{2\,000}^{y}[3x-(y-x)]\mathrm{d}x+\frac{1}{2\,000}\int_{y}^{4\,000}3y\mathrm{d}x$$

$$=\frac{1}{1\,000}(-y^2+7\,000y-4\times10^6).$$

当 $y=3\,500$ 吨时,上式达到最大值.所以预备 3 500 吨此种商品能使国家的收益最大,最大收益为 8 250 万元.

例 4.8　设 X 在$(0,\pi)$上服从均匀分布,$Y=\sin X$,求 $E(Y)$.

解　X 的概率密度为

$$f(x)=\begin{cases}\frac{1}{\pi}, & 0<x<\pi,\\ 0, & \text{其他},\end{cases}$$

所以

$$E(Y)=\int_{-\infty}^{+\infty}\sin xf(x)\mathrm{d}x=\int_{0}^{\pi}\frac{\sin x}{\pi}\mathrm{d}x=\frac{2}{\pi}.$$

三、数学期望的性质

下面讨论数学期望的几条重要性质.

定理 4.2　设随机变量 X,Y 的数学期望 $E(X)$,$E(Y)$存在.

(1)$E(c)=c$,其中 c 是常数;

(2)$E(cX)=cE(X)$;

(3)$E(X+Y)=E(X)+E(Y)$;

(4)若 X,Y 是相互独立的,则有

$$E(XY)=E(X)E(Y).$$

证　就连续型情况我们证明性质(3)、性质(4),离散型情况和其他性质的证明留给读者.

(3)设二维随机变量(X,Y)的概率密度为 $f(x,y)$,其边缘概率密度为 $f_X(x)$,$f_Y(y)$,则

$$\begin{aligned}E(X+Y)&=\int_{-\infty}^{+\infty}\int_{-\infty}^{+\infty}(x+y)f(x,y)\mathrm{d}x\mathrm{d}y\\&=\int_{-\infty}^{+\infty}\int_{-\infty}^{+\infty}xf(x,y)\mathrm{d}x\mathrm{d}y+\int_{-\infty}^{+\infty}\int_{-\infty}^{+\infty}yf(x,y)\mathrm{d}x\mathrm{d}y\\&=\int_{-\infty}^{+\infty}xf_X(x)\mathrm{d}x+\int_{-\infty}^{+\infty}yf_Y(y)\mathrm{d}y=E(X)+E(Y).\end{aligned}$$

(4)若 X 和 Y 相互独立,此时

$$f(x,y)=f_X(x)f_Y(y),$$

故

$$\begin{aligned}E(XY)&=\int_{-\infty}^{+\infty}\int_{-\infty}^{+\infty}xyf(x,y)\mathrm{d}x\mathrm{d}y=\int_{-\infty}^{+\infty}\int_{-\infty}^{+\infty}xyf_X(x)f_Y(y)\mathrm{d}x\mathrm{d}y\\&=\int_{-\infty}^{+\infty}xf_X(x)\mathrm{d}x\cdot\int_{-\infty}^{+\infty}yf_Y(y)\mathrm{d}y=E(X)E(Y).\end{aligned}$$

性质(3)可推广到任意有限个随机变量之和的情形;性质(4)可推广到任意有限个相互独立的随机变量之积的情形.

例 4.9　设 $X\sim N(\mu,\sigma^2)$,求 $E(X)$.

解　令 $Y=\frac{X-\mu}{\sigma}$,则 $Y\sim N(0,1)$.

易知 $E(Y)=0$ 而 $X=\sigma Y+\mu$，所以

$$E(X)=E(\sigma Y+\mu)=\sigma E(Y)+E(\mu)=\mu.$$

例 4.10 设对某一目标进行射击，命中 n 次才能彻底摧毁该目标，假定各次射击是独立的，并且每次射击命中的概率为 p，试求彻底摧毁这一目标平均消耗的炮弹数.

解 设 X 为 n 次击中目标所消耗的炮弹数，X_k 表示第 $k-1$ 次击中后至 k 次击中目标之间所消耗的炮弹数，这样，X_k 可取值 1，2，3，…，其分布律如表 4-6 所示.

表 4-6

X_k	1	2	3	…	m	…
$P\{X_k=m\}$	p	pq	pq^2	…	pq^{m-1}	…

其中 $q=1-p$. X_1 为第一次击中目标所消耗的炮弹数，则 n 次击中目标所消耗的炮弹数为

$$X=X_1+X_2+\cdots+X_n.$$

由性质(3)可得

$$E(X)=E(X_1)+E(X_2)+\cdots+E(X_n)=nE(X_1).$$

又
$$E(X_1)=\sum_{k=1}^{+\infty}kpq^{k-1}=\frac{1}{p},$$

故
$$E(X)=\frac{n}{p}.$$

四、常用分布的数学期望

1. 两点分布

设 X 的分布律如表 4-7 所示.

表 4-7

X	0	1
p_k	$1-p$	p

则 X 的数学期望为

$$E(X)=0\times(1-p)+1\times p=p.$$

2. 二项分布

设 X 服从二项分布，其分布律为

$$P\{X=k\}=C_n^k p^k(1-p)^{n-k},\quad k=0,1,2,\cdots,n,\quad 0<p<1,$$

则 X 的数学期望为

$$E(X)=\sum_{k=0}^{n}kC_n^k p^k(1-p)^{n-k}=\sum_{k=0}^{n}k\frac{n!}{k!(n-k)!}p^k(1-p)^{n-k}$$
$$=np\sum_{k=0}^{n}\frac{(n-1)!}{(k-1)![(n-1)-(k-1)]!}p^{k-1}(1-p)^{[(n-1)-(k-1)]}.$$

令 $k-1=t$，则

$$E(X)=np\sum_{t=0}^{n-1}\frac{(n-1)!}{t![(n-1)-t]!}p^t(1-p)^{[(n-1)-t]}$$

$$=np[p+(1-p)]^{n-1}=np.$$

若利用数学期望的性质，将二项分布表示为 n 个相互独立的(0—1)分布的和，计算过程将简单得多.事实上，若设 X 表示在 n 次独立重复试验中事件 A 发生的次数，$X_i(i=1,2,\cdots,n)$ 表示 A 在第 i 次试验中出现的次数，则有 $X=\sum_{i=1}^{n}X_i$.

显然，这里 $X_i(i=1,2,\cdots,n)$ 服从两点分布，其分布率如表 4-8 所示.

表 4-8

X_i	1	0
p_k	p	$1-p$

所以 $E(X_i)=p,i=1,2,\cdots,n$. 由定理 4.2 的性质(3)有

$$E(X)=E\Big(\sum_{i=1}^{n}X_i\Big)=\sum_{i=1}^{n}E(X_i)=np.$$

3. 泊松分布

设 X 服从泊松分布，其分布律为

$$P\{X=k\}=\frac{\lambda^k}{k!}e^{-\lambda},\quad k=0,1,2,\cdots,\quad \lambda>0,$$

则 X 的数学期望为

$$E(X)=\sum_{k=0}^{+\infty}k\frac{\lambda^k}{k!}e^{-\lambda}=\lambda e^{-\lambda}\sum_{k=1}^{+\infty}\frac{\lambda^{k-1}}{(k-1)!}.$$

令 $k-1=t$，则有

$$E(X)=\lambda e^{-\lambda}\sum_{k=0}^{+\infty}\frac{\lambda^t}{t!}=\lambda e^{-\lambda}\cdot e^{\lambda}=\lambda.$$

4. 均匀分布

设 X 服从$[a,b]$上的均匀分布，其概率密度为

$$f(x)=\begin{cases}\dfrac{1}{b-a}, & a\leqslant x\leqslant b,\\ 0, & \text{其他},\end{cases}$$

则 X 的数学期望为

$$E(X)=\int_{-\infty}^{+\infty}xf(x)dx=\int_a^b\frac{x}{b-a}dx=\frac{a+b}{2}.$$

5. 指数分布

设 X 服从指数分布，其概率密度为

$$f(x)=\begin{cases}\lambda e^{-\lambda x}, & x\geqslant 0,\\ 0, & x<0,\end{cases}$$

则 X 的数学期望为

$$E(X)=\int_{-\infty}^{+\infty}xf(x)dx=\int_{-\infty}^{+\infty}x\lambda e^{-\lambda x}dx=\frac{1}{\lambda}.$$

6. 正态分布

设 $X \sim N(\mu,\sigma^2)$，其概率密度为 $f(x)=\frac{1}{\sqrt{2\pi}\sigma}e^{-\frac{(x-\mu)^2}{2\sigma^2}}$，则 X 的数学期望为

$$E(X)=\int_{-\infty}^{+\infty}xf(x)\mathrm{d}x=\frac{1}{\sqrt{2\pi}\sigma}\int_{-\infty}^{+\infty}xe^{-\frac{(x-\mu)^2}{2\sigma^2}}\mathrm{d}x.$$

令 $\frac{x-\mu}{\sigma}=t$，则

$$E(X)=\frac{1}{\sqrt{2\pi}}\int_{-\infty}^{+\infty}(\mu+\sigma t)e^{-\frac{t^2}{2}}\mathrm{d}t.$$

注意到

$$\frac{\mu}{\sqrt{2\pi}}\int_{-\infty}^{+\infty}e^{-\frac{t^2}{2}}\mathrm{d}t=\mu,\quad \frac{1}{\sqrt{2\pi}}\int_{-\infty}^{+\infty}\sigma te^{-\frac{t^2}{2}}\mathrm{d}t=0,$$

故有

$$E(X)=\mu.$$

第二节 方 差

一、方差的定义

数学期望描述了随机变量取值的“平均”.有时仅知道这个平均值还不够.例如，有 A，B 两名射手，他们每次射击命中的环数分别为 X,Y，已知 X,Y 的分布律分别如表 4-9 和表 4-10 所示.

表 4-9

X	8	9	10
$P\{X=k\}$	0.2	0.6	0.2

表 4-10

Y	8	9	10
$P\{Y=k\}$	0.1	0.8	0.1

由于 $E(X)=E(Y)=9$(环)，可见从均值的角度是分不出谁的射击技术更高，故还需考虑其他的因素.通常的想法是：在射击的平均环数相等的条件下进一步衡量谁的射击技术更稳定些.也就是看谁命中的环数比较集中于平均值的附近，通常人们会采用命中的环数 X 与它的平均值 $E(X)$ 之间的离差 $|X-E(X)|$ 的均值 $E[|X-E(X)|]$ 来进行度量，$E[|X-E(X)|]$ 愈小，表明 X 的值愈集中于 $E(X)$ 的附近，即技术稳定；$E[|X-E(X)|]$ 愈大，表明 X 的值很分散，技术不稳定.但由于 $E[|X-E(X)|]$ 带有绝对值，运算不便，故通常采用 X 与 $E(X)$ 的离差 $|X-E(X)|$ 的平方均值 $E\{[X-E(X)]^2\}$ 来度量随机变量 X 取值的分散程度.此例中，由于

$$E\{[X-E(X)]^2\}=0.2\times(8-9)^2+0.6\times(9-9)^2+0.2\times(10-9)^2=0.4,$$
$$E\{[Y-E(Y)]^2\}=0.1\times(8-9)^2+0.8\times(9-9)^2+0.1\times(10-9)^2=0.2.$$

由此可见B的技术更稳定些.

定义 4.2　设 X 是一个随机变量,若 $E\{[X-E(X)]^2\}$ 存在,则称 $E\{[X-E(X)]^2\}$ 为 X 的方差(Variance),记为 $D(X)$,即

$$D(X)=E\{[X-E(X)]^2\}. \tag{4.7}$$

称 $\sqrt{D(X)}$ 为随机变量 X 的标准差(Standard deviation)或均方差(Mean square deviation),记为 $\sigma(X)$.

根据定义 4.2 可知,随机变量 X 的方差反映了随机变量的取值与其数学期望的偏离程度.若 X 取值比较集中,则 $D(X)$ 较小;反之,若 X 取值比较分散,则 $D(X)$ 较大.

可见方差是随机变量 X 的函数 $g(X)=[X-E(X)]^2$ 的数学期望.若离散型随机变量 X 的分布律为 $P\{X=x_k\}=p_k,k=1,2,\cdots$,则

$$D(X)=\sum_{k=1}^{+\infty}[x_k-E(X)]^2p_k; \tag{4.8}$$

若连续型随机变量 X 的概率密度为 $f(x)$,则

$$D(X)=\int_{-\infty}^{+\infty}[x-E(X)]^2f(x)\mathrm{d}x. \tag{4.9}$$

由此可见,方差 $D(X)$ 是一个常数,它由随机变量的分布唯一确定.

根据数学期望的性质可得

$$\begin{aligned}D(X)&=E\{[X-E(X)]^2\}=E(\{X^2-2X\cdot E(X)+[E(X)]^2\})\\&=E(X^2)-2E(X)\cdot E(X)+[E(X)]^2=E(X^2)-[E(X)]^2.\end{aligned}$$

于是得到常用计算方差的简便公式

$$D(X)=E(X^2)-[E(X)]^2. \tag{4.10}$$

例 4.11　设 X 服从(0—1)分布,其分布律为

$$P\{X=0\}=1-p,\quad P\{X=1\}=p,\quad 0<p<1,$$

求 $E(X)$ 和 $D(X)$.

随机变量方差

解　由于

$$E(X)=0\times(1-p)+1\times p=p,$$
$$E(X^2)=0^2\times(1-p)+1^2\times p=p,$$

故得

$$D(X)=E(X^2)-[E(X)]^2=p(1-p).$$

例 4.12　设随机变量 X 的概率密度为

$$f(x)=\begin{cases}1+x, & -1\leqslant x<0,\\1-x, & 0\leqslant x<1,\\0, & \text{其他}.\end{cases}$$

求 $D(X)$.

解　由

$$E(X)=\int_{-1}^{0}x(1+x)\mathrm{d}x+\int_{0}^{1}x(1-x)\mathrm{d}x=0,$$

$$E(X^2)=\int_{-1}^{0}x^2(1+x)\mathrm{d}x+\int_{0}^{1}x^2(1-x)\mathrm{d}x=\frac{1}{6},$$

于是

$$D(X)=E(X^2)-[E(X)]^2=\frac{1}{6}.$$

二、方差的性质

设随机变量 X 与 Y 的方差均存在，方差有下面几条重要的性质.

(1)设 c 为常数，则 $D(c)=0$；

(2)设 c 为常数，则 $D(cX)=c^2D(X)$；

(3)$D(X\pm Y)=D(X)+D(Y)\pm 2E\{[X-E(X)][Y-E(Y)]\}$；

(4)若 X,Y 相互独立，则 $D(X\pm Y)=D(X)+D(Y)$；

(5)对任意的常数 $c\neq E(X)$，有 $D(X)<E[(X-c)^2]$.

方差常见问题

证　仅证性质(4)、(5).

(4) $$\begin{aligned}D(X\pm Y)&=E\{[(X\pm Y)-E(X\pm Y)]^2\}=E(\{[X-E(X)]\pm[Y-E(Y)]\}^2)\\&=E\{[X-E(X)]^2\}\pm 2E(\{[X-E(X)][Y-E(Y)]\})+E\{[Y-E(Y)]^2\}\\&=D(X)+D(Y)\pm 2E(\{[X-E(X)][Y-E(Y)]\}).\end{aligned}$$

当 X 与 Y 相互独立时，$X-E(X)$ 与 $Y-E(Y)$ 也相互独立，由数学期望的性质有

$$E\{[X-E(X)][Y-E(Y)]\}=E[X-E(X)]E[Y-E(Y)]=0.$$

因此有

$$D(X\pm Y)=D(X)+D(Y).$$

性质(4)可以推广到任意有限多个相互独立的随机变量之和的情况.

(5)对任意常数 c，有

$$\begin{aligned}E[(X-c)^2]&=E\{[X-E(X)+E(X)-c]^2\}\\&=E\{[X-E(X)]^2\}+2[E(X)-c]\cdot E[X-E(X)]+[E(X)-c]^2\\&=D(X)+[E(X)-c]^2.\end{aligned}$$

故对任意常数 $c\neq E(X)$，有 $D(X)<E[(X-c)^2]$.

例 4.13　设随机变量 X 的数学期望为 $E(X)$，方差 $D(X)=\sigma^2(\sigma>0)$，令 $Y=\dfrac{X-E(X)}{\sigma}$，求 $E(Y)$,$D(Y)$.

解

$$E(Y)=E\left[\frac{X-E(X)}{\sigma}\right]=\frac{1}{\sigma}E[X-E(X)]=\frac{1}{\sigma}[E(X)-E(X)]=0,$$

$$D(Y)=D\left[\frac{X-E(X)}{\sigma}\right]=\frac{1}{\sigma^2}D[X-E(X)]=\frac{1}{\sigma^2}D(X)=\frac{\sigma^2}{\sigma^2}=1.$$

常称 Y 为 X 的标准化随机变量.

例 4.14　设 X;Y 是两个相互独立的随机变量，其方差分别为 4 和 2，求随机变量 $3X-2Y$ 的方差.

解　因为 X,Y 相互独立，所以 $3X$ 和 $2Y$ 也相互独立，从而由方差性质得

$$\begin{aligned}D(3X-2Y)&=D(3X)+D(2Y)=9D(X)+4D(Y)\\&=9\times4+4\times2=44.\end{aligned}$$

三、常用分布的方差

1.(0—1)分布

设 X 服从参数为 p 的(0—1)分布，其分布律如表 4-11 所示.

表 4-11

X	0	1
p_k	$1-p$	p

由例 4.11 知，$D(X)=p(1-p)$.

2. 二项分布

设 X 服从参数为 n,p 的二项分布，由上一节知 $E(X)=np$；又由于 $X_1,X_2,\cdots,X_n$(X_i 表示事件 A 在第 i 次试验中的次数，具体见本书 78 页)相互独立，所以

$$D(X)=D\Big(\sum_{k=1}^{n}X_k\Big)=\sum_{k=1}^{n}D(X_k)$$
$$=np(1-p).$$

3. 泊松分布

设 X 服从参数为 λ 的泊松分布，由上一节知 $E(X)=\lambda$；又由于

$$E(X^2)=E[X(X-1)+X]=E[X(X-1)]+E(X)$$
$$=\sum_{k=0}^{+\infty}k(k-1)\frac{\lambda^k}{k!}\mathrm{e}^{-\lambda}+\lambda=\lambda^2\mathrm{e}^{-\lambda}\sum_{k=2}^{+\infty}\frac{\lambda^{k-2}}{(k-2)!}+\lambda$$
$$=\lambda^2\mathrm{e}^{-\lambda}\mathrm{e}^{\lambda}+\lambda=\lambda^2+\lambda,$$

从而有

$$D(X)=E(X^2)-[E(X)]^2=\lambda^2+\lambda-\lambda^2=\lambda.$$

均值与方差

4. 均匀分布

设 X 服从 $[a,b]$ 上的均匀分布，由上一节知 $E(X)=\dfrac{a+b}{2}$；又

$$E(X^2)=\int_a^b\frac{x^2}{b-a}\mathrm{d}x=\frac{a^2+ab+b^2}{3},$$

所以

$$D(X)=E(X^2)-[E(X)]^2=\frac{1}{3}(a^2+ab+b^2)-\frac{1}{4}(a+b)^2=\frac{(b-a)^2}{12}.$$

5. 指数分布

设 X 服从参数为 λ 的指数分布，由上一节知

$$E(X)=\frac{1}{\lambda};\text{又 }E(X^2)=\int_0^{+\infty}x^2\lambda\mathrm{e}^{-\lambda x}\mathrm{d}x=\frac{2}{\lambda^2},$$

所以

$$D(X)=E(X^2)-[E(X)]^2=\frac{2}{\lambda^2}-\left(\frac{1}{\lambda}\right)^2=\frac{1}{\lambda^2}.$$

6. 正态分布

设 $X\sim N(\mu,\sigma^2)$，由上一节知 $E(X)=\mu$，从而

$$D(X)=\int_{-\infty}^{+\infty}[x-E(X)]^2f(x)\mathrm{d}x=\int_{-\infty}^{+\infty}(x-\mu)^2\frac{1}{\sqrt{2\pi}\sigma}\mathrm{e}^{-\frac{(x-\mu)^2}{2\sigma^2}}\mathrm{d}x;$$

令$\frac{x-\mu}{\sigma}=t$则

$$D(X)=\frac{\sigma^2}{\sqrt{2\pi}}\int_{-\infty}^{+\infty}t^2\mathrm{e}^{-\frac{t^2}{2}}\mathrm{d}t=\frac{\sigma^2}{\sqrt{2\pi}}\left(-t\mathrm{e}^{-\frac{t^2}{2}}\Big|_{-\infty}^{+\infty}+\int_{-\infty}^{+\infty}\mathrm{e}^{-\frac{t^2}{2}}\mathrm{d}t\right)$$
$$=\frac{\sigma^2}{\sqrt{2\pi}}(0+\sqrt{2\pi})=\sigma^2.$$

由此可知,正态分布的概率密度中的两个参数μ和σ分别是该分布的数学期望和均方差.因而正态分布完全可由它的数学期望和方差所确定.再者,由上一章第五节例 3.17 知道,若$X_i\sim N(\mu_i,\sigma_i^2),i=1,2,\cdots,n$,且它们相互独立,则它们的线性组合$c_1X_1+c_2X_2+\cdots+c_nX_n$($c_1,c_2,\cdots,c_n$是不全为零的常数)仍然服从正态分布.于是,由数学期望和方差的性质知道

$$c_1X_1+c_2X_2+\cdots+c_nX_n\sim N\left(\sum_{i=1}^{n}c_i\mu_i,\sum_{i=1}^{n}c_i^2\sigma_i^2\right).$$

这是一个重要的结果.

例 4.15 已知连续型随机变量X的概率密度为

$$f(x)=\frac{1}{\sqrt{\pi}}\mathrm{e}^{-x^2+2x-1}\quad(-\infty<x<+\infty),$$

求$E(X)$和$D(X)$.

解 因为
$$f(x)=\frac{1}{\sqrt{\pi}}\mathrm{e}^{-x^2+2x-1}=\frac{1}{\sqrt{2\pi}(1/\sqrt{2})}\mathrm{e}^{-\frac{1}{2}\left(\frac{x-1}{1/\sqrt{2}}\right)^2},$$

所以X服从正态分布$N\left(1,\frac{1}{2}\right)$,从而

$$E(X)=1,\quad D(X)=\frac{1}{2}.$$

第三节　协方差与相关系数

对于二维随机变量(X,Y),数学期望$E(X),E(Y)$只反映了X和Y各自的平均值,而$D(X),D(Y)$反映的是X和Y各自偏离平均值的程度,它们都没有反映X与Y之间的关系.在实际问题中,每对随机变量往往相互影响、相互联系,例如,人的年龄与身高,某种产品的产量与价格等.随机变量的这种相互联系称为相关关系,也是一类重要的数字特征.本节讨论有关这方面的数字特征.

定义 4.3 设(X,Y)为二维随机变量,称
$$E\{[X-E(X)][Y-E(Y)]\}$$
为随机变量X,Y的协方差(Covariance),记为$\mathrm{cov}(X,Y)$,即
$$\mathrm{cov}(X,Y)=E\{[X-E(X)][Y-E(Y)]\}.\tag{4.11}$$

$\frac{\mathrm{cov}(X,Y)}{\sqrt{D(X)}\sqrt{D(Y)}}$称为随机变量$X,Y$的相关系数(Correlation coefficient)或标准协方差(Standard covariance),记为ρ_{XY},即

$$\rho_{XY}=\frac{\mathrm{cov}(X,Y)}{\sqrt{D(X)}\sqrt{D(Y)}}.\tag{4.12}$$

特别地，

$$\mathrm{cov}(X,X)=E\{[X-E(X)][X-E(X)]\}=D(X),$$
$$\mathrm{cov}(Y,Y)=E\{[Y-E(Y)][Y-E(Y)]\}=D(Y).$$

故方差 $D(X),D(Y)$ 是协方差的特例.

由定义 4.3 及方差的性质可得

$$D(X\pm Y)=D(X)+D(Y)\pm 2\mathrm{cov}(X,Y).$$

由协方差的定义及数学期望的性质可得下列实用计算公式：

$$\mathrm{cov}(X,Y)=E(XY)-E(X)E(Y). \tag{4.13}$$

若 (X,Y) 为二维离散型随机变量，其联合分布律为 $P\{X=x_i,Y=y_j\}=p_{ij},i,j=1,2,\cdots$，则有

$$\mathrm{cov}(X,Y)=\sum_i\sum_j[x_i-E(X)][y_i-E(Y)]p_{ij}. \tag{4.14}$$

若 (X,Y) 为二维连续型随机变量，其概率密度为 $f(x,y)$，则有

$$\mathrm{cov}(X,Y)=\int_{-\infty}^{+\infty}\int_{-\infty}^{+\infty}[x-E(X)][y-E(Y)]f(x,y)\mathrm{d}x\mathrm{d}y. \tag{4.15}$$

例 4.16　设 (X,Y) 的分布律如表 4-12 所示，$0<p<1$，求 $\mathrm{cov}(X,Y)$ 和 ρ_{XY}.

表 4-12

Y	X	
	0	1
0	$1-p$	0
1	0	p

解　易知 X 的分布律为

$$P\{X=1\}=p,\quad P\{X=0\}=1-p,$$

故
$$E(X)=p,\quad D(X)=p(1-p).$$

同理
$$E(Y)=p,\quad D(Y)=p(1-p),$$

因此
$$\mathrm{cov}(X,Y)=E(XY)-E(X)E(Y)=p-p^2=p(1-p),$$
$$\rho_{XY}=\frac{\mathrm{cov}(X,Y)}{\sqrt{DX}\sqrt{DY}}=\frac{p(1-p)}{\sqrt{p(1-p)}\sqrt{p(1-p)}}=1.$$

例 4.17　设随机变量 Y 为随机变量 X 的函数，为 $Y=5X+6$，已知 $D(X)=3$，求协方差 $\mathrm{cov}(X,Y)$ 和相关系数 ρ_{XY}.

解　由方差性质得

$$D(Y)=D(5X+6)=25D(X)=25\times 3=75.$$

由协方差性质得

$$\mathrm{cov}(X,Y)=\mathrm{cov}(X,5X+6)=5\mathrm{cov}(X,X)=5D(X)=5\times 3=15,$$
$$\rho_{XY}=\frac{\mathrm{cov}(X,Y)}{\sqrt{D(X)}\sqrt{D(Y)}}=\frac{15}{\sqrt{3}\times\sqrt{75}}=1.$$

协方差具有下列性质：

(1)若 X 与 Y 相互独立，则 $\mathrm{cov}(X,Y)=0$；

(2) $\text{cov}(X,Y)=\text{cov}(Y,X)$；

(3) $\text{cov}(aX,bY)=ab\text{cov}(X,Y)$；

(4) $\text{cov}(X_1+X_2,Y)=\text{cov}(X_1,Y)+\text{cov}(X_2,Y)$.

协方差与相关系数

证 仅证性质(4)，其余留给读者.

$$\begin{aligned}\text{cov}(X_1+X_2,Y)&=E[(X_1+X_2)Y]-E(X_1+X_2)E(Y)\\&=E(X_1Y)+E(X_2Y)-E(X_1)E(Y)-E(X_2)E(Y)\\&=[E(X_1Y)-E(X_1)E(Y)]+[E(X_2Y)-E(X_2)E(Y)]\\&=\text{cov}(X_1,Y)+\text{cov}(X_2,Y).\end{aligned}$$

下面给出相关系数 ρ_{XY} 的几条重要性质，并说明 ρ_{XY} 的含义.

定理 4.3 设 $D(X)>0,D(Y)>0,\rho_{XY}$ 为 (X,Y) 的相关系数，

(1) 如果 X,Y 相互独立，则 $\rho_{XY}=0$；

(2) $|\rho_{XY}|\leqslant 1$；

(3) $|\rho_{XY}|=1$ 的充要条件是存在常数 a,b 使 $P\{Y=aX+b\}=1(a\neq 0)$.

证 由协方差的性质(1)及相关系数的定义可知(1)成立.

(2) 对任意实数 t，有

$$\begin{aligned}D(Y-tX)&=E\{[(Y-tX)-E(Y-tX)]^2\}\\&=E(\{[Y-E(Y)]-t[X-E(X)]\}^2)\\&=E\{[Y-E(Y)]^2\}-2tE\{[Y-E(Y)][X-E(X)]\}+t^2E\{[X-E(X)]^2\}\\&=t^2D(X)-2t\text{cov}(X,Y)+D(Y)\\&=D(X)\left[t-\frac{\text{cov}(X,Y)}{D(X)}\right]^2+D(Y)-\frac{[\text{cov}(X,Y)]^2}{D(X)}.\end{aligned}$$

令 $t=\dfrac{\text{cov}(X,Y)}{D(X)}$，于是

$$D(Y-tX)=D(Y)-\frac{[\text{cov}(X,Y)]^2}{D(X)}=D(Y)\left[1-\frac{[\text{cov}(X,Y)]^2}{D(X)D(Y)}\right]=D(Y)(1-\rho_{XY}^2).$$

由于方差不能为负，所以 $1-\rho_{XY}^2\geqslant 0$，从而

$$|\rho_{XY}|\leqslant 1.$$

性质(3)的证明较复杂，从略.

当 $\rho_{XY}=0$ 时，称 X 与 Y 不相关. 由性质(1)可知，当 X 与 Y 相互独立时，$\rho_{XY}=0$，即 X 与 Y 不相关. 反之，不一定成立，即 X 与 Y 不相关时，X 与 Y 却不一定相互独立.

例 4.18 设 X 服从 $(-\pi,\pi)$ 上的均匀分布，$X_1=\sin X,X_2=\cos X$，求 $\rho_{X_1X_2}$.

解 随机变量 X 的概率密度为

$$f(x)=\begin{cases}\dfrac{1}{2\pi}, & x\in(-\pi,\pi),\\ 0, & \text{其他}.\end{cases}$$

$$E(X_1)=E(\sin X)=\int_{-\infty}^{+\infty}[f(x)\sin x]\mathrm{d}x=\frac{1}{2\pi}\int_{-\pi}^{\pi}\sin x\mathrm{d}x=0,$$

$$E(X_2)=E(\cos X)=\int_{-\infty}^{+\infty}[f(x)\cos x]\mathrm{d}x=\frac{1}{2\pi}\int_{-\pi}^{\pi}\cos x\mathrm{d}x=0,$$

$$E(X_1X_2)=E(\sin X\cos X)=\int_{-\infty}^{+\infty}[f(x)\sin x\cos x]\mathrm{d}x=\frac{1}{2\pi}\int_{-\pi}^{\pi}\sin x\cos x\mathrm{d}x=0.$$

所以
$$\mathrm{cov}(X_1,X_2)=E(X_1X_2)-E(X_1)E(X_2)=0.$$
于是 $\rho_{X_1X_2}=0$. 即 X_1,X_2 不相关,但 $X_1^2+X_2^2=1$.

定理 4.3 告诉我们,相关系数 ρ_{XY} 描述了随机变量 X,Y 的线性相关程度,$|\rho_{XY}|$ 愈接近 1,则 X 与 Y 之间愈接近线性关系. 当 $|\rho_{XY}|=1$ 时,X 与 Y 之间依概率 1 线性相关. 不过,下例表明当(X,Y)是二维正态随机变量时,X 和 Y 不相关与 X 和 Y 相互独立是等价的.

例 4.19　设(X,Y)服从二维正态分布,它的概率密度为
$$f(x,y)=\frac{1}{2\pi\sigma_1\sigma_2\sqrt{1-\rho^2}}\cdot \exp\left\{-\frac{1}{2(1-\rho^2)}\left[\frac{(x-\mu_1)^2}{\sigma_1^2}-2\rho\frac{(x-\mu_1)(y-\mu_2)}{\sigma_1\sigma_2}+\frac{(y-\mu_2)^2}{\sigma_2^2}\right]\right\},$$
求 $\mathrm{cov}(X,Y)$和 ρ_{XY}.

解　可以计算得(X,Y)的边缘概率密度为
$$f_X(x)=\frac{1}{\sqrt{2\pi}\sigma_1}\mathrm{e}^{-\frac{(x-\mu_1)^2}{2\sigma_1^2}},\quad -\infty<x<+\infty,$$
$$f_Y(y)=\frac{1}{\sqrt{2\pi}\sigma_2}\mathrm{e}^{-\frac{(y-\mu_2)^2}{2\sigma_2^2}},\quad -\infty<y<+\infty,$$
故
$$E(X)=\mu_1,\quad E(Y)=\mu_2,\quad D(X)=\sigma_1^2,\quad D(Y)=\sigma_2^2.$$
而
$$\mathrm{cov}(X,Y)=\int_{-\infty}^{+\infty}\int_{-\infty}^{+\infty}(x-\mu_1)(y-\mu_2)f(x,y)\mathrm{d}x\mathrm{d}y=\frac{1}{2\pi\sigma_1\sigma_2\sqrt{1-\rho^2}}\cdot \int_{-\infty}^{+\infty}\int_{-\infty}^{+\infty}(x-\mu_1)(y-\mu_2)\mathrm{e}^{-\frac{(x-\mu_1)^2}{2\sigma_1^2}}\mathrm{e}^{-\frac{1}{2(1-\rho^2)}\left[\frac{y-\mu_2}{\sigma_2}-\rho\frac{x-\mu_1}{\sigma_1}\right]^2}\mathrm{d}x\mathrm{d}y.$$
令 $t=\frac{1}{\sqrt{1-\rho^2}}\left(\frac{y-\mu_2}{\sigma_2}-\rho\frac{x-\mu_1}{\sigma_1}\right),u=\frac{x-\mu_1}{\sigma_1}$,则
$$\begin{aligned}\mathrm{cov}(X,Y)&=\frac{1}{2\pi}\int_{-\infty}^{+\infty}\int_{-\infty}^{+\infty}(\sigma_1\sigma_2\sqrt{1-\rho^2}tu+\rho\sigma_1\sigma_2u^2)\mathrm{e}^{-\frac{u^2}{2}-\frac{t^2}{2}}\mathrm{d}t\mathrm{d}u\\&=\frac{\sigma_1\sigma_2\rho}{2\pi}\left(\int_{-\infty}^{+\infty}u^2\mathrm{e}^{-\frac{u^2}{2}}\mathrm{d}u\right)\left(\int_{-\infty}^{+\infty}\mathrm{e}^{-\frac{t^2}{2}}\mathrm{d}t\right)\\&\quad+\frac{\sigma_1\sigma_2\sqrt{1-\rho^2}}{2\pi}\left(\int_{-\infty}^{+\infty}u\mathrm{e}^{-\frac{u^2}{2}}\mathrm{d}u\right)\left(\int_{-\infty}^{+\infty}t\mathrm{e}^{-\frac{t^2}{2}}\mathrm{d}t\right)\\&=\frac{\rho\sigma_1\sigma_2}{2\pi}\sqrt{2\pi}\sqrt{2\pi}=\rho\sigma_1\sigma_2.\end{aligned}$$

相关性与相互独立

于是
$$\rho_{XY}=\frac{\mathrm{cov}(X,Y)}{\sqrt{D(X)}\sqrt{D(Y)}}=\rho.$$

这说明二维正态随机变量(X,Y)的概率密度中的参数 ρ 就是 X 和 Y 的相关系数,从而二维正态随机变量的分布完全可由 X,Y 的各自的数学期望、方差以及它们的相关系数所确定.

由上一章讨论可知,若(X,Y)服从二维正态分布,那么 X 和 Y 相互独立的充要条件是 $\rho=0$,即 X 与 Y 不相关. 因此,对于二维正态随机变量(X,Y)来说,X 和 Y 不相关与 X 和 Y 相互独立是等价的.

第四节　矩、协方差矩阵

数学期望、方差、协方差是随机变量最常用的数字特征，它们都是特殊的矩(Moment).矩是更广泛的数字特征.

定义 4.4　设 X 和 Y 是随机变量，若

$$E(X^k),\quad k=1,2,\cdots$$

存在，称它为 X 的 k 阶原点矩，简称 k 阶矩.

若
$$E[X-E(X)]^k,\quad k=2,3,\cdots$$

存在，称它为 X 的 k 阶中心矩.

若
$$E(X^kY^l),\quad k,l=1,2,\cdots$$

存在，称它为 X 和 Y 的 $k+l$ 阶混合矩.

若
$$E\{[X-E(X)]^k[Y-E(Y)]^l\},\quad k,l=1,2,\cdots$$

存在，称它为 X 和 Y 的 $k+l$ 阶混合中心矩.

显然，X 的数学期望 $E(X)$ 是 X 的一阶原点矩，方差 $D(X)$ 是 X 的二阶中心矩，协方差 $\operatorname{cov}(X,Y)$ 是 X 和 Y 的 $1+1$ 阶混合中心矩.

当 X 为离散型随机变量时，其分布律为 $P\{X=x_i\}=p_i$，则

$$E(X^k)=\sum_{i=1}^{+\infty}x_i^kp_i,$$

$$E[X-E(X)]^k=\sum_{i=1}^{+\infty}[x_i-E(X)]^kp_i.$$

当 X 为连续型随机变量时，其概率密度为 $f(x)$，则

$$E(X^k)=\int_{-\infty}^{+\infty}x^kf(x)\mathrm{d}x,$$

$$E[X-E(X)]^k=\int_{-\infty}^{+\infty}[x-E(X)]^kf(x)\mathrm{d}x.$$

下面介绍 n 维随机变量的协方差矩阵.

设 n 维随机变量 $(X_1,X_2,\cdots,X_n)$ 的 $1+1$ 阶混合中心矩

$$\sigma_{ij}=\operatorname{cov}(X_i,X_j)=E\{[X_i-E(X_i)][X_j-E(X_j)]\},\quad i,j=1,2,\cdots,n$$

都存在，则称矩阵

$$\boldsymbol{\Sigma}=\begin{pmatrix}\sigma_{11} & \sigma_{12} & \cdots & \sigma_{1n}\\ \sigma_{21} & \sigma_{22} & \cdots & \sigma_{2n}\\ \vdots & \vdots & & \vdots\\ \sigma_{n1} & \sigma_{n2} & \cdots & \sigma_{nn}\end{pmatrix}$$

为 n 维随机变量 $(X_1,X_2,\cdots,X_n)$ 的协方差矩阵.

由于 $\sigma_{ij}=\sigma_{ji}(i,j=1,2,\cdots,n)$，因此 $\boldsymbol{\Sigma}$ 是一个对称矩阵.

协方差矩阵给出了 n 维随机变量的全部方差及协方差，因此在研究 n 维随机变量的统计规律时，协方差矩阵是很重要的.利用协方差矩阵还可以引入 n 维正态分布的概率密度.

首先用协方差矩阵重写二维正态随机变量 (X_1,X_2) 的概率密度.

$$f(x_1,x_2)=\frac{1}{2\pi\sigma_1\sigma_2\sqrt{1-\rho^2}}\cdot$$
$$\exp\left\{-\frac{1}{2(1-\rho^2)}\left[\frac{(x_1-\mu_1)^2}{\sigma_1^2}-2\rho\frac{(x_1-\mu_1)(x_2-\mu_2)}{\sigma_1\sigma_2}+\frac{(x_2-\mu_2)^2}{\sigma_2^2}\right]\right\}.$$

令 $\boldsymbol{X}=\begin{pmatrix}x_1\\x_2\end{pmatrix}$，$\boldsymbol{\mu}=\begin{pmatrix}\mu_1\\\mu_2\end{pmatrix}$，$(X_1,X_2)$的协方差矩阵为

$$\boldsymbol{\Sigma}=\begin{pmatrix}\sigma_{11}&\sigma_{12}\\\sigma_{21}&\sigma_{22}\end{pmatrix}=\begin{pmatrix}\sigma_1^2&\rho\sigma_1\sigma_2\\\rho\sigma_1\sigma_2&\sigma_1^2\end{pmatrix}.$$

它的行列式 $|\boldsymbol{\Sigma}|=\sigma_1^2\sigma_2^2(1-\rho^2)$，逆矩阵

$$\boldsymbol{\Sigma}^{-1}=\frac{1}{|\boldsymbol{\Sigma}|}\begin{pmatrix}\sigma_2^2&-\rho\sigma_1\sigma_2\\-\rho\sigma_1\sigma_2&\sigma_1^2\end{pmatrix}.$$

由于
$$(\boldsymbol{X}-\boldsymbol{\mu})^{\mathrm{T}}\boldsymbol{\Sigma}^{-1}(\boldsymbol{X}-\boldsymbol{\mu})=\frac{1}{|\boldsymbol{\Sigma}|}(x_1-\mu_1,x_2-\mu_2)\begin{pmatrix}\sigma_2^2&-\rho\sigma_1\sigma_2\\-\rho\sigma_1\sigma_2&\sigma_1^2\end{pmatrix}\begin{pmatrix}x_1-\mu_1\\x_2-\mu_2\end{pmatrix}.$$
$$=\frac{1}{1-\rho^2}\left[\frac{(x_1-\mu_1)^2}{\sigma_1^2}-2\rho\frac{(x_1-\mu_1)(x_2-\mu_2)}{\sigma_1\sigma_2}+\frac{(x_2-\mu_2)^2}{\sigma_2^2}\right],$$

因此(X_1,X_2)的概率密度可写成

$$f(x_1,x_2)=\frac{1}{2\pi\sqrt{|\boldsymbol{\Sigma}|}}\exp\left\{-\frac{1}{2}(\boldsymbol{X}-\boldsymbol{\mu})^{\mathrm{T}}\boldsymbol{\Sigma}^{-1}(\boldsymbol{X}-\boldsymbol{\mu})\right\}.$$

上式容易推广到 n 维的情形.

设$(X_1,X_2,\cdots,X_n)$是 n 维随机变量，令

$$\boldsymbol{X}=\begin{pmatrix}x_1\\x_2\\\vdots\\x_n\end{pmatrix},\quad\boldsymbol{\mu}=\begin{pmatrix}\mu_1\\\mu_2\\\vdots\\\mu_n\end{pmatrix}=\begin{pmatrix}E(X_1)\\E(X_2)\\\vdots\\E(X_n)\end{pmatrix},$$

定义 n 维正态随机变量$(X_1,X_2,\cdots,X_n)$的概率密度为

$$f(x_1,x_2,\cdots,x_n)=\frac{1}{(2\pi)^{\frac{n}{2}}\sqrt{|\boldsymbol{\Sigma}|}}\exp\left\{-\frac{1}{2}(\boldsymbol{X}-\boldsymbol{\mu})^{\mathrm{T}}\boldsymbol{\Sigma}^{-1}(\boldsymbol{X}-\boldsymbol{\mu})\right\}.$$

其中 $\boldsymbol{\Sigma}$ 是$(X_1,X_2,\cdots,X_n)$的协方差矩阵.

n 维正态随机变量具有以下几条重要性质：

(1)n 维随机变量$(X_1,X_2,\cdots,X_n)$服从 n 维正态分布的充要条件是 $X_1,X_2,\cdots,X_n$ 的任意的线性组合

$$l_1X_1+l_2X_2+\cdots+l_nX_n$$

服从一维正态分布(其中 $l_1,l_2,\cdots,l_n$ 不全为零)；

(2)若$(X_1,X_2,\cdots,X_n)$服从 n 维正态分布，设 $Y_1,Y_2,\cdots,Y_k$ 是 $X_1,X_2,\cdots,X_n$ 的线性函数，则$(Y_1,Y_2,\cdots,Y_k)$服从 k 维正态分布；

(3)设$(X_1,X_2,\cdots,X_n)$服从 n 维正态分布，则 $X_1,X_2,\cdots,X_n$ 相互独立的充要条件是 $X_1,X_2,\cdots,X_n$ 两两不相关.

小　结

随机变量的数字特征是由随机变量的分布确定的，能描述随机变量某一个方面的特征的常数.最重要的数字特征是数学期望和方差.数学期望 $E(X)$ 描述随机变量 X 取值的平均大小，方差 $D(X)=E\{[X-E(X)]^2\}$ 描述随机变量 X 与它自己的数学期望 $E(X)$ 的偏离程度.数学期望和方差虽不能像分布函数、分布律、概率密度一样完整地描述随机变量，但它们能描述随机变量的重要方面或人们最关心方面的特征，它们在应用和理论上都非常重要.

要掌握随机变量的函数 $Y=g(X)$ 的数学期望 $E(Y)=E[g(X)]$ 的计算公式(4.3)和(4.4).这两个公式的意义在于当我们求 $E(Y)$ 时，不必先求出 $Y=g(X)$ 的分布律或概率密度，而只需利用 X 的分布律或概率密度就可以了，这样做的好处是明显的.

我们常利用公式 $D(X)=E(X^2)-[E(X)]^2$ 来计算方差 $D(X)$，请注意这里 $E(X^2)$ 和 $[E(X)]^2$ 的区别.

要掌握数学期望和方差的性质，提请读者注意的是：

(1)当 X_1,X_2 独立或 X_1,X_2 不相关时，才有 $E(X_1X_2)=E(X_1)E(X_2)$；

(2)设 c 为常数，则有 $D(cX)=c^2D(X)$；

(3) $D(X_1\pm X_2)=D(X_1)+D(X_2)\pm 2\mathrm{cov}(X_1,X_2)$，当 X_1,X_2 独立或不相关时才有

$$D(X_1+X_2)=D(X_1)+D(X_2).$$

例如，若 X_1,X_2 独立，则有 $D(2X_1-3X_2)=4D(X_1)+9D(X_2)$.

相关系数 ρ_{XY} 有时也称为线性相关系数，它是一个可以用来描述随机变量 (X,Y) 的两个分量 X,Y 之间的线性关系紧密程度的数字特征.当 $|\rho_{XY}|$ 较小时 X,Y 的线性相关的程度较差；当 $\rho_{XY}=0$ 时称 X,Y 不相关.不相关是指 X,Y 之间不存在线性关系.但 X,Y 不相关，它们还可能存在除线性关系之外的关系(参见第3节例4.18)；又由于 X,Y 相互独立是指 X,Y 的一般关系而言的，因此有以下的结论：X,Y 相互独立则 X,Y 一定不相关；反之，若 X,Y 不相关则 X,Y 不一定相互独立.

特别，对于二维正态变量 (X,Y)，X 和 Y 不相关与 X 和 Y 相互独立是等价的；而二维正态变量的相关系数 ρ_{XY} 就是参数 ρ.于是，用“$\rho=0$”是否成立来检验 X,Y 是否相互独立是很方便的.

重要术语及主题

数学期望	随机变量函数的数学期望	数学期望的性质
方差	标准差	方差的性质
协方差	相关系数	相关系数的性质
X,Y 不相关	矩	协方差矩阵

为了使用方便，我们列出常见分布及其期望和方差，如表4-13所示.

表 4-13

分布名称	分布律或概率密度	期望	方差	参数范围
两点分布	$P\{X=1\}=p,\quad P\{X=0\}=q$	p	pq	$0<p<1$, $q=1-p$

续表

分布名称	分布律或概率密度	期望	方差	参数范围
二项分布 $X\sim B(n,p)$	$P\{X=k\}=C_n^k p^k q^{n-k}$ $(k=0,1,2,\cdots,n)$	np	npq	$0<p<1$, $q=1-p$, n 为自然数
泊松分布 $X\sim P(\lambda)$	$P\{X=k\}=\frac{\lambda^k}{k!}e^{-\lambda}\quad(k=0,1,2,\cdots)$	λ	λ	$\lambda>0$
均匀分布 $X\sim U(a,b)$	$f(x)\begin{cases}\frac{1}{b-a}, & a\leqslant x\leqslant b,\\ 0, & 其他\end{cases}$	$\frac{a+b}{2}$	$\frac{(b-a)^2}{12}$	$b>a$
指数分布 $X\sim Z(\lambda)$	$f(x)=\begin{cases}\lambda e^{-\lambda x}, & x\geqslant 0,\\ 0, & x<0\end{cases}$	$\frac{1}{\lambda}$	$\frac{1}{\lambda^2}$	$\lambda>0$
正态分布 $X\sim N(\mu,\sigma^2)$	$f(x)=\frac{1}{\sqrt{2\pi}\sigma}e^{-\frac{(x-\mu)^2}{2\sigma^2}}$ $(x\in\mathbf{R})$	μ	σ^2	μ 任意，$\sigma>0$

习　题　四

1. 设随机变量 X 的分布律如表 4-14 所示.

表 4-14

X	-1	0	1	2
p_k	1/8	1/2	1/8	1/4

求 $E(X)$，$E(X^2)$，$E(2X+3)$.

2. 已知 100 个产品中有 10 个次品，求任意取出的 5 个产品中的次品数的数学期望、方差.

3. 设随机变量 X 的分布律如表 4-15 所示，且已知 $E(X)=0.1$，$E(X^2)=0.9$，求 p_1，p_2，p_3.

表 4-15

X	-1	0	1
p_k	p_1	p_2	p_3

4. 袋中有 N 个球，其中的白球数 X 为一随机变量，已知 $E(X)=n$，问从袋中任取一球为白球的概率是多少?

5. 设随机变量 X 的概率密度为

$$f(x)=\begin{cases}x, & 0\leqslant x<1,\\ 2-x, & 1\leqslant x\leqslant 2,\\ 0, & 其他.\end{cases}$$

求 $E(X)$，$D(X)$.

6. 设随机变量 X,Y,Z 相互独立,且 $E(X)=5,E(Y)=11,E(Z)=8$,求下列随机变量的数学期望:

(1)$U=2X+3Y+1$;

(2)$V=YZ-4X$.

7. 设随机变量 X,Y 相互独立,且 $E(X)=E(Y)=3,D(X)=12,D(Y)=16$,求 $E(3X-2Y),D(2X-3Y)$.

8. 设二维随机变量(X,Y)的概率密度为

$$f(x,y)=\begin{cases}k, & 0<x<1,0<y<x,\\ 0, & \text{其他}.\end{cases}$$

试确定常数 k,并求 $E(XY)$.

9. 设 X,Y 是相互独立的随机变量,其概率密度分别为

$$f_X(x)=\begin{cases}2x, & 0\leqslant x\leqslant 1,\\ 0, & \text{其他},\end{cases}\quad f_Y(y)=\begin{cases}e^{-(y-5)}, & y>0,\\ 0, & \text{其他}.\end{cases}$$

求 $E(XY)$.

10. 设随机变量 X,Y 的概率密度分别为

$$f_X(x)=\begin{cases}2e^{-2x}, & x>0,\\ 0, & x\leqslant 0,\end{cases}\quad f_Y(y)=\begin{cases}4e^{-4y}, & y>0,\\ 0, & y\leqslant 0.\end{cases}$$

求:(1)$E(X+Y)$;(2)$E(2X-3Y^2)$.

11. 设随机变量 X 的概率密度为

$$f(x)=\begin{cases}cxe^{-k^2x^2}, & x\geqslant 0,\\ 0, & x<0.\end{cases}$$

求:(1)系数 c;(2)$E(X)$;(3)$D(X)$.

12. 袋中有 12 个零件,其中 9 个合格品,3 个废品.安装机器时,从袋中一个一个地取出(取出后不放回),设在取出合格品之前已取出的废品数为随机变量 X,求 $E(X)$和 $D(X)$.

13. 一工厂生产某种设备的寿命 X(以"年"计)服从指数分布,概率密度为

$$f(x)=\begin{cases}\frac{1}{4}e^{-\frac{x}{4}}, & x>0,\\ 0, & x\leqslant 0.\end{cases}$$

为确保消费者的利益,工厂规定出售的设备若在一年内损坏则可以调换.若售出一台设备,工厂可获利 100 元;而调换一台则损失 200 元.试求工厂出售一台设备赢利的数学期望.

14. 设 $X_1,X_2,\cdots,X_n$ 是相互独立的随机变量,且有 $E(X_i)=\mu,D(X_i)=\sigma^2,i=1,2,\cdots,n$,记 $\overline{X}=\frac{1}{n}\sum_{i=1}^{n}X_i,S^2=\frac{1}{n-1}\sum_{i=1}^{n}(X_i-\overline{X})^2$.

(1)验证 $E(\overline{X})=\mu,D(\overline{X})=\frac{\sigma^2}{n}$;

(2)验证 $S^2=\frac{1}{n-1}(\sum_{i=1}^{n}X_i^2-n\overline{X}^2)$;

(3)验证 $E(S^2)=\sigma^2$.

15. 对随机变量 X 和 Y,已知 $D(X)=2,D(Y)=3,\text{cov}(X,Y)=-1$,计算:

$$\text{cov}(3X-2Y+1,X+4Y-3).$$

16. 设二维随机变量(X,Y)的概率密度为

$$f(x,y)=\begin{cases}\frac{1}{\pi}, & x^2+y^2\leqslant 1,\\ 0, & \text{其他}.\end{cases}$$

试验证:X 和 Y 是不相关的,但 X 和 Y 不是相互独立的.

17. 设二维随机变量(X,Y)的分布律如表 4-16 所示,验证:X 和 Y 是不相关的,但 X 和 Y 不是相互独

立的.

表 4-16

Y	X		
	-1	0	1
-1	1/8	1/8	1/8
0	1/8	0	1/8
1	1/8	1/8	1/8

18.设二维随机变量(X,Y)在以$A(0,0)$,$B(0,1)$,$C(1,0)$为顶点的三角形区域上服从均匀分布,试求$\mathrm{cov}(X,Y)$,ρ_{XY}.

19.设(X,Y)的概率密度为

$$f(x,y)=\begin{cases}\dfrac{1}{2}\sin(x+y), & 0\leqslant x\leqslant\dfrac{\pi}{2},0\leqslant y\leqslant\dfrac{\pi}{2},\\ 0, & \text{其他}.\end{cases}$$

求协方差$\mathrm{cov}(X,Y)$和相关系数ρ_{XY}.

20.已知二维随机变量(X,Y)的协方差矩阵为$\begin{bmatrix}1 & 1\\ 1 & 4\end{bmatrix}$,试求$Z_1=X-2Y$和$Z_2=2X-Y$的相关系数.

21.对于两个随机变量V,W,若$E(V^2)$,$E(W^2)$存在,证明:

$$[E(VW)]^2\leqslant E(V^2)E(W^2).$$

这一不等式称为柯西-许瓦兹(Cauchy-Schwarz)不等式.

22.假设一设备开机后无故障工作的时间X服从参数$\lambda=1/5$的指数分布.设备定时开机,出现故障时自动关机,而在无故障的情况下工作2 h后便被关机.试求此情形下该设备每次开机无故障工作的时间Y的分布函数$F(y)$.　(2002考研)

23.已知甲、乙两箱中装有同种产品,其中甲箱中装有3件合格品和3件次品,乙箱中仅装有3件合格品.从甲箱中任取3件产品放入乙箱后,求:

(1)乙箱中次品件数Z的数学期望;

(2)从乙箱中任取一件产品是次品的概率.　(2003考研)

24.假设由自动线加工的某种零件的内径X(单位:mm)服从正态分布$N(\mu,1)$,内径小于10或大于12为不合格品,其余为合格品.销售每件合格品则获利,销售每件不合格品则亏损,已知销售利润T(单位:元)与销售零件的内径X有如下关系:

$$T=\begin{cases}-1, & X<10,\\ 20, & 10\leqslant X\leqslant 12,\\ -5, & X>12.\end{cases}$$

问:平均直径μ取何值时,销售一个零件的平均利润最大?　(1994考研)

25.设随机变量X的概率密度为

$$f(x)=\begin{cases}\dfrac{1}{2}\cos\dfrac{x}{2}, & 0\leqslant x\leqslant\pi,\\ 0, & \text{其他}.\end{cases}$$

对X独立地重复观察4次,用Y表示观察值大于$\pi/3$的次数,求Y^2的数学期望.　(2002考研)

26.两台同样的自动记录仪,每台无故障工作的时间$T_i(i=1,2)$服从参数为5的指数分布,首先开动其中一台,当其发生故障时停用而另一台自动开启.试求两台记录仪无故障工作的总时间$T=T_1+T_2$的概率密度$f_T(t)$、数学期望$E(T)$及方差$D(T)$.　(1997考研)

27. 设两个随机变量 X,Y 相互独立，且都服从均值为 0，方差为 1/2 的正态分布，求随机变量 $|X-Y|$ 的方差. (1998 考研)

28. 某流水生产线上每个产品不合格的概率为 $p(0<p<1)$，各产品合格与否相互独立，当出现一个不合格产品时，即停机检修. 设开机后第一次停机时已生产的产品个数为 X，求 $E(X)$ 和 $D(X)$. (2000 考研)

29. 设随机变量 X 和 Y 的联合分布在以点 $(0,1)$，$(1,0)$ 及 $(1,1)$ 为顶点的三角形区域上服从均匀分布. (见图 4-1)，试求随机变量 $U=X+Y$ 的方差. (2001 考研)

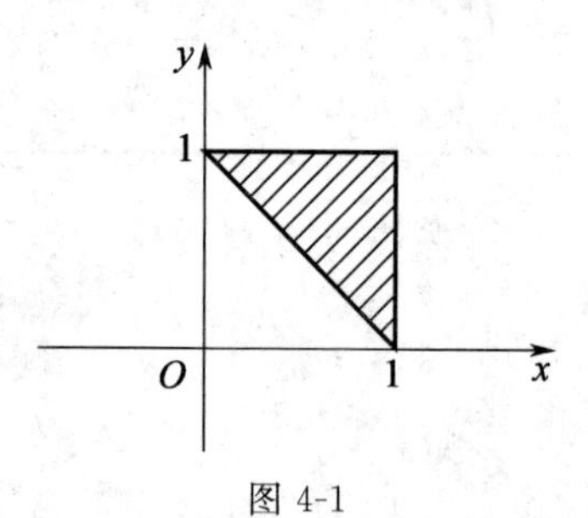

图 4-1

30. 设随机变量 U 在区间 $[-2,2]$ 上服从均匀分布，随机变量

$$X=\begin{cases}-1, & U\leqslant -1,\\ 1, & U>-1,\end{cases}\quad Y=\begin{cases}-1, & U\leqslant 1,\\ 1, & U>1.\end{cases}$$

求：(1) X 和 Y 的联合概率分布；(2) $D(X+Y)$. (2002 考研)

31. 设随机变量 X 的概率密度为 $f(x)=\dfrac{1}{2}e^{-|x|}\ (-\infty<x<+\infty)$，

(1) 求 $E(X)$ 及 $D(X)$；

(2) 求 $\operatorname{cov}(X,|X|)$，并问 X 与 $|X|$ 是否不相关？

(3) 问 X 与 $|X|$ 是否相互独立？为什么？ (1993 考研)

32. 已知随机变量 X 和 Y 分别服从正态分布 $N(1,3^2)$ 和 $N(0,4^2)$，且 X 与 Y 的相关系数 $\rho_{XY}=-1/2$，设 $Z=\dfrac{X}{3}+\dfrac{Y}{2}$.

(1) 求 Z 的数学期望 $E(Z)$ 和方差 $D(Z)$；

(2) 求 X 与 Z 的相关系数 ρ_{XZ}；

(3) 问 X 与 Z 是否相互独立？为什么？ (1994 考研)

33. 将一枚硬币重复掷 n 次，以 X 和 Y 分别表示正面向上和反面向上的次数. 试求 X 和 Y 的相关系数 ρ_{XY}. (2001 考研)

34. 设随机变量 X 和 Y 的联合概率分布如表 4-17 所示，试求 X 和 Y 的相关系数 ρ_{XY}. (2002 考研)

表 4-17

X	Y		
	-1	0	1
0	0.07	0.18	0.15
1	0.08	0.32	0.20

35. 对于任意两事件 A 和 B，$0<P(A)<1$，$0<P(B)<1$，则称

$$\rho=\frac{P(AB)-P(A)P(B)}{\sqrt{P(A)P(B)P(\overline{A})P(\overline{B})}}$$

为事件 A 和 B 的相关系数. 试证：

(1)事件 A 和 B 独立的充分必要条件是 $\rho=0$；

(2)$|\rho|\leqslant 1$. (2003 考研)

36. 设随机变量 X 的概率密度为

$$f_X(x)=\begin{cases}\frac{1}{2}, & -1<x<0,\\ \frac{1}{4}, & 0\leqslant x<2,\\ 0, & \text{其他}.\end{cases}$$

令 $Y=X^2$，$F(x,y)$为二维随机变量(X,Y)的分布函数，求：

(1)Y 的概率密度 $f_Y(y)$；

(2)$\operatorname{cov}(X,Y)$；

(3)$F\left(-\frac{1}{2},4\right)$. (2006 考研)

第五章

大数定律与中心极限定理

第一节 大 数 定 律

在第一章中我们已经指出，人们经过长期实践认识到，虽然个别随机事件在某次试验中可能发生也可能不发生，但是在大量重复试验中却呈现明显的规律性，即随着试验次数的增大，一个随机事件发生的频率在某一固定值附近摆动. 这就是所谓的频率具有稳定性. 同时，人们通过实践发现大量测量值的算术平均值也具有稳定性. 这些稳定性如何从理论上给以证明就是本节介绍的大数定律所要回答的问题.

在引入大数定律之前，我们先证一个重要的不等式——切比雪夫(Chebyshev)不等式. 设随机变量 X 存在有限方差 $D(X)$，则对任意 $\varepsilon>0$，有

$$P\{|X-E(X)|\geqslant\varepsilon\}\leqslant\frac{D(X)}{\varepsilon^2}. \tag{5.1}$$

证 如果 X 是连续型随机变量，设 X 的概率密度为 $f(x)$，则有

$$P\{|X-E(X)|\geqslant\varepsilon\}=\int\limits_{|X-E(X)|\geqslant\varepsilon} f(x)\mathrm{d}x\leqslant\int\limits_{|X-E(X)|\geqslant\varepsilon}\frac{|X-E(X)|^2}{\varepsilon^2}f(x)\mathrm{d}x$$

$$\leqslant\frac{1}{\varepsilon^2}\int_{-\infty}^{+\infty}[X-E(X)]^2f(x)\mathrm{d}x=\frac{D(X)}{\varepsilon^2}.$$

请读者自己证明 X 是离散型随机变量的情况.

切比雪夫不等式也可表示成

$$P\{|X-E(X)|<\varepsilon\}\geqslant1-\frac{D(X)}{\varepsilon^2}. \tag{5.2}$$

这个不等式给出了在随机变量 X 的分布未知的情况下事件 $\{|X-E(X)|<\varepsilon\}$ 的概率的下限估计. 例如，在切比雪夫不等式中，分别令 $\varepsilon=3\sqrt{D(X)}, 4\sqrt{D(X)}$，可得到

$$P\{|X-E(X)|<3\sqrt{D(X)}\}\geqslant0.888\,9,$$

$$P\{|X-E(X)|<4\sqrt{D(X)}\}\geqslant0.937\,5.$$

例 5.1 设 X 是掷一颗骰子所出现的点数，若给定 $\varepsilon=1,2$，实际计算 $P\{|X-E(X)|\geqslant\varepsilon\}$，并验证切比雪夫不等式成立.

解 因为 X 的概率分布是 $P\{x=k\}=\frac{1}{6}(k=1,2,\cdots,6)$，所以

$$E(X)=\frac{7}{2},\quad D(X)=\frac{35}{12},$$

$$P\left\{\left|X-\frac{7}{2}\right|\geqslant 1\right\}=P\{X=1\}+P\{X=2\}+P\{X=5\}+P\{X=6\}=\frac{2}{3},$$

$$P\left\{\left|X-\frac{7}{2}\right|\geqslant 2\right\}=P\{X=1\}+P\{X=6\}=\frac{1}{3}.$$

$$\varepsilon=1\text{ 时},\quad \frac{D(X)}{\varepsilon^2}=\frac{35}{12}>\frac{2}{3},$$

$$\varepsilon=2\text{ 时},\quad \frac{D(X)}{\varepsilon^2}=\frac{1}{4}\times\frac{35}{12}=\frac{35}{48}>\frac{1}{3}.$$

可见切比雪夫不等式成立.

例 5.2　已知正常成年男性的每毫升血液中白细胞数平均值是 7 300，均方差是 700，试估计每毫升血液中白细胞数在 5 200～9 400 之间的概率.

解　设每毫升血液中含白细胞数为 X，由题意得 $E(X)=7\ 300$，$\sqrt{D(X)}=700$. 用切比雪夫不等式(5.2)估计：

$$P\{5\ 200<X<9\ 400\}=P\{|X-7\ 300|<2\ 100\}\geqslant 1-\frac{700^2}{2\ 100^2}=\frac{8}{9}.$$

可见，切比雪夫不等式在理论上具有重大意义，但估计的精确度不高.

切比雪夫不等式作为一个理论工具，在大数定律的证明中可使证明非常简洁.

定义 5.1　设 $Y_1,Y_2,\cdots,Y_n,\cdots$ 是一个随机变量序列，a 是一个常数，若对于任意正数 ε，有

$$\lim_{n\to\infty}P\{|Y_n-a|<\varepsilon\}=1,$$

则称序列 $Y_1,Y_2,\cdots,Y_n,\cdots$ 依概率收敛于 a，记为 $Y_n\xrightarrow{P}a\,(n\to\infty)$.

定理 5.1［切比雪夫(Chebyshev)大数定律］　设 $X_1,X_2,\cdots$ 是相互独立的随机变量序列，各有数学期望 $E(X_1),E(X_2),\cdots$ 及方差 $D(X_1),D(X_2),\cdots$，并且对于所有 $i=1,2,\cdots$，都有 $D(X_i)<l$，其中 l 是与 i 无关的常数，则对任给 $\varepsilon>0$，有

$$\lim_{n\to\infty}P\left\{\left|\frac{1}{n}\sum_{i=1}^{n}X_i-\frac{1}{n}\sum_{i=1}^{n}E(X_i)\right|<\varepsilon\right\}=1.\tag{5.3}$$

证　因 $X_1,X_2,\cdots$ 相互独立，所以

$$D\left(\frac{1}{n}\sum_{i=1}^{n}X_i\right)=\frac{1}{n^2}\sum_{i=1}^{n}D(X_i)<\frac{1}{n^2}\cdot nl=\frac{l}{n}.$$

大数定律

又因

$$E\left(\frac{1}{n}\sum_{i=1}^{n}X_i\right)=\frac{1}{n}\sum_{i=1}^{n}E(X_i),$$

由(5.2)式，对于任意 $\varepsilon>0$，有

$$P\left\{\left|\frac{1}{n}\sum_{i=1}^{n}X_i-\frac{1}{n}\sum_{i=1}^{n}E(X_i)\right|<\varepsilon\right\}\geqslant 1-\frac{l}{n\varepsilon^2}.$$

但是任何事件的概率都不超过 1，即

$$1-\frac{l}{n\varepsilon^2}\leqslant P\left\{\left|\frac{1}{n}\sum_{i=1}^{n}X_i-\frac{1}{n}\sum_{i=1}^{n}E(X_i)\right|<\varepsilon\right\}\leqslant 1,$$

因此

$$\lim_{n\to\infty}P\left\{\left|\frac{1}{n}\sum_{i=1}^{n}X_i-\frac{1}{n}\sum_{i=1}^{n}E(X_i)\right|<\varepsilon\right\}=1.$$

切比雪夫大数定律说明:在定理的条件下,当 n 充分大时,n 个独立随机变量的平均数的离散程度是很小的.这意味着,经过算术平均以后得到的随机变量 $\dfrac{\sum_{i=1}^{n}X_i}{n}$ 将比较密地聚集在它的数学期望 $\dfrac{\sum_{i=1}^{n}E(X_i)}{n}$ 的附近,它与数学期望之差依概率收敛到 0.

定理 5.2(切比雪夫大数定律的特殊情况) 设随机变量 $X_1,X_2,\cdots,X_n,\cdots$ 相互独立,且具有相同的数学期望和方差:$E(X_k)=\mu,D(X_k)=\sigma^2\ (k=1,2,\cdots)$.作前 n 个随机变量的算术平均 $Y_n=\dfrac{1}{n}\sum_{k=1}^{n}X_k$,则对于任意正数 ε,有

$$\lim_{n\to\infty}P\{|Y_n-\mu|<\varepsilon\}=1. \tag{5.4}$$

定理 5.3[伯努利(Bernoulli)大数定律] 设 n_A 是 n 次独立重复试验中事件 A 发生的次数,p 是事件 A 在每次试验中发生的概率,则对于任意正数 ε,有

$$\lim_{n\to\infty}P\left\{\left|\frac{n_A}{n}-p\right|<\varepsilon\right\}=1, \tag{5.5}$$

或

$$\lim_{n\to\infty}P\left\{\left|\frac{n_A}{n}-p\right|\geqslant\varepsilon\right\}=0.$$

证 引入随机变量

$$X_k=\begin{cases}0, & \text{若在第 } k \text{ 次试验中 } A \text{ 不发生},\\ 1, & \text{若在第 } k \text{ 次试验中 } A \text{ 发生},\end{cases}\qquad k=1,2,\cdots,$$

显然

$$n_A=\sum_{k=1}^{n}X_k.$$

由于 X_k 只依赖于第 k 次试验,而各次试验是独立的,于是 $X_1,X_2,\cdots$ 是相互独立的;又由于 X_k 服从(0—1)分布,故有

$$E(X_k)=p,\quad D(X_k)=p(1-p),\quad k=1,2,\cdots.$$

由定理 5.2 有

$$\lim_{n\to\infty}P\left\{\left|\frac{1}{n}\sum_{k=1}^{n}X_k-p\right|<\varepsilon\right\}=1,$$

即

$$\lim_{n\to\infty}P\left\{\left|\frac{n_A}{n}-p\right|<\varepsilon\right\}=1.$$

应用大数定律

伯努利大数定律告诉我们,事件 A 发生的频率 $\dfrac{n_A}{n}$ 依概率收敛于事件 A 发生的概率 p,因此,该定律从理论上证明了大量重复独立试验中,事件 A 发生的频率具有稳定性.正因为这种稳定性,概率的概念才有实际意义.伯努利大数定律还提供了通过试验来确定事件的概率的方法,即因为频率 $\dfrac{n_A}{n}$ 与概率 p 有较大偏差的可能性很小,于是我们就可以通过做试验确定某事件发生的频率,并把它作为相应概率的估计.因此,在实际应用中,如果试验的次数很大时,就可以用事件发生的频率代替事件发生的概率.

定理 5.2 中要求随机变量 $X_k(k=1,2,\cdots,n)$ 的方差存在，但在随机变量服从同一分布的场合，并不需要这一要求，我们有以下定理.

定理 5.4［辛钦(Khinchin)大数定律］ 设随机变量 $X_1,X_2,\cdots,X_n,\cdots$ 相互独立，服从同一分布，且具有数学期望 $E(X_k)=\mu\ (k=1,2,\cdots)$，则对于任意正数 ε，有

$$\lim_{n\to\infty}P\left\{\left|\frac{1}{n}\sum_{k=1}^{n}X_k-\mu\right|<\varepsilon\right\}=1. \tag{5.6}$$

显然，伯努利大数定律是辛钦大数定律的特殊情况，辛钦大数定律在实际中的应用很广泛.

这一定律使算术平均值的法则有了理论根据. 如要测定某一物理量 a，在不变的条件下重复测量 n 次，得测量值 $X_1,X_2,\cdots,X_n$，求得测量值的算术平均值 $\frac{1}{n}\sum_{i=1}^{n}X_k$，根据定理 5.4，当 n 足够大时，取 $\frac{1}{n}\sum_{i=1}^{n}X_k$ 作为 a 的近似值，可以认为所发生的误差是很小的. 所以实用中往往用某物体的某一指标值的一系列实测值的算术平均值来作为该指标值的近似值.

第二节　中心极限定理

在客观实际中有许多随机变量，它们是由大量相互独立的偶然因素的综合影响所形成的，而每一个因素在总的影响中所起的作用是很小的，但总起来却对总和有显著影响，这类随机变量往往近似地服从正态分布. 这种现象就是中心极限定理的客观背景. 概率论中有关论证独立随机变量的和的极限分布是正态分布的一系列定理称为中心极限定理(Central limit theorem)，现介绍几个常用的中心极限定理.

定理 5.5(独立同分布的中心极限定理) 设随机变量 $X_1,X_2,\cdots,X_n,\cdots$ 相互独立，服从同一分布，且具有数学期望和方差 $E(X_k)=\mu,D(X_k)=\sigma^2\neq 0(k=1,2,\cdots)$，则随机变量

$$Y_n=\frac{\sum_{k=1}^{n}X_k-E\left(\sum_{k=1}^{n}X_k\right)}{\sqrt{D\left(\sum_{k=1}^{n}X_k\right)}}=\frac{\sum_{k=1}^{n}X_k-n\mu}{\sqrt{n}\sigma}$$

高尔顿钉板试验

的分布函数 $F_n(x)$ 对于任意 x 满足

$$\lim_{n\to\infty}F_n(x)=\lim_{n\to\infty}P\left\{\frac{\sum_{k=1}^{n}X_k-n\mu}{\sqrt{n}\sigma}\leqslant x\right\}=\int_{-\infty}^{x}\frac{1}{\sqrt{2\pi}}e^{-\frac{t^2}{2}}dt. \tag{5.7}$$

从定理 5.5 的结论可知，当 n 充分大时，有 Y_n 近似服从标准正态分布，即

$$Y_n=\frac{\sum_{k=1}^{n}X_k-n\mu}{\sqrt{n\sigma^2}}\overset{\text{近似地}}{\sim}N(0,1).$$

或者说，当 n 充分大时，有

$$\sum_{k=1}^{n}X_k\overset{\text{近似地}}{\sim}N(n\mu,n\sigma^2). \tag{5.8}$$

如果用 $X_1,X_2,\cdots,X_n$ 表示相互独立的各随机因素，假定它们都服从相同的分布(不论服

从什么分布),且都有有限的期望与方差(每个因素的影响有一定限度),则(5.8)式说明,总和 $\sum_{k=1}^{n} X_k$ 这个随机变量,当 n 充分大时,近似地服从正态分布.

例 5.3 独立地掷 10 颗骰子,求掷出的点数之和在 30～40 点之间的概率.

解 以 X_i 表示第 i 颗骰子掷出的点数($i=1,2,\cdots,10$),则

$$P\{X_i=j\}=\frac{1}{6}, \quad j=1,2,\cdots,6,$$

从而
$$E(X_i)=\mu=\frac{7}{2}, \quad D(X_i)=\sigma^2=\frac{35}{12}.$$

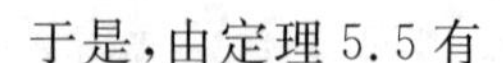

于是,由定理 5.5 有

$$P\left\{30 \leqslant \sum_{i=1}^{10} X_i \leqslant 40\right\}=P\left\{\frac{30-10\times\frac{7}{2}}{\sqrt{10\times\frac{35}{12}}} \leqslant \frac{\sum_{i=1}^{10} X_i-10\times\frac{7}{2}}{\sqrt{10\times\frac{35}{12}}} \leqslant \frac{40-10\times\frac{7}{2}}{\sqrt{10\times\frac{35}{12}}}\right\}$$

$$\approx \Phi\left(\sqrt{\frac{6}{7}}\right)-\Phi\left(-\sqrt{\frac{6}{7}}\right)=2\Phi\left(\sqrt{\frac{6}{7}}\right)-1 \approx 0.65.$$

例 5.4 计算器在进行加法时,将每个加数舍入最靠近它的整数,设所有舍入误差相互独立且在(−0.5,0.5)上服从均匀分布.

(1)将 1 500 个数相加,问误差总和的绝对值超过 15 的概率是多少?

(2)最多可有几个数相加使得误差总和的绝对值小于 10 的概率不小于 0.90?

解 设第 k 个加数的舍入误差为 X_k($k=1,2,\cdots,1\,500$),已知 X_k 在(−0.5,0.5)上服从均匀分布,故知 $E(X_k)=0, D(X_k)=\frac{1}{12}$.

(1)记 $X=\sum_{k=1}^{1\,500} X_k$,根据定理 5.5,当 n 充分大时有近似公式

$$P\left\{\frac{\sum_{k=1}^{1\,500} X_k-1\,500\times 0}{\sqrt{1\,500}\times\sqrt{1/12}} \leqslant x\right\} \approx \Phi(x).$$

于是
$$P\{|X|>15\}=1-P\{|X|\leqslant 15\}=1-P\{-15\leqslant X\leqslant 15\}$$

$$=1-P\left\{\frac{-15-0}{\sqrt{1\,500}\sqrt{1/12}}\leqslant\frac{X-0}{\sqrt{1\,500}\sqrt{1/12}}\leqslant\frac{15-0}{\sqrt{1\,500}\sqrt{1/12}}\right\}$$

$$\approx 1-\left[\Phi\left(\frac{15}{\sqrt{1\,500}\sqrt{1/12}}\right)-\Phi\left(\frac{-15}{\sqrt{1\,500}\sqrt{1/12}}\right)\right]$$

$$=1-\left[2\Phi\left(\frac{15}{\sqrt{1\,500}\sqrt{1/12}}\right)-1\right]=1-[2\Phi(1.342)-1]$$

$$=2[1-0.909\,9]=0.180\,2,$$

即误差总和的绝对值超过 15 的概率近似地为 0.180 2.

(2)设最多有 n 个数相加时使误差总和 $Y=\sum_{k=1}^{n} X_k$ 符合要求,即要确定 n,使

$$P\{|Y|<10\}\geqslant 0.90.$$

由定理 5.5，当 n 充分大时有近似公式

$$P\left\{\frac{Y-0}{\sqrt{n}\sqrt{1/12}}\leqslant x\right\}\approx\Phi(x).$$

于是

$$\begin{aligned}P\{|Y|<10\}&=P\{-10<Y<10\}\\&=P\left\{\frac{-10}{\sqrt{n}\sqrt{1/12}}<\frac{Y}{\sqrt{n}\sqrt{1/12}}<\frac{10}{\sqrt{n}\sqrt{1/12}}\right\}\\&\approx\Phi\left(\frac{10}{\sqrt{n/12}}\right)-\Phi\left(\frac{-10}{\sqrt{n/12}}\right)=2\Phi\left(\frac{10}{\sqrt{n/12}}\right)-1.\end{aligned}$$

因而 n 需要满足

$$2\Phi(10/\sqrt{n/12})-1\geqslant 0.90,$$

也就是 n 需要满足

$$\Phi(10/\sqrt{n/12})\geqslant 0.95=\Phi(1.645),$$

即 n 应满足

$$10/\sqrt{n/12}\geqslant 1.645,$$

由此得

$$n\leqslant 443.45.$$

因为 n 为正整数，故所求的 n 为 443. 所以要使得误差总和的绝对值小于 10 的概率不小于 0.9，最多只能有 443 个数加在一起.

定理 5.6［李雅普诺夫(Liapunov)定理］ 设随机变量 $X_1,X_2,\cdots$ 相互独立，它们具有数学期望和方差：

$$E(X_k)=\mu_k,\quad D(X_k)=\sigma_k^2\neq 0\quad (k=1,2,\cdots).$$

记 $B_n^2=\sum_{k=1}^{n}\sigma_k^2$，若存在正数 δ，使得当 $n\to\infty$ 时，

$$\frac{1}{B_n^{2+\delta}}\sum_{k=1}^{n}E\{|X_k-\mu_k|^{2+\delta}\}\to 0,$$

则随机变量

$$Z_n=\frac{\sum_{k=1}^{n}X_k-E(\sum_{k=1}^{n}X_k)}{\sqrt{D(\sum_{k=1}^{n}X_k)}}=\frac{\sum_{k=1}^{n}X_k-\sum_{k=1}^{n}\mu_k}{B_n}$$

的分布函数 $F_n(x)$ 对于任意 x，满足

$$\lim_{n\to\infty}F_n(x)=\lim_{n\to\infty}P\left\{\frac{\sum_{k=1}^{n}X_k-\sum_{k=1}^{n}\mu_k}{B_n}\leqslant x\right\}=\int_{-\infty}^{x}\frac{1}{\sqrt{2\pi}}e^{-\frac{t^2}{2}}dt. \tag{5.9}$$

这个定理说明，随机变量

$$Z_n=\frac{\sum_{k=1}^{n}X_k-\sum_{k=1}^{n}\mu_k}{B_n},$$

当 n 很大时，近似地服从正态分布 $N(0,1)$. 因此，当 n 很大时，

$$\sum_{k=1}^{n}X_k=B_nZ_n+\sum_{k=1}^{n}\mu_k$$

近似地服从正态分布 $N(\sum_{k=1}^{n}\mu_k,B_n^2)$. 这表明无论随机变量 $X_k(k=1,2,\cdots)$ 具有怎样的分布，

只要满足定理 5.6 条件，则它们的前 n 项和 $\sum_{k=1}^{n} X_k$，当 n 很大时就近似地服从正态分布. 在许多实际问题中，所考虑的随机变量往往可以表示为多个独立的随机变量之和，因而它们常常近似服从正态分布. 这就是为什么正态随机变量在概率论与数理统计中占有重要地位的主要原因.

在数理统计中我们将看到，中心极限定理是大样本统计推断的理论基础.

下面介绍另一个中心极限定理.

定理 5.7 设随机变量 X 服从参数为 $n,p(0<p<1)$ 的二项分布，

(1)［拉普拉斯(Laplace)定理］ 局部极限定理：当 $n\to\infty$ 时，

$$P\{X=k\}\approx\frac{1}{\sqrt{2\pi npq}}\mathrm{e}^{-\frac{(k-np)^2}{2npq}}=\frac{1}{\sqrt{npq}}\varphi\left(\frac{k-np}{\sqrt{npq}}\right), \tag{5.10}$$

其中 $p+q=1, k=1,2,\cdots,n, \varphi(x)=\frac{1}{\sqrt{2\pi}}\mathrm{e}^{-\frac{x^2}{2}}$.

(2)［德莫佛-拉普拉斯(De Moivre-Laplace)定理］ 对于任意的 x，恒有

$$\lim_{n\to\infty}P\left\{\frac{X-np}{\sqrt{np(1-p)}}\leqslant x\right\}=\int_{-\infty}^{x}\frac{1}{\sqrt{2\pi}}\mathrm{e}^{-\frac{t^2}{2}}\mathrm{d}t. \tag{5.11}$$

这个定理表明，二项分布以正态分布为极限. 当 n 充分大时，我们可以利用上两式来计算二项分布的概率.

例 5.5 设一个车间里有 400 台同类型的机器，每台机器需要用电为 Q(单位：W). 由于工艺关系，每台机器并不连续开动，开动的时间只占工作总时间的 $\frac{3}{4}$. 问应该供应多少瓦电力才能以 99% 的概率保证该车间的机器正常工作？这里假定各台机器的停、开是相互独立的.

解 令 X 为考察的时刻正在开动的机器台数，那么 X 可以看作是 400 次相互独立的重复试验中事件"开动"出现的次数. 在每次试验中，"开动"的概率为 $\frac{3}{4}$. 因此，$X\sim B\left(400,\frac{3}{4}\right)$.

由于 $n=400$ 比较大，所以按定理 5.7，对于任一实数 x，有

$$P\left\{\frac{X-400\times\frac{3}{4}}{\sqrt{400\times\frac{3}{4}\left(1-\frac{3}{4}\right)}}\leqslant x\right\}\approx\Phi(x).$$

要使得 $\Phi(x)=0.99$，从 $N(0,1)$ 分布表中查得满足这个等式的 x 为 2.326. 因此

$$P\left\{\frac{X-400\times\frac{3}{4}}{\sqrt{400\times\frac{3}{4}\left(1-\frac{3}{4}\right)}}\leqslant 2.326\right\}\approx 0.99.$$

$$\begin{aligned}X&\leqslant 400\times\frac{3}{4}+2.326\sqrt{400\times\frac{3}{4}\left(1-\frac{3}{4}\right)}\\&=300+2.326\times 20\times\frac{\sqrt{3}}{4}\approx 300+20=320.\end{aligned}$$

从而，只要供应 $320Q$ W 电力便能以 99% 的概率保证该车间的机器正常工作.

例 5.6　在一家保险公司有 10 000 人参加保险，每年每人付 12 元保险费. 在一年内这些人死亡的概率都为 0.006，若发生死亡则家属可向保险公司领取 1 000 元，试求：

(1)保险公司一年的利润不少于 6 万元的概率；

(2)保险公司亏本的概率.

解　设参加保险的 10 000 人中一年内死亡的人数为 X，则 $X\sim B(10\,000,0.006)$，其分布律为

$$P\{X=k\}=C_{10\,000}^{k}(0.006)^{k}(0.994)^{10\,000-k}\quad(k=0,1,2,\cdots,10\,000).$$

由题设，公司一年收入保险费 12 万元，付给死者家属 1 000X 元，于是，公司一年的利润为

$$120\,000-1\,000X=1\,000(120-X).$$

(1)保险公司一年的利润不少于 6 万元的概率为

$$\begin{aligned}P\{1\,000(120-X)\geqslant 60\,000\}&=P\{0\leqslant X\leqslant 60\}\\&\approx\Phi\left(\frac{60-60}{7.72}\right)-\Phi\left(\frac{0-60}{7.72}\right)\\&=\Phi(0)-\Phi(-7.77)\approx 0.5-0=0.5.\end{aligned}$$

应用中心极限定理

(2)保险公司亏本的概率为

$$\begin{aligned}P\{1\,000(120-X)<0\}&=P\{X>120\}\\&=P\left\{\frac{X-60}{7.72}>\frac{120-60}{7.72}\right\}\\&\approx\frac{1}{2\pi}\int_{7.77}^{+\infty}e^{-\frac{t^2}{2}}dt=1-\Phi(7.77)\approx 1-1=0.\end{aligned}$$

例 5.7　设某批产品为废品的概率为 $p=0.005$，求 10 000 件产品中废品数不大于 70 的概率.

解　10 000 件产品中的废品数 X 服从二项分布，且

$$n=10\,000,\quad p=0.005,\quad np=50,\quad \sqrt{npq}\approx 7.053.$$

所以

$$P\{X\leqslant 70\}=\Phi\left(\frac{70-50}{7.053}\right)=\Phi(2.84)=0.997\,7.$$

正态分布和泊松分布虽然都是二项分布的极限分布，但后者以 $n\to\infty$，同时 $p\to 0$，$np\to\lambda$ 为条件，而前者则只要求 $n\to\infty$ 这一条件. 一般来说，对于 n 很大，p 或 q 很小的二项分布 ($np\leqslant 5$) 用正态分布来近似计算不如用泊松分布计算精确.

例 5.8　有一批建筑房屋用的木柱，其中 80% 的长度不小于 3 m，现从这批木柱中随机地取 100 根，求其中至少有 30 根短于 3 m 的概率.

解　方法一：按题意，可以认为 100 根木柱是从为数甚多的木柱中抽取得到的，因而可当作放回抽样来看待. 将检查一根木柱是否短于 3 m 看成是一次试验，检查 100 根木柱相当于做 100 重伯努利试验. 以 X 记被抽取的 100 根木柱中长度短于 3 m 的根数，则 $X\sim B(100,0.2)$. 于是由定理 5.7 得

$$\begin{aligned}P\{X\geqslant 30\}&=P\left\{\frac{X-100\times 0.2}{\sqrt{100\times 0.2\times 0.8}}\geqslant\frac{30-100\times 0.2}{\sqrt{100\times 0.2\times 0.8}}\right\}\\&\approx 1-\Phi\left(\frac{30-20}{\sqrt{16}}\right)\\&=1-\Phi(2.5)=1-0.993\,8=0.006\,2.\end{aligned}$$

方法二:引入随机变量:

$$X_k=\begin{cases}1, & \text{若第 } k \text{ 根木柱短于 } 3 \text{ m},\\ 0, & \text{若第 } k \text{ 根木柱不短于 } 3 \text{ m},\end{cases} \quad k=1,2,\cdots,100.$$

于是 $E(X_k)=0.2$,$D(X_k)=0.2\times 0.8$. 以 X 表示 100 根木柱中短于 3 m 的根数,则 $X=\sum_{k=1}^{100}X_k$. 由定理 5.5 有

$$P\{X\geqslant 30\}=P\left\{\frac{\sum_{k=1}^{100}X_k-100\times 0.2}{\sqrt{100\times 0.2\times 0.8}}\geqslant\frac{30-100\times 0.2}{\sqrt{100\times 0.2\times 0.8}}\right\}$$

$$\approx 1-\Phi\left(\frac{30-20}{\sqrt{16}}\right)=1-\Phi(2.5)=0.006\ 2.$$

要注意的是,利用定理 5.5 或定理 5.7 来估算有关概率时,n 越大越好.

小　结

本章介绍了切比雪夫不等式、4 个大数定律和 3 个中心极限定理.

切比雪夫不等式给出了在随机变量 X 的分布未知,只知道 $E(X)$ 和 $D(X)$ 的情况下,对事件 $\{|X-E(X)|<\varepsilon\}$ 概率的下限估计.

人们在长期实践中认识到频率具有稳定性,即当试验次数增大时,频率稳定在一个数的附近. 这一事实显示了可以用一个数来表征事件发生的可能性的大小,这使人们认识到概率是客观存在的,进而由频率的 3 条性质的启发和抽象给出了概率的定义. 因而频率的稳定性是概率定义的客观基础,伯努利大数定律则以严密的数学形式论证了频率的稳定性.

中心极限定理表明,在相当一般的条件下,当独立随机变量的个数增加时,其和的分布趋于正态分布,这一事实阐明了正态分布的重要性. 中心极限定理也揭示了为什么在实际应用中会经常遇到正态分布,也就是揭示了产生正态分布变量的源泉;另外,它提供了独立同分布随机变量之和 $\sum_{k=1}^{n}X_k$(其中 X_k 的方差存在)的近似分布,只要和式中加项的个数充分大,就可以不必考虑和式中的随机变量服从什么分布,都可以用正态分布来近似,这在应用上是有效和重要的.

中心极限定理的内容包含极限,因而称它为极限定理是很自然的;又由于它在统计中的重要性,所以称它为中心极限定理,这是波利亚(Polya)在 1920 年取的名字.

本章要求读者理解大数定律和中心极限定理的概率意义,并要求会使用中心极限定理估算有关事件的概率.

重要术语及主题

切比雪夫不等式

依概率收敛

切比雪夫大数定律及特殊情况

伯努利大数定律

辛钦大数定律

独立同分布中心极限定理

李雅普诺夫定理

德莫佛-拉普拉斯定理

习　题　五

1. 一颗骰子连续掷 4 次，点数总和记为 X，估计 $P\{10<X<18\}$.

2. 假设一条生产线生产的产品的合格率是 0.8. 要使一批产品的合格率达到在 76% 与 84% 之间的概率不小于 90%，问这批产品至少要生产多少件？

3. 某车间有同型号机床 200 部，每部机床开动的概率为 0.7，假定各机床开动与否互不影响，开动时每部机床消耗电能 15 个单位. 问至少供应多少单位电能才可以 95% 的概率保证不致因供电不足而影响生产.

4. 一加法器同时收到 20 个噪声电压 $V_k(k=1,2,\cdots,20)$，设它们是相互独立的随机变量，且都在区间 $(0,10)$ 上服从均匀分布，记 $V=\sum_{k=1}^{20}V_k$，求 $P\{V>105\}$ 的近似值.

5. 某药厂断言，该厂生产的某种药品对于医治一种疑难的血液病的治愈率为 0.8. 医院检验员任意抽查 100 个服用此药品的病人，如果其中多于 75 人治愈，就接受这一断言，否则就拒绝这一断言.

(1) 若实际上此药品对这种疾病的治愈率是 0.8，问接受这一断言的概率是多少？

(2) 若实际上此药品对这种疾病的治愈率是 0.7，问接受这一断言的概率是多少？

6. 用拉普拉斯中心极限定理近似计算从一批废品率为 0.05 的产品中任取 1 000 件产品，其中有 20 件废品的概率.

7. 设有 30 个电子器件. 它们的使用寿命 $T_1,\cdots,T_{30}$ 服从参数 $\lambda=0.1$ 的指数分布，其使用情况是第一个损坏时第二个立即使用，以此类推. 令 T 为 30 个器件使用的总计时间，求 T 超过 350 h 的概率.

8. 上题中的电子器件若每件为 a 元，那么在年计划中一年至少需多少元才能以 95% 的概率保证够用.（假定一年有 306 个工作日，每个工作日为 8 h）

9. 对于一个学生而言，来参加家长会的家长人数是一个随机变量，设一个学生无家长、有 1 名家长、有 2 名家长来参加会议的概率分别为 0.05，0.8，0.15. 若学校共有 400 名学生，设各学生参加会议的家长数相对独立，且服从同一分布.

(1) 求参加会议的家长数 X 超过 450 的概率.

(2) 求有 1 名家长来参加会议的学生数不多于 340 的概率.

10. 设男孩的出生率为 0.515，求在 10 000 个新生婴儿中女孩不少于男孩的概率.

11. 设有 1 000 个人独立行动，每个人能够按时进入掩蔽体的概率为 0.9. 以 95% 概率估计，在一次行动中：

(1) 至少有多少个人能够进入掩蔽体？

(2) 至多有多少个人能够进入掩蔽体？

12. 设随机变量 X 和 Y 的数学期望都是 2，方差分别为 1 和 4，而相关系数为 0.5，试根据切比雪夫不等式给出 $P\{|X-Y|\geqslant 6\}$ 的估计.　（2001 考研）

13. 某保险公司多年统计资料表明，在索赔户中，被盗索赔户占 20%，以 X 表示在随机抽查的 100 个索赔户中因被盗向保险公司索赔的户数.

(1)写出 X 的概率分布;

(2)利用中心极限定理,求被盗索赔户不少于14户且不多于30户的概率近似值. (1988考研)

14. 一生产线生产的产品成箱包装,每箱的重量是随机的.假设每箱平均重50 kg,标准差为5 kg.若用最大载重量为5 t的汽车承运,试利用中心极限定理说明每辆汽车最多可以装多少箱,才能保障不超载的概率大于0.977. (2001考研)

第六章

数理统计的基本概念

前面 5 章我们讲述了概率论的基本内容，随后的 5 章将讲述数理统计的内容. 数理统计是以概率论为理论基础的一个数学分支，它是从实际观测的数据出发研究随机现象的规律性. 在科学研究中，数理统计占据着十分重要的位置，是多种试验数据处理的理论基础.

数理统计的内容很丰富，本书只介绍参数估计、假设检验、方差分析及回归分析的部分内容.

本章中首先讨论总体、随机样本及统计量等基本概念，然后着重介绍几个常用的统计量及抽样分布.

第一节　随机样本

一、总体和样本

假如我们要研究某厂所生产的一批电视机显像管的平均寿命. 由于测试显像管寿命具有破坏性，所以我们只能从这批产品中抽取一部分进行寿命测试，并且根据这部分产品的寿命数据对整批产品的平均寿命作统计推断.

在数理统计中，我们将研究对象的某项数量指标值的全体称为总体(Population)，总体中的每个元素称为个体(Individual). 例如，上述的一批显像管寿命值的全体就组成一个总体，其中每一只显像管的寿命就是一个个体. 要将一个总体的性质了解得十分清楚，乍看起来，最理想的办法是对每个个体逐个进行观察，但实际上这样做往往是不现实的. 例如，要研究显像管的寿命，由于寿命测试试验是破坏性的，一旦我们获得试验的所有结果，这批显像管也全烧毁了. 我们只能从整批显像管中抽取一部分显像管做寿命测试试验，并记录其结果，然后根据这部分数据来推断整批显像管的寿命情况. 由于显像管的寿命在随机抽样中是随机变量，为了便于数学上处理，我们将总体定义为随机变量. 随机变量的分布称为总体分布.

一般地，我们都是从总体中抽取一部分个体进行观察，然后根据所得的数据来推断总体的性质. 被抽出的部分个体，叫作总体的一个样本.

所谓从总体抽取一个个体，就是对总体 X 进行一次观察(即进行一次试验)，并记录其结果. 我们在相同的条件下对总体 X 进行 n 次重复的、独立的观察，将 n 次观察结果按试验的次序记为 $X_1, X_2, \cdots, X_n$. 由于 $X_1, X_2, \cdots, X_n$ 是对随机变量 X 观察的结果，且各次观察是在相同的条件下独立进行的，于是我们引出以下的样本定义.

定义 6.1 设总体 X 是具有分布函数 F 的随机变量，若 $X_1,X_2,\cdots,X_n$ 是与 X 具有同一分布 $F(x)$，且相互独立的随机变量，则称 $X_1,X_2,\cdots,X_n$ 为从总体 X 得到的容量为 n 的简单随机样本(Random sample)，简称样本.

当 n 次观察一经完成，我们就得到一组实数 $x_1,x_2,\cdots,x_n$，它们依次是随机变量 $X_1,X_2,\cdots,X_n$ 的观察值，称为样本值.

对于有限总体，采用放回抽样就能得到简单样本. 当总体中个体的总数 N 比要得到的样本的容量 n 大得多时(一般当 $\frac{N}{n}\geqslant 10$ 时)，在实际中可将不放回抽样近似地当作放回抽样来处理.

若 $X_1,X_2,\cdots,X_n$ 为总体 X 的一个样本，X 的分布函数为 $F(x)$，则 $X_1,X_2,\cdots,X_n$ 的联合分布函数为

$$F^*(x_1,x_2,\cdots,x_n)=\prod_{i=1}^{n}F(x_i);$$

又若 X 为连续型随机变量并具有概率密度 $f(x)$，则 $X_1,X_2,\cdots,X_n$ 的联合概率密度为

$$f^*(x_1,x_2,\cdots,x_n)=\prod_{i=1}^{n}f(x_i).$$

我们在搜集资料时，如果未经组织和整理，通常是没有什么价值的，为了把这些有差异的资料组织成有用的形式，我们应该编制频数表(即频数分布表).

例 6.1 某教师为了分析其所授课程学生的学习情况，首先收集了部分学生的考试成绩资料，表 6-1 记录了参加该课程考试的 30 名学生未经整理的成绩数值.

表 6-1

学生序号	成绩	学生序号	成绩	学生序号	成绩
1	68.5	11	72.5	21	78
2	57	12	76.5	22	65
3	78	13	82	23	71
4	79	14	83	24	84
5	75.5	15	87.5	25	91
6	73.5	16	78	26	77
7	78.5	17	90.5	27	73.5
8	65.5	18	73.5	28	56.5
9	83.5	19	81.5	29	74.5
10	73.5	20	66	30	65

以下，我们以例 6.1 为例介绍频数分布表的制作方法. 表 6-1 是 30 个学生成绩的原始资料，这些数据可以记为 $x_1,x_2,\cdots,x_{30}$，对于这些观测数据，按如下步骤操作.

第一步　确定最大值 $x_{\max}$ 和最小值 $x_{\min}$，根据表 6-1，有

$$x_{\max}=91,\quad x_{\min}=56.5.$$

第二步　分组，即确定每一分数组的界限和组数. 在实际工作中，第一组的下限一般取一

个小于 $x_{\min}$ 的数，例如我们取 50，最后一组的上限取一个大于 $x_{\max}$ 的数，例如取 100，然后从 50 到 100 分成相等的若干段，比如分成 5 段，每一段就对应于一个分数组. 表 6-1 所示资料的频数分布表如表 6-2 所示.

表 6-2

组限	频数	累积频数
50～60	2	2
60～70	5	7
70～80	15	22
80～90	6	28
90～100	2	30

为了研究频数分布，我们可用图示法表示.

直方图是垂直条形图，条与条之间无间隔，用横轴上的点表示组限，纵轴上的单位数表示频数. 与一个组对应的频数，用以组距为底的矩形(长条)的高度表示. 表 6-2 所示资料的直方图如图 6-1 所示.

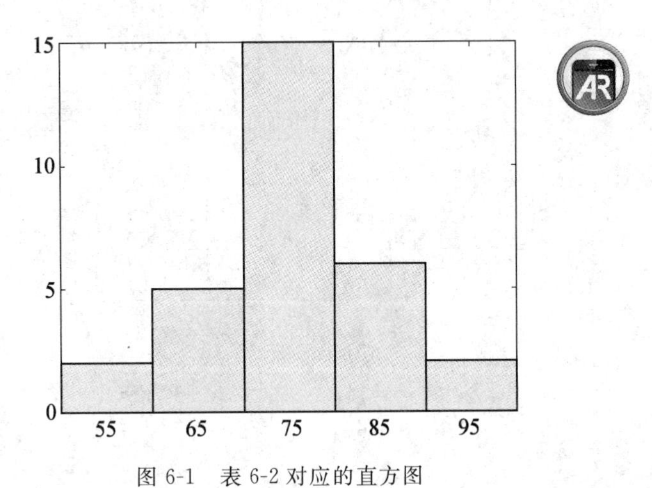

图 6-1　表 6-2 对应的直方图

按上述方法，我们对抽取数据加以整理，编制频数分布表，作直方图，画出频率分布曲线，这就可以直观地看到数据分布的情况，在什么范围，较大较小的各有多少，在哪些地方分布得比较集中，以及分布图形是否对称等. 所以，样本的频率分布是总体概率分布的近似.

二、统计量

样本是总体的反映，但是样本所含的信息不能直接用于解决我们所要研究的问题，而需要把样本所含的信息进行加工，使其浓缩起来，从而解决我们的问题. 针对不同的问题构造适当的样本函数，利用这些样本函数进行统计推断.

定义 6.2　设 $X_1, X_2, \cdots, X_n$ 是来自总体 X 的一个样本，$g(X_1, X_2, \cdots, X_n)$ 是 $X_1, X_2, \cdots, X_n$ 的函数，若 g 中不含任何未知参数，则称 $g(X_1, X_2, \cdots, X_n)$ 是一个统计量(Statistic). 设 $x_1, x_2, \cdots, x_n$ 是相应于样本 $X_1, X_2, \cdots, X_n$ 的样本值，则称 $g(x_1, x_2, \cdots, x_n)$ 是 $g(X_1, X_2, \cdots, X_n)$ 的观察值.

下面我们定义一些常用的统计量. 设 $X_1, X_2, \cdots, X_n$ 是来自总体 X 的一个样本, $x_1, x_2, \cdots, x_n$ 是这一样本的观察值. 定义:

样本平均值

$$\overline{X} = \frac{1}{n}\sum_{i=1}^{n} X_i;$$

样本方差

$$S^2 = \frac{1}{n-1}\sum_{i=1}^{n}(X_i - \overline{X})^2 = \frac{1}{n-1}\left[\sum_{i=1}^{n} X_i^2 - n\overline{X}^2\right];$$

样本标准差

$$S = \sqrt{S^2} = \sqrt{\frac{1}{n-1}\sum_{i=1}^{n}(X_i - \overline{X})^2};$$

样本 k 阶(原点)矩

$$A_k = \frac{1}{n}\sum_{i=1}^{n} X_i^k, \quad k = 1, 2, \cdots, n;$$

样本 k 阶中心矩

$$B_k = \frac{1}{n}\sum_{i=1}^{n}(X_i - \overline{X})^k, \quad k = 1, 2, \cdots, n.$$

它们的观察值分别为

$$\overline{x} = \frac{1}{n}\sum_{i=1}^{n} x_i;$$

$$s^2 = \frac{1}{n-1}\sum_{i=1}^{n}(x_i - \overline{x})^2 = \frac{1}{n-1}\left[\sum_{i=1}^{n} x_i^2 - n\overline{x}^2\right];$$

$$s = \sqrt{\frac{1}{n-1}\sum_{i=1}^{n}(x_i - \overline{x})^2};$$

$$a_k = \frac{1}{n}\sum_{i=1}^{n} x_i^k, \quad k = 1, 2, \cdots, n;$$

$$b_k = \frac{1}{n}\sum_{i=1}^{n}(x_i - \overline{x})^k, \quad k = 1, 2, \cdots, n;$$

这些观察值仍分别称为样本均值、样本方差、样本标准差、样本 k 阶矩、样本 k 阶中心矩.

第二节　抽样分布

统计量是样本的函数,它是一个随机变量. 统计量的分布称为抽样分布. 在使用统计量进行统计推断时常需知道它的分布. 当总体的分布函数已知时,抽样分布是确定的,然而要求出统计量的精确分布,一般来说是困难的. 本节介绍来自正态总体的几个常用的统计量的分布.

一、χ^2 分布

设 $X_1, X_2, \cdots, X_n$ 是来自总体 $N(0,1)$ 的样本,则统计量

$$\chi^2 = X_1^2 + X_2^2 + \cdots + X_n^2$$

所服从的分布称为自由度为 n 的 χ^2 分布(χ^2-distribution),记为 $\chi^2 \sim \chi^2(n)$.

χ^2 分布的概率密度为

$$f(y)=\begin{cases}\dfrac{1}{2^{\frac{n}{2}}\Gamma\left(\dfrac{n}{2}\right)}y^{\frac{n}{2}-1}e^{\frac{-y}{2}}, & y>0,\\ 0, & \text{其他}.\end{cases}$$

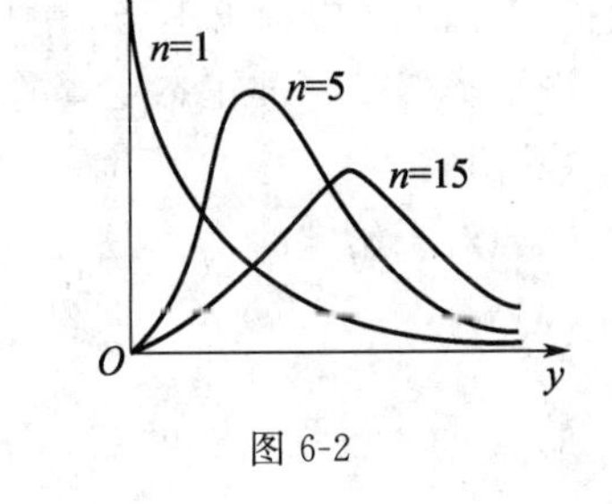

图 6-2

$f(y)$的图形如图 6-2 所示.

χ^2 分布具有以下性质:

(1)如果 $\chi_1^2 \sim \chi^2(n_1)$,$\chi_2^2 \sim \chi^2(n_2)$,且它们相互独立,则有

$$\chi_1^2+\chi_2^2 \sim \chi^2(n_1+n_2).$$

这一性质称为 χ^2 分布的可加性.

(2)如果 $\chi^2 \sim \chi^2(n)$,则有

$$E(\chi^2)=n, \quad D(\chi^2)=2n.$$

χ^2 分布

证 只证(2).因为 $X_i \sim N(0,1)$,故

$$E(X_i^2)=D(X_i)=1,$$

$$E(X_i^4)=\frac{1}{\sqrt{2\pi}}\int_{-\infty}^{+\infty}x^4 e^{-\frac{x^2}{2}}dx=3,$$

$$D(X_i^2)=E(X_i^4)-[E(X_i^2)]^2=3-1=2, \quad i=1,2,\cdots,n.$$

于是

$$E(\chi^2)=E(\sum_{i=1}^{n}X_i^2)=\sum_{i=1}^{n}E(X_i^2)=n,$$

$$D(\chi^2)=D(\sum_{i=1}^{n}X_i^2)=\sum_{i=1}^{n}D(X_i^2)=2n.$$

对于给定的正数 α,$0<\alpha<1$,称满足条件

$$P\{\chi^2>\chi_\alpha^2(n)\}=\int_{\chi_\alpha^2(n)}^{+\infty}f(y)dy=\alpha$$

的点 $\chi_\alpha^2(n)$为 χ^2 分布的上 α 分位点(Percentile of α),如图 6-3 所示.对于不同的 α,n,χ^2 分布的上 α 分位点的值已制成表格,可以查用(见附表 3).例如,对于 $\alpha=0.05$,$n=16$,查附表 3 得 $\chi_{0.05}^2(16)=26.296$.但该表只详列到$n=45$.当$n>45$时,近似地有 $\chi_\alpha^2(n)\approx\frac{1}{2}(z_\alpha+\sqrt{2n-1})^2$,其中 z_α 是标准正态分布的上 α 分位点.例如

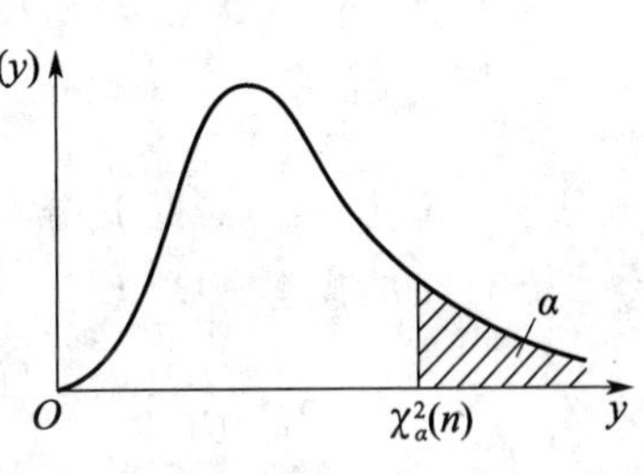

图 6-3

$$\chi_{0.05}^2(50)\approx\frac{1}{2}(1.645+\sqrt{99})^2=67.221.$$

二、t 分布

设 $X\sim N(0,1)$,$Y\sim\chi^2(n)$,并且 X,Y 相互独立,则称随机变量

$$t=\frac{X}{\sqrt{\frac{Y}{n}}}$$

t 分布

服从自由度为 n 的 t 分布(t-distribution),记为 $t\sim t(n)$.

t 分布的概率密度为

$$h(t)=\frac{\Gamma[(n+1)/2]}{\sqrt{n\pi}\,\Gamma(n/2)}\left(1+\frac{t^2}{n}\right)^{-(n+1)/2},\quad -\infty<t<+\infty.\quad \text{(证略)}$$

图 6-4 中画出了当 $n=1,10$ 时 $h(t)$的图形. $h(t)$的图形关于 $t=0$ 对称，当 n 充分大时，其图形类似于标准正态变量的概率密度的图形. 但对于较小的 n，t 分布与 $N(0,1)$分布相差很大(见附表 4).

对于给定的 α，$0<\alpha<1$，称满足条件

$$P[t>t_\alpha(n)]=\int_{t_\alpha(n)}^{+\infty}h(t)\,\mathrm{d}t=\alpha$$

的点 $t_\alpha(n)$为 t 分布的上 α 分位点(见图 6-5).

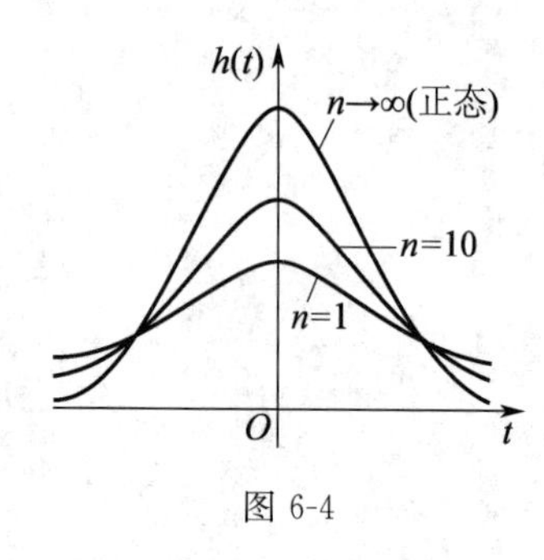

图 6-4

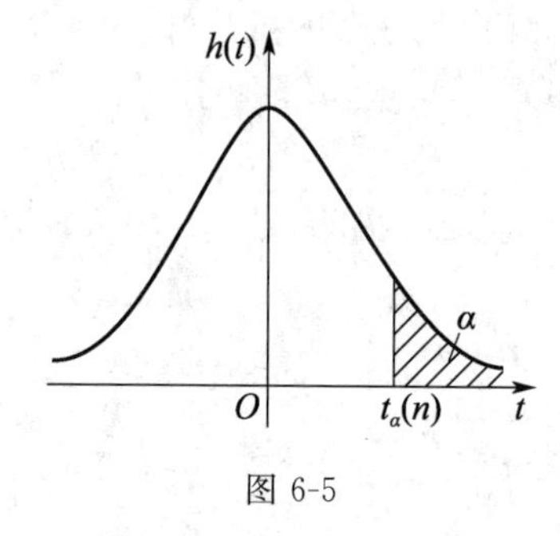

图 6-5

由 t 分布的上 α 分位点的定义及 $h(t)$图形的对称性知

$$t_{1-\alpha}(n)=-t_\alpha(n).$$

t 分布的上 α 分位点可从附表 4 查得. 在 $n>45$ 时，就用正态分布近似：

$$t_\alpha(n)\approx z_\alpha.$$

三、F 分布

设 $U\sim\chi^2(n_1)$，$V\sim\chi^2(n_2)$，且 U，V 相互独立，则称随机变量

$$F=\frac{U/n_1}{V/n_2}$$

服从自由度为(n_1,n_2)的 F 分布(F-distribution)，记 $F\sim F(n_1,n_2)$.

F 分布的概率密度为

$$\psi(y)=\begin{cases}\dfrac{\Gamma[(n_1+n_2)/2](n_1/n_2)^{n_1/2}y^{(n_1/2)-1}}{\Gamma(n_1/2)\Gamma(n_2/2)[1+(n_1y/n_2)]^{(n_1+n_2)/2}}, & y>0,\\ 0, & \text{其他}.\end{cases}$$

(证略)

$\psi(y)$的图形如图 6-6 所示.

F 分布经常被用来对两个样本方差进行比较. 它是方差分析的一个基本分布，也被用于回归分析中的显著性检验.

对于给定的 α，$0<\alpha<1$，称满足条件

$$P\{F>F_\alpha(n_1,n_2)\}=\int_{F_\alpha(n_1,n_2)}^{+\infty}\psi(y)\,\mathrm{d}y=\alpha$$

的点 $F_\alpha(n_1,n_2)$为 F 分布的上 α 分位点(见图 6-7). F 分布的上 α 分位点有表格可查(见附

表 5).

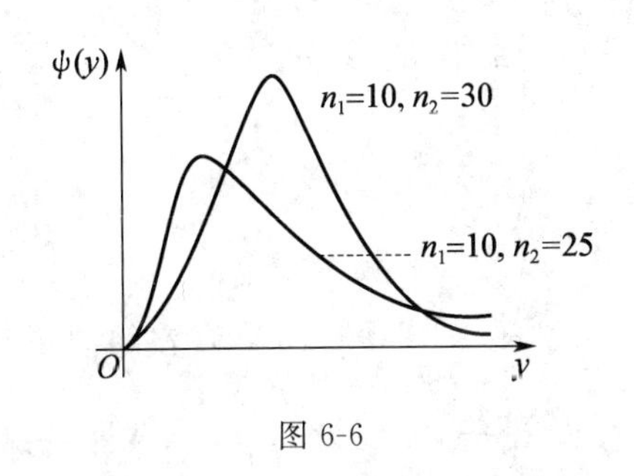

图 6-6

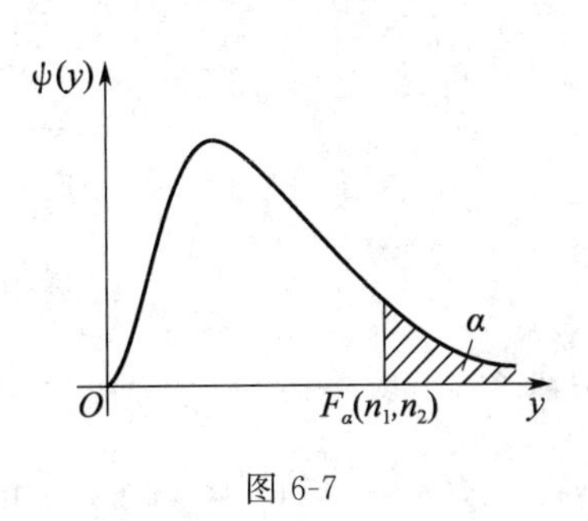

图 6-7

F 分布的上 α 分位点有如下的性质:

$$F_{1-\alpha}(n_1,n_2)=\frac{1}{F_\alpha(n_2,n_1)}.$$

如何区分 t 分布和 F 分布

这个性质常用来求 F 分布表中没有包括的数值. 例如,由附表 5 查得 $F_{0.05}(9,12)=2.80$,则可利用上述性质求得

$$F_{0.95}(12,9)=\frac{1}{F_{0.05}(9,12)}=\frac{1}{2.80}=0.357.$$

四、正态总体的样本均值与样本方差的分布

设正态总体的均值为 μ,方差为 σ^2, $X_1,X_2,\cdots,X_n$ 是来自正态总体 X 的一个简单样本,则总有

$$E(\overline{X})=\mu,$$

$$D(\overline{X})=\frac{\sigma^2}{n},$$

$$\overline{X}\sim N\left(\mu,\frac{\sigma^2}{n}\right).$$

单正态总体统计量分布

对于正态总体 $N(\mu,\sigma^2)$ 的样本方差 S^2,我们有以下的性质.

定理 6.1　设 $X_1,X_2,\cdots,X_n$ 是总体 $N(\mu,\sigma^2)$ 的样本, $\overline{X}$, S^2 分别是样本均值和样本方差,则有:

(1) $\dfrac{(n-1)S^2}{\sigma^2}\sim\chi^2(n-1)$;

(2) $\overline{X}$ 与 S^2 相互独立.

(证略)

定理 6.2　设 $X_1,X_2,\cdots,X_n$ 是总体 $N(\mu,\sigma^2)$ 的样本, $\overline{X}$, S^2 分别是样本均值和样本方差,则有

$$\frac{\overline{X}-\mu}{S/\sqrt{n}}\sim t(n-1).$$

证　因为

$$\frac{\overline{X}-\mu}{\sigma/\sqrt{n}}\sim N(0,1),$$

$$\frac{(n-1)S^2}{\sigma^2}\sim\chi^2(n-1),$$

且两者相互独立，由 t 分布的定义知

$$\frac{\overline{X}-\mu}{\sigma/\sqrt{n}}\bigg/\sqrt{\frac{(n-1)S^2}{\sigma^2(n-1)}}\sim t(n-1),$$

化简上式左边，即得

$$\frac{\overline{X}-\mu}{S/\sqrt{n}}\sim t(n-1).$$

定理 6.3 设 $X_1,X_2,\cdots,X_{n_1}$ 与 $Y_1,Y_2,\cdots,Y_{n_2}$ 分别是来自具有相同方差的两正态总体 $N(\mu_1,\sigma^2)$，$N(\mu_2,\sigma^2)$ 的样本，且这两个样本相互独立. 设 $\overline{X}=\dfrac{1}{n_1}\sum\limits_{i=1}^{n_1}X_i$，$\overline{Y}=\dfrac{1}{n_2}\sum\limits_{i=1}^{n_2}Y_i$ 分别是这两个样本的均值，$S_1^2=\dfrac{1}{n_1-1}\sum\limits_{i=1}^{n_1}(X_i-\overline{X})^2$，$S_2^2=\dfrac{1}{n_2-1}\sum\limits_{i=1}^{n_2}(Y_i-\overline{Y})^2$ 分别是这两个样本的样本方差，则有

$$\frac{(\overline{X}-\overline{Y})-(\mu_1-\mu_2)}{S_w\sqrt{1/n_1+1/n_2}}\sim t(n_1+n_2-2),$$

其中

$$S_w^2=\frac{(n_1-1)S_1^2+(n_2-1)S_2^2}{(n_1+n_2-2)}.$$

双正态总体统计量分布

(证略)

本节所介绍的 3 个抽样分布以及 3 个定理，在下面各章中都起着重要的作用. 应注意，它们都是在总体为正态总体这一基本假定下得到的.

例 6.2 设总体 X 服从正态分布 $N(62,100)$，为使样本均值大于 60 的概率不小于 0.95，问样本容量 n 至少应取多大?

解 设需要样本容量为 n，则

$$\frac{\overline{X}-\mu}{\sigma/\sqrt{n}}=\frac{\overline{X}-\mu}{\sigma}\cdot\sqrt{n}\sim N(0,1),$$

$$P(\overline{X}>60)=P\left(\frac{\overline{X}-62}{10}\cdot\sqrt{n}>\frac{60-62}{10}\cdot\sqrt{n}\right).$$

查标准正态分布 $N(0,1)$ 的数值表，得 $\Phi(1.64)\approx 0.95$.

所以 $0.2\sqrt{n}\geqslant 1.64$，$n\geqslant 67.24$. 故样本容量至少应取 68.

小　结

在数理统计中往往研究有关对象的某一项数量指标，对这一数量指标进行试验和观察，将试验的全部可能的观察值称为总体，每个观察值称为个体. 总体中的每一个个体是某一随机变量 X 的值，因此一个总体对应于一个随机变量 X，我们笼统称为总体 X. 随机变量 X 服从什么分布就称总体服从什么分布.

若 $X_1,X_2,\cdots,X_n$ 是相同条件下对总体 X 进行 n 次重复独立观察所得到的 n 个结果，则称随机变量 $X_1,X_2,\cdots,X_n$ 为来自总体 X 的简单随机样本. 它具有两条性质.

(1) $X_1,X_2,\cdots,X_n$ 都与总体具有相同的分布；

(2)$X_1,X_2,\cdots,X_n$ 相互独立.

我们就是利用来自样本的信息推断总体,得到有关总体分布的种种结论.

完全由样本 $X_1,X_2,\cdots,X_n$ 所确定的函数 $g=g(X_1,X_2,\cdots,X_n)$ 称为统计量,统计量是一个随机变量.它是统计推断的一个重要工具.在数理统计中的地位相当重要,相当于随机变量在概率论中的地位.

样本均值
$$\overline{X}=\frac{1}{n}\sum_{i=1}^{n}X_i$$
和样本方差
$$S^2=\frac{1}{n-1}\sum_{k=1}^{n}(X_k-\overline{X})^2$$
是两个最重要的统计量.统计量的分布称为抽样分布,读者需要掌握统计学中三大抽样分布:

χ^2 分布,t 分布,F 分布.

读者学习后续内容还需要掌握以下重要结果.

(1)设总体 X 的一个样本为 $X_1,X_2,\cdots,X_n$,且 X 的均值和方差存在,记 $\mu=E(X),\sigma^2=D(X)$,则
$$E(\overline{X})=\mu,\quad D(\overline{X})=\frac{\sigma^2}{n},\quad E(S^2)=\sigma^2.$$

(2)设总体 $X\sim N(\mu,\sigma^2)$,$X_1,X_2,\cdots,X_n$ 是 X 的一个样本,则有:

①$\overline{X}\sim N\left(\mu,\frac{\sigma^2}{n}\right)$;

②$\frac{(n-1)S^2}{\sigma^2}\sim\chi^2(n-1)$;

③$\overline{X}$ 和 S^2 相互独立;

④$\frac{\overline{X}-\mu}{S/\sqrt{n}}\sim t(n-1)$.

(3)定理 6.3 的结果.

重要术语及主题

总体　　样本　　统计量

χ^2 分布、t 分布、F 分布的定义及它们的密度函数图形上的 α 分位点

习 题 六

1.设总体 $X\sim N(60,15^2)$,从总体 X 中抽取一个容量为 100 的样本,求样本均值与总体均值之差的绝对值大于 3 的概率.

2.从正态总体 $N(4.2,5^2)$ 中抽取容量为 n 的样本,若要求其样本均值位于区间(2.2,6.2)内的概率不小于 0.95,则样本容量 n 至少取多大?

3.设某厂生产的灯泡的使用寿命(单位:h)$X\sim N(1\,000,\sigma^2)$,随机抽取一容量为 9 的样本,并根据观察值求得样本均值及样本方差.但是由于工作上的失误,事后失去了此试验的结果,只记得样本方差为 $S^2=100^2$,试求 $P\{\overline{X}>1\,062\}$.

4.从一正态总体中抽取容量为 10 的样本,假定样本均值与总体均值之差的绝对值大于 4 的概率为0.02,求总体的标准差.

5. 设总体 $X \sim N(\mu, 16)$，$X_1, X_2, \cdots, X_{10}$ 是来自总体 X 的一个容量为 10 的简单随机样本，S^2 为其样本方差，且 $P\{S^2 > a\} = 0.1$，求 a 的值.

6. 设总体 X 服从标准正态分布，$X_1, X_2, \cdots, X_n$ 是来自总体 X 的一个简单随机样本，试问统计量

$$Y = \frac{\left(\frac{n}{5} - 1\right)\sum_{i=1}^{5} X_i^2}{\sum_{i=6}^{n} X_i^2}, \quad n > 5$$

服从何种分布？

7. 求总体 $X \sim N(20, 3)$ 的容量分别为 10，15 的两个独立随机样本的平均值差的绝对值大于 0.3 的概率.

8. 设总体 $X \sim N(0, \sigma^2)$，$X_1, \cdots, X_{10}, \cdots, X_{15}$ 为总体的一个样本，则

$$Y = \frac{X_1^2 + X_2^2 + \cdots + X_{10}^2}{2(X_{11}^2 + X_{12}^2 + \cdots + X_{15}^2)}$$

服从________分布，参数为________. (2001 考研)

9. 设总体 $X \sim N(\mu_1, \sigma^2)$，$Y \sim N(\mu_2, \sigma^2)$，$X_1, X_2, \cdots, X_{n_1}$ 与 $Y_1, Y_2, \cdots, Y_{n_2}$ 为分别来自总体 X 和 Y 的简单随机样本，则

$$E\left[\frac{\sum_{i=1}^{n_1}(X_i - \overline{X})^2 + \sum_{j=1}^{n_2}(Y_j - \overline{Y})^2}{n_1 + n_2 - 2}\right] = \underline{\qquad\qquad}.$$

(2004 考研)

10. 设总体 $X \sim N(\mu, \sigma^2)$，$X_1, X_2, \cdots, X_{2n}(n \geqslant 2)$ 是总体 X 的一个样本，$\overline{X} = \frac{1}{2n}\sum_{i=1}^{2n} X_i$，令 $Y = \sum_{i=1}^{n}(X_i + X_{n+i} - 2\overline{X})^2$，求 $E(Y)$. (2001 考研)

11. 设总体 X 的概率密度为 $f(x) = \frac{1}{2}e^{-|x|}(-\infty < x < +\infty)$，$X_1, X_2, \cdots, X_n$ 为总体 X 的简单随机样本，其样本方差为 S^2，求 $E(S^2)$. (2006 考研)

第七章

参数估计

参数估计是数理统计研究的主要问题之一.

假设总体 $X \sim N(\mu, \sigma^2)$, μ, σ^2 是未知参数, $X_1, X_2, \cdots, X_n$ 是来自 X 的样本,样本值是 $x_1, x_2, \cdots, x_n$,我们要由样本值来确定 μ 和 σ^2 的估计值,这就是参数估计问题. 参数估计分为点估计(Point estimation)和区间估计(Interval estimation).

第一节　点　估　计

所谓点估计是指把总体的未知参数估计为某个确定的值或在某个确定的点上,故点估计又称为定值估计.

定义 7.1　设总体 X 的分布函数为 $F(x,\theta)$, θ 是未知参数, $X_1, X_2, \cdots, X_n$ 是 X 的一样本,样本值为 $x_1, x_2, \cdots, x_n$,构造一个统计量 $\hat{\theta}(X_1, X_2, \cdots, X_n)$,用它的观察值 $\hat{\theta}(x_1, x_2, \cdots, x_n)$ 作为 θ 的估计值,这种问题称为点估计问题. 习惯上称随机变量 $\hat{\theta}(X_1, X_2, \cdots, X_n)$ 为 θ 的估计量,称 $\hat{\theta}(x_1, x_2, \cdots, x_n)$ 为 θ 的估计值.

构造估计量 $\hat{\theta}(X_1, X_2, \cdots, X_n)$ 的方法很多,下面仅介绍矩法和极大似然估计法.

一、矩法

矩法(Moment method of estimation)是一种古老的估计方法,它是由英国统计学家皮尔逊(K. Pearson)于 1894 年首创的. 它虽然古老,但目前仍常用.

矩法估计的一般原则是:用样本矩作为总体矩的估计,若不够良好,再作适当调整.

矩法的一般做法如下:

设总体 $X \sim F(X; \theta_1, \theta_2, \cdots, \theta_l)$,其中 $\theta_1, \theta_2, \cdots, \theta_l$ 均未知.

(1)如果总体 X 的 k 阶矩 $\mu_k = E(X^k)\ (1 \leqslant k \leqslant l)$ 均存在,则

$$\mu_k = \mu_k(\theta_1, \theta_2, \cdots, \theta_l) \quad (1 \leqslant k \leqslant l).$$

矩法

(2)令

$$\begin{cases} \mu_1(\theta_1, \theta_2, \cdots, \theta_l) = A_1, \\ \mu_2(\theta_1, \theta_2, \cdots, \theta_l) = A_2, \\ \cdots\cdots\cdots\cdots \\ \mu_l(\theta_1, \theta_2, \cdots, \theta_l) = A_l, \end{cases}$$

其中 $A_k\ (1 \leqslant k \leqslant l)$ 为样本 k 阶矩. 求出方程组的解 $\hat{\theta}_1, \hat{\theta}_2, \cdots, \hat{\theta}_l$,我们称 $\hat{\theta}_k = \hat{\theta}_k(X_1, X_2, \cdots, X_n)$

为参数 $\theta_k(1\leqslant k\leqslant l)$ 的矩估计量，$\hat{\theta}_k=\hat{\theta}_k(x_1,x_2,\cdots,x_n)$ 为参数 θ_k 的矩估计值.

例 7.1 设总体 X 在 $[a,b]$ 上服从均匀分布，a,b 均未知. $X_1,X_2,\cdots,X_n$ 是来自 X 的样本，试求 a,b 的矩估计量.

解

$$\mu_1=E(X)=\frac{a+b}{2},$$

$$\mu_2=E(X^2)=D(x)+[E(x)]^2=\frac{(b-a)^2}{12}+\frac{(a+b)^2}{4},$$

即

$$\begin{cases}a+b=2\mu_1,\\ b-a=\sqrt{12(\mu_2-\mu_1^2)},\end{cases}$$

解方程组得

$$a=\mu_1-\sqrt{3(\mu_2-\mu_1^2)},\quad b=\mu_1+\sqrt{3(\mu_2-\mu_1^2)}.$$

分别以 A_1,A_2 代替 μ_1,μ_2，得到 a,b 的矩估计量分别为(注意 $\frac{1}{n}\sum\limits_{i=1}^{n}X_i^2-\overline{X}^2=\frac{1}{n}\sum\limits_{i=1}^{n}(X_i-\overline{X})^2$)

$$\hat{a}=A_1-\sqrt{3(A_2-A_1^2)}=\overline{X}-\sqrt{\frac{3}{n}\sum_{i=1}^{n}(X_i-\overline{X})^2},$$

$$\hat{b}=A_1+\sqrt{3(A_2-A_1^2)}=\overline{X}+\sqrt{\frac{3}{n}\sum_{i=1}^{n}(X_i-\overline{X})^2}.$$

例 7.2 设 $X\sim N(\mu,\sigma^2)$，μ,σ^2 均未知，试用矩法对 μ,σ^2 进行估计.

解

$$\begin{cases}\mu_1=E(X)=A_1=\dfrac{1}{n}\sum\limits_{i=1}^{n}X_i,\\ \mu_2=E(X^2)=A_2=\dfrac{1}{n}\sum\limits_{i=1}^{n}X_i^2.\end{cases}$$

又

$$E(X)=\mu,\quad E(X^2)=D(X)+[E(X)]^2=\sigma^2+\mu^2,$$

那么

$$\hat{\mu}=\overline{X},\quad \hat{\sigma}^2=A_2-\hat{\mu}^2=\frac{n-1}{n}S^2.$$

例 7.3 设总体有均值 μ 及方差 σ^2，今有 6 个随机样本的观察数据为：

$$-1.20,\quad 0.82,\quad 0.12,\quad 0.45,\quad -0.85,\quad -0.30,$$

求 μ,σ^2 的矩估计值.

解

$$\mu=E(X),\quad \sigma^2=D(X),$$

$$\bar{x}=\frac{1}{6}\sum_{i=1}^{6}x_i=\frac{1}{6}(-1.20+0.82+0.12+0.45-0.85-0.30)=-0.16,$$

$$\begin{cases}\mu_1=E(X)=A_1=\dfrac{1}{6}\sum\limits_{i=1}^{6}X_i,\\ \mu_2=E(X^2)=A_2=\dfrac{1}{6}\sum\limits_{i=1}^{6}X_i^2.\end{cases}$$

由于 $E(X^2)=D(X)+[E(X)]^2=\sigma^2+\mu^2$，那么，

$$\hat{\mu}=\bar{x}=-0.16,\quad \hat{\sigma}^2=a_2-(\bar{x})^2=0.50.$$

作矩法估计时无须知道总体的概率分布，只要知道总体矩即可. 但矩法估计量有时不唯一，如总体 X 服从参数为 λ 的泊松分布时，$\overline{X}$ 和 B_2 都是参数 λ 的矩法估计.

二、极(最)大似然估计法

极大似然估计法(Maximum likelihood estimation)只能在已知总体分布的前提下进行，为了对它的思想有所了解，我们先看一个例子.

例 7.4 设有外形完全相同的两个箱子，甲箱有 99 个白球和 1 个黑球，乙箱有 1 个白球和 99 个黑球，今随机地抽取一箱，再从取出的一箱中抽取一球，结果取得白球，问这球是从哪一个箱子中取出？

解 甲箱中抽得白球的概率为 $p_1=\frac{99}{100}$，乙箱中抽得白球的概率为 $p_2=\frac{1}{100}$，由此可以看出，这一白球从甲箱中抽出的概率比从乙箱中抽出的概率大得多. 既然在一次抽样中抽得白球，当然可以认为是由概率大的箱子中抽出的，所以作出统计推断是从甲箱中抽出的.

1. 似然函数

在极大似然估计法中，最关键的问题是如何求得似然函数(定义在下文给出)，有了似然函数，问题就简单了. 下面分两种情形来介绍似然函数.

(1)离散型总体.

设总体 X 为离散型，$P\{X=x\}=p(x,\theta)$，其中 θ 为待估计的未知参数，假定 $x_1,x_2,\cdots,x_n$ 为样本 $X_1,X_2,\cdots,X_n$ 的一组观察值.

$$
\begin{aligned}
P\{X_1=x_1,X_2=x_2,\cdots,X_n=x_n\}&=P\{X_1=x_1\}P\{X_2=x_2\}\cdots P\{X_n=x_n\}\\
&=p(x_1,\theta)p(x_2,\theta)\cdots p(x_n,\theta)\\
&=\prod_{i=1}^{n}p(x_i,\theta).
\end{aligned}
$$

将 $\prod_{i=1}^{n}p(x_i,\theta)$ 看作是参数 θ 的函数，记为 $L(\theta)$，即

$$L(\theta)=\prod_{i=1}^{n}p(x_i,\theta). \tag{7.1}$$

极大似然估计法

(2)连续型总体.

设总体 X 为连续型，已知其分布的密度函数为 $f(x,\theta)$，θ 为待估计的未知参数，则样本 $(X_1,X_2,\cdots,X_n)$ 的联合密度函数为

$$f(x_1,\theta)f(x_2,\theta)\cdots f(x_n,\theta)=\prod_{i=1}^{n}f(x_i,\theta).$$

将它也看作是关于参数 θ 的函数，记为 $L(\theta)$，即

$$L(\theta)=\prod_{i=1}^{n}f(x_i,\theta). \tag{7.2}$$

由此可见：不管是离散型总体，还是连续型总体，只要知道它的概率分布或密度函数，我们总可以得到一个关于参数 θ 的函数 $L(\theta)$，称 $L(\theta)$ 为似然函数.

2. 极大似然估计

极大似然估计法的主要思想是：如果随机抽样得到的样本观察值为 $x_1,x_2,\cdots,x_n$，则我们应当这样来选取未知参数 θ 的值，使得出现该样本值的可能性最大，即使得似然函数 $L(\theta)$ 取极大值，从而求参数 θ 的极大似然估计的问题，就转化为求似然函数 $L(\theta)$ 的极值点的问题. 一般来说，这个问题可以通过求解下面的方程来解决：

$$\frac{\mathrm{d}L(\theta)}{\mathrm{d}\theta}=0. \tag{7.3}$$

然而，$L(\theta)$是 n 个函数的连乘积，求导数比较复杂. 由于 $\ln L(\theta)$是 $L(\theta)$的单调增加函数，所以 $L(\theta)$与 $\ln L(\theta)$在 θ 的同一点处取得极大值. 于是求解方程(7.3)可转化为求解方程

$$\frac{\mathrm{d}\ln L(\theta)}{\mathrm{d}\theta}=0. \tag{7.4}$$

称 $\ln L(\theta)$为对数似然函数. 称方程(7.4)为对数似然方程，求解此方程就可得到参数 θ 的估计值.

如果总体 X 的分布中含有 k 个未知参数：$\theta_1,\theta_2,\cdots,\theta_k$，则极大似然估计法也适用. 此时，所得的似然函数是关于 $\theta_1,\theta_2,\cdots,\theta_k$ 的多元函数 $L(\theta_1,\theta_2,\cdots,\theta_k)$，解下列方程组，就可得到 $\theta_1,\theta_2,\cdots,\theta_k$ 的估计值.

$$\begin{cases}\dfrac{\partial\ln L(\theta_1,\theta_2,\cdots,\theta_k)}{\partial\theta_1}=0,\\ \dfrac{\partial\ln L(\theta_1,\theta_2,\cdots,\theta_k)}{\partial\theta_2}=0,\\ \cdots\cdots\cdots\cdots\\ \dfrac{\partial\ln L(\theta_1,\theta_2,\cdots,\theta_k)}{\partial\theta_k}=0.\end{cases} \tag{7.5}$$

称方程组(7.5)为似然方程组.

例 7.5 在泊松总体中抽取样本，其样本值为 $x_1,x_2,\cdots,x_n$，试对泊松分布的未知参数 λ 作极大似然估计.

解 因泊松总体是离散型的，其概率分布为

$$P\{X=x\}=\frac{\lambda^x}{x\,!}\mathrm{e}^{-\lambda},$$

应注意的问题

故似然函数为

$$L(\lambda)=\prod_{i=1}^{n}\frac{\lambda^{x_i}}{x_i\,!}\mathrm{e}^{-\lambda}=\mathrm{e}^{-\lambda n}\cdot\lambda^{\sum\limits_{i=1}^{n}x_i}\cdot\prod_{i=1}^{n}\frac{1}{x_i\,!},$$

$$\ln L(\lambda)=-n\lambda+\sum_{i=1}^{n}x_i\ln\lambda-\ln\prod_{i=1}^{n}(x_i\,!),$$

求导得

$$\frac{\mathrm{d}\ln(\lambda)}{\mathrm{d}\lambda}=-n+\frac{1}{\lambda}\sum_{i=1}^{n}x_i.$$

令 $\dfrac{\mathrm{d}\ln\lambda}{\mathrm{d}\lambda}=0$，得

$$-n+\frac{1}{\lambda}\sum_{i=1}^{n}x_i=0.$$

所以 $\hat{\lambda}_L=\dfrac{1}{n}\sum\limits_{i=1}^{n}x_i=\bar{x}$，即 λ 的极大似然估计量为 $\hat{\lambda}_L=\overline{X}$(为了和 λ 的矩法估计区别起见，我们将 λ 的极大似然估计记为 $\hat{\lambda}_L$).

例 7.6 为了估计鱼塘内鱼的条数 N，从塘内捕捞起 r 条，做上记号后放回塘中，然后再从塘内捕捞起 s 条，结果发现有 x 条标有记号，试估计 N 的值.

解 设捕出的 s 条鱼中有记号的鱼数为 ξ，因事前无法确定它将取哪个确定的数值，所以 ξ 是随机变量，且它服从超几何分布：

$$p\{\xi=x\}=\frac{C_r^x C_{N-r}^{s-x}}{C_N^s},\quad \max\{0,s-(N-r)\}\leqslant x\leqslant \min\{r,s\}\text{且 } x \text{ 为整数}.$$

令 $L(N)=\frac{C_r^x C_{N-r}^{s-x}}{C_N^s}$，由极大似然原理，应该选取使 $L(N)$ 达到最大值的 $\hat{N}$ 作为 N 的估计值. 因为直接对 $L(N)$ 求导很困难，先考虑比值

$$\frac{L(N)}{L(N-1)}=\frac{N-r}{N}\cdot\frac{N-s}{(N-r)-(s-x)}=\frac{N^2-(r+s)N+rs}{N^2-(r+s)N+xN}.$$

所以，当 $rs>xN$，即 $N<\frac{rs}{x}$ 时，$L(N)>L(N-1)$；当 $rs<xN$，即 $N>\frac{rs}{x}$ 时，$L(N)<L(N-1)$. 因此 $L(N)$ 在 $N=\frac{rs}{x}$ 时取得极大值，考虑到 N 是整数，故 $\hat{N}=\left[\frac{rs}{x}\right]$ 为 N 的极大似然估计值.

例 7.7 设 $x_1,x_2,\cdots,x_n$ 为来自正态总体 $N(\mu,\sigma^2)$ 的观察值，试求总体未知参数 μ,σ^2 的极大似然估计.

解 因正态总体为连续型，其密度函数为

$$f(x)=\frac{1}{\sqrt{2\pi}\sigma}e^{-\frac{(x-\mu)^2}{2\sigma^2}},$$

所以似然函数为

$$L(\mu,\sigma^2)=\prod_{i=1}^{n}\frac{1}{\sqrt{2\pi}\sigma}\exp\left\{-\frac{(x_i-\mu)^2}{2\sigma^2}\right\}=\left(\frac{1}{\sqrt{2\pi}\sigma}\right)^n\exp\left\{-\frac{1}{2\sigma^2}\sum_{i=1}^{n}(x_i-\mu)^2\right\},$$

$$\ln L(\mu,\sigma^2)=-\frac{n}{2}\ln 2\pi-\frac{n}{2}\ln\sigma^2-\frac{1}{2\sigma^2}\sum_{i=1}^{n}(x_i-\mu)^2.$$

故似然方程组为

$$\begin{cases}\dfrac{\partial\ln L(\mu,\sigma^2)}{\partial\mu}=\dfrac{1}{\sigma^2}\displaystyle\sum_{i=1}^{n}(x_i-\mu)=0,\\[2ex]\dfrac{\partial\ln L(\mu,\sigma^2)}{\partial\sigma^2}=-\dfrac{n}{2\sigma^2}+\dfrac{1}{2\sigma^4}\displaystyle\sum_{i=1}^{n}(x_i-\mu)^2=0.\end{cases}$$

解上述方程组得

$$\begin{cases}\mu=\dfrac{1}{n}\displaystyle\sum_{i=1}^{n}x_i=\bar{x},\\[2ex]\sigma^2=\dfrac{1}{n}\displaystyle\sum_{i=1}^{n}(x_i-\mu)^2=\dfrac{1}{n}\displaystyle\sum_{i=1}^{n}(x_i-\bar{x})^2=B_2.\end{cases}$$

所以
$$\begin{cases}\hat{\mu}=\overline{X},\\ \hat{\sigma}_L^2=B_2.\end{cases}$$

例 7.8 设总体 X 服从 $[a,b]$ 上的均匀分布，a,b 未知，$x_1,x_2,\cdots,x_n$ 是来自 X 的样本，求 a,b 极大似然估计量.

解 X 的密度函数是
$$f(x)=\begin{cases}\dfrac{1}{b-a}, & a\leqslant x\leqslant b,\\ 0, & \text{其他}.\end{cases}$$

似然函数为
$$L(a,b)=\frac{1}{(b-a)^n},\quad a\leqslant x_i\leqslant b.$$

记 $x_{(1)}=\min\{x_1,x_2,\cdots,x_n\}$，$x_{(n)}=\max\{x_1,x_2,\cdots,x_n\}$，则

$$L(a,b)=\frac{1}{(b-a)^n}\leqslant\frac{1}{(x_{(n)}-x_{(1)})^n},$$

即 $L(a,b)$ 在 $a=x_{(1)},b=x_{(n)}$ 时取到极大值 $\frac{1}{(x_{(n)}-x_{(1)})^n}$. 故 a,b 极大似然估计值为

$$\hat{a}=x_{(1)}=\min_{1\leqslant i\leqslant n}x_i,\quad \hat{b}=x_{(n)}=\max_{1\leqslant i\leqslant n}x_i,$$

a,b 极大似然估计量为

$$\hat{a}=\min_{1\leqslant i\leqslant n}X_i,\quad \hat{b}=\max_{1\leqslant i\leqslant n}X_i.$$

估计量的评价

第二节　估计量的评价标准

从例 7.1 和例 7.8 中可以看出，对于同一参数，用不同的估计方法求出的估计量可能不相同，而且很明显，原则上其中任何统计量都可以作为未知参数的估计量. 我们自然会问，采用哪一个估计量为好呢？这就涉及用什么样的标准来评估估计量的问题. 下面我们首先讨论衡量估计量好坏的标准问题.

一、无偏性

定义 7.2　若估计量 $\hat{\theta}(X_1,X_2,\cdots,X_n)$ 的数学期望等于未知参数 θ，即

$$E(\hat{\theta})=\theta,\tag{7.6}$$

则称 $\hat{\theta}$ 为 θ 的无偏估计量(Non-deviation estimator).

估计量 $\hat{\theta}$ 的值不一定就是 θ 的真值，因为它是一个随机变量，而若 $\hat{\theta}$ 是 θ 的无偏估计，则尽管 $\hat{\theta}$ 的值随样本值的不同而变化，但平均来说它会等于 θ 的真值.

例 7.9　设有总体 X, $E(X)=\mu$, $D(X)=\sigma^2$, $(X_1,X_2,\cdots,X_n)$ 为从该总体中抽得的一个样本，那么样本方差 S^2 及二阶样本中心矩 $B_2=\frac{1}{n}\sum\limits_{i=1}^{n}(X_i-\overline{X})$ 是否为总体方差 σ^2 的无偏估计？

解　因为 $E(S^2)=\sigma^2$，所以 S^2 是 σ^2 的一个无偏估计，这也是我们称 S^2 为样本方差的理由. 由于

$$B_2=\frac{n-1}{n}S^2,$$

那么

$$E(B_2)=\frac{n-1}{n}E(S^2)=\frac{n-1}{n}\sigma^2,$$

所以 B_2 不是 σ^2 的一个无偏估计.

例 7.10　设总体 X 的 k 阶矩 $\mu_k=E(X^k)(k\geqslant 1)$ 存在，又设 $X_1,X_2,\cdots,X_n$ 为 X 的一个样本，试证明不论总体服从什么分布，k 阶样本矩 $A_k=\frac{1}{n}\sum\limits_{i=1}^{n}X_i^k$ 是 k 阶总体矩 μ_k 的无偏估计量.

证　因为 $X_1,X_2,\cdots,X_n$ 与 X 同分布，故有

$$E(X_i^k)=E(X^k)=\mu_k,\quad i=1,2,\cdots,n,$$

即有

$$E(A_k)=\frac{1}{n}\sum_{i=1}^{n}E(X_i^k)=\mu_k.$$

还需指出：一般来说，无偏估计量的函数并不是未知参数相应函数的无偏估计量. 例如，当

$X \sim N(\mu,\sigma^2)$时,$\overline{X}$ 是 μ 的无偏估计量,但 $\overline{X}^2$ 不是 μ^2 的无偏估计量,事实上

$$E[\overline{X}]^2 = D(\overline{X}) + [E(\overline{X})]^2 = \frac{\sigma^2}{n} + \mu^2 \neq \mu^2.$$

二、有效性

对于未知参数 θ,如果有两个无偏估计量 $\hat{\theta}_1$ 与 $\hat{\theta}_2$,即 $E(\hat{\theta}_1) = E(\hat{\theta}_2) = \theta$,那么在 $\hat{\theta}_1,\hat{\theta}_2$ 中哪一个更好呢？此时我们自然希望 $\hat{\theta}$ 对 θ 的平均偏差 $E(\hat{\theta}-\theta)^2$ 越小越好,即一个好的估计量应该有尽可能小的方差,这就是有效性.

定义 7.3 设 $\hat{\theta}_1$ 和 $\hat{\theta}_2$ 都是未知参数 θ 的无偏估计,若对任意的参数 θ,有

$$D(\hat{\theta}_1) \leqslant D(\hat{\theta}_2), \tag{7.7}$$

则称 $\hat{\theta}_1$ 比 $\hat{\theta}_2$ 有效.

如果 $\hat{\theta}_1$ 比 $\hat{\theta}_2$ 有效,则虽然 $\hat{\theta}_1$ 还不是 θ 的真值,但 $\hat{\theta}_1$ 在 θ 附近取值的密集程度较 $\hat{\theta}_2$ 高,即用 $\hat{\theta}_1$ 估计 θ 的精度要高些.

例如,对正态总体 $N(\mu,\sigma^2)$,$\overline{X} = \frac{1}{n}\sum_{i=1}^{n} X_i$,$X_i$ 和 $\overline{X}$ 都是 $E(X)=\mu$ 的无偏估计量,但

$$D(\overline{X}) = \frac{\sigma^2}{n} \leqslant D(X_i) = \sigma^2,$$

故 $\overline{X}$ 较个别观察值 X_i 有效.实际当中也是如此,比如要估计某个班学生的平均成绩,可用两种方法进行估计:一种是在该班任意抽一位同学,就以该同学的成绩作为全班的平均成绩;另一种方法是在该班抽取 n 位同学,以这 n 位同学的平均成绩作为全班的平均成绩.显然第二种方法比第一种方法好.

三、一致性

无偏性、有效性都是在样本容量 n 一定的条件下进行讨论的,然而 $\hat{\theta}(X_1,X_2,\cdots,X_n)$不仅与样本值有关,而且与样本容量 n 有关,不妨记为 $\hat{\theta}_n$.很自然,我们希望 n 越大时,$\hat{\theta}_n$ 对 θ 的估计应该越精确.

定义 7.4 如果 $\hat{\theta}_n$ 依概率收敛于 θ,即 $\forall \varepsilon > 0$,有

$$\lim_{n\to\infty} P\{|\hat{\theta}_n - \theta| < \varepsilon\} = 1, \tag{7.8}$$

则称 $\hat{\theta}_n$ 是 θ 的一致估计量(Uniform estimator).

由辛钦大数定律可以证明:样本平均 $\overline{X}$ 是总体均值 μ 的一致估计量,样本方差 S^2 及二阶样本中心矩 B_2 都是总体方差 σ^2 的一致估计量.

第三节 区间估计

一、区间估计的概念

上节我们介绍了参数的点估计,假设总体 $X \sim N(\mu,\sigma^2)$,对于样本$(X_1,X_2,\cdots,X_n)$,$\hat{\mu} = \overline{X}$ 是参数 μ 的矩法估计和极大似然估计,并且满足无偏性和一致性.但实际上 $\overline{X} = \mu$ 的可能性有多大呢？由于 $\overline{X}$ 是一连续型随机变量,$P\{\overline{X} = \mu\} = 0$,即 $\hat{\mu} = \mu$ 的可能性为 0,为此,我们希望给出 μ 的一个大致范围,使得 μ 有较高的概率在这个范围内,这就是区间估计问题.

定义 7.5 设 $\hat{\theta}_1(X_1,X_2,\cdots,X_n)$ 及 $\hat{\theta}_2(X_1,X_2,\cdots,X_n)$ 是两个统计量，如果对于给定的概率 $1-\alpha(0<\alpha<1)$，有

$$P\{\hat{\theta}_1<\theta<\hat{\theta}_2\}=1-\alpha, \tag{7.9}$$

则称随机区间 $(\hat{\theta}_1,\hat{\theta}_2)$ 为参数 θ 的置信区间(Confidence interval)，$\hat{\theta}_1$ 称为置信下限，$\hat{\theta}_2$ 称为置信上限，$1-\alpha$ 叫置信概率或置信度(Confidence level).

定义中的随机区间 $(\hat{\theta}_1,\hat{\theta}_2)$ 的大小依赖于随机抽取的样本观察值，它可能包含 θ，也可能不包含 θ. (7.9)式的意义是指 $(\hat{\theta}_1,\hat{\theta}_2)$ 以 $1-\alpha$ 的概率包含 θ. 例如，若取 $\alpha=0.05$，那么置信概率为 $1-\alpha=0.95$，这时，置信区间 $(\hat{\theta}_1,\hat{\theta}_2)$ 的意义是指：在 100 次重复抽样中所得到的 100 个置信区间中，大约有 95 个区间包含参数 θ 真值，有 5 个区间不包含参数 θ 真值，亦即随机区间 $(\hat{\theta}_1,\hat{\theta}_2)$ 包含参数 θ 真值的频率近似为 0.95.

例 7.11 设 $X\sim N(\mu,\sigma^2)$，μ 未知，σ^2 已知，样本 $X_1,X_2,\cdots,X_n$ 来自总体 X，求 μ 的置信区间，置信概率为 $1-\alpha$.

解 因为 $X_1,X_2,\cdots,X_n$ 为来自总体 X 的样本，而 $X\sim N(\mu,\sigma^2)$，所以 $Z=\dfrac{\overline{X}-\mu}{\sigma/\sqrt{n}}\sim N(0,1)$.

对于给定的 α，查附表 2 可得上 $\alpha/2$ 分位点 $z_{\frac{\alpha}{2}}$，使得 $P\left\{\left|\dfrac{\overline{X}-\mu}{\sigma/\sqrt{n}}\right|<z_{\frac{\alpha}{2}}\right\}=1-\alpha$，即

$$P\left\{\overline{X}-z_{\frac{\alpha}{2}}\frac{\sigma}{\sqrt{n}}<\mu<\overline{X}+z_{\frac{\alpha}{2}}\frac{\sigma}{\sqrt{n}}\right\}=1-\alpha.$$

所以 μ 的置信概率为 $1-\alpha$ 的置信区间为

$$\left(\overline{X}-z_{\frac{\alpha}{2}}\frac{\sigma}{\sqrt{n}},\overline{X}+z_{\frac{\alpha}{2}}\frac{\sigma}{\sqrt{n}}\right). \tag{7.10}$$

由(7.10)式可知，置信区间的长度为 $2z_{\frac{\alpha}{2}}\dfrac{\sigma}{\sqrt{n}}$. 若 n 越大，置信区间就越短；若置信概率 $1-\alpha$ 越大，α 就越小，$z_{\frac{\alpha}{2}}$ 就越大，从而置信区间就越长.

例 7.12 从一批零件中抽取 9 个零件，测得其直径(mm)为：

19.7， 20.1， 19.8， 19.9， 20.2， 20.0， 19.9， 20.2， 20.3，

设零件直径服从正态分布 $N(\mu,\sigma^2)$，且已知 $\sigma=0.21$ mm，求这批零件的直径的均值 μ 的置信概率为 0.95 的置信区间.

解 计算得

$$\bar{x}=\frac{1}{n}\sum_{i=1}^{n}x_i=20.01,$$

又有

$$z_{\frac{\alpha}{2}}=z_{0.025}=1.96,$$

则

$$z_{\frac{\alpha}{2}}\frac{\sigma}{\sqrt{n}}=1.96\times\frac{0.21}{\sqrt{9}}=0.14,$$

故置信区间为

$$(19.87,20.15).$$

二、正态总体参数的区间估计

由于在大多数情况下我们所遇到的总体是服从正态分布的(有的是近似正态分布)，故我们现在来重点讨论正态总体参数的区间估计问题.

在下面的讨论中，总假定 $X\sim N(\mu,\sigma^2)$，$X_1,X_2,\cdots,X_n$ 为其样本.

1. μ 的置信区间

正态总体参数区间估计

对 μ 的区间估计分两种情况进行讨论.

(1)σ^2 已知.

此时就是例 7.11 的情形,结论是:μ 的置信区间为

$$\left(\overline{X}-z_{\frac{\alpha}{2}}\frac{\sigma}{\sqrt{n}},\overline{X}+z_{\frac{\alpha}{2}}\frac{\sigma}{\sqrt{n}}\right),$$

置信概率为 $1-\alpha$.

(2)σ^2 未知.

当 σ^2 未知时,不能使用(7.10)式作为置信区间,因为(7.10)式中区间的端点与 σ 有关. 考虑到 $S^2=\frac{1}{n-1}\sum_{i=1}^{n}(X_i-\overline{X})^2$ 是 σ^2 的无偏估计,将$\frac{\overline{X}-\mu}{\sigma/\sqrt{n}}$中的 σ 换成 S 得

$$T=\frac{\overline{X}-\mu}{S/\sqrt{n}}\sim t(n-1).$$

对于给定的 α,查附表 4 可得上 $\alpha/2$ 分位点 $t_{\alpha/2}(n-1)$,使得

$$P\left\{\left|\frac{\overline{X}-\mu}{S/\sqrt{n}}\right|<t_{\frac{\alpha}{2}}(n-1)\right\}=1-\alpha,$$

即

$$P\left\{\overline{X}-\frac{S}{\sqrt{n}}t_{\frac{\alpha}{2}}(n-1)<\mu<\overline{X}+\frac{S}{\sqrt{n}}t_{\frac{\alpha}{2}}(n-1)\right\}=1-\alpha.$$

所以 μ 的置信概率为 $1-\alpha$ 的置信区间为

$$\left(\overline{X}-\frac{S}{\sqrt{n}}t_{\frac{\alpha}{2}}(n-1),\overline{X}+\frac{S}{\sqrt{n}}t_{\frac{\alpha}{2}}(n-1)\right).\tag{7.11}$$

由于$\frac{S}{\sqrt{n}}=\frac{S_0}{\sqrt{n-1}}$,其中 $S_0=\sqrt{\frac{1}{n}\sum_{i=1}^{n}(X_i-\overline{X})^2}$,所以 μ 的置信区间也可写成

$$\left(\overline{X}-\frac{S_0}{\sqrt{n-1}}t_{\frac{\alpha}{2}}(n-1),\overline{X}+\frac{S_0}{\sqrt{n-1}}t_{\frac{\alpha}{2}}(n-1)\right).\tag{7.12}$$

例 7.13　有一大批糖果,现从中随机地抽取 16 袋,称得重量(单位:g)如下:

506,　508,　499,　503,　504,　510,　497,　512,

514,　505,　493,　496,　506,　502,　509,　496,

设袋装糖果的重量近似地服从正态分布,试求总体均值 μ 的置信概率为 95%的置信区间.

解

$$\bar{x}=\frac{1}{n}\sum_{i=1}^{n}x_i=503.75,$$

$$s=\sqrt{\frac{1}{n-1}\sum_{i=1}^{n}(x_i-\bar{x})^2}=6.2022,$$

$$t_{\alpha/2}(n-1)=t_{0.025}(15)=2.131,$$

所以

$$t_{\frac{\alpha}{2}}(n-1)\frac{s}{\sqrt{n}}=2.131\times\frac{6.2022}{\sqrt{16}}\approx 3.30,$$

则 μ 的置信概率为 95%的置信区间为(503.75−3.30,503.75+3.30),即(500.4,507.1).

2. σ^2 的置信区间

我们只考虑 μ 未知的情形.

此时由于 $S^2=\frac{1}{n-1}\sum_{i=1}^{n}(X_i-\overline{X})^2$ 是 σ^2 的无偏估计,我们考虑$\frac{(n-1)S^2}{\sigma^2}$. 由于

$$\frac{(n-1)S^2}{\sigma^2}\sim\chi^2(n-1),$$

所以,对于给定的 α,

$$P\left\{\chi^2_{1-\frac{\alpha}{2}}(n-1)<\frac{(n-1)S^2}{\sigma^2}<\chi^2_{\frac{\alpha}{2}}(n-1)\right\}=1-\alpha,$$

即

$$P\left\{\frac{(n-1)S^2}{\chi^2_{\frac{\alpha}{2}}(n-1)}<\sigma^2<\frac{(n-1)S^2}{\chi^2_{1-\frac{\alpha}{2}}(n-1)}\right\}=1-\alpha.$$

所以,σ^2 的置信区间为

$$\left(\frac{(n-1)S^2}{\chi^2_{\frac{\alpha}{2}}(n-1)},\frac{(n-1)S^2}{\chi^2_{1-\frac{\alpha}{2}}(n-1)}\right),\tag{7.13}$$

或

$$\left(\frac{nS_0^2}{\chi^2_{\frac{\alpha}{2}}(n-1)},\frac{nS_0^2}{\chi^2_{1-\frac{\alpha}{2}}(n-1)}\right),$$

其中

$$S_0{}^2=\frac{1}{n}\sum_{i=1}^{n}(X_i-\overline{X})^2.$$

区间估计

例 7.14 求例 7.13 中总体标准差 σ 的置信概率为 0.95 的置信区间.

解 $\alpha=0.05,n-1=15$,查附表 3 得:

$$\chi^2_{\frac{\alpha}{2}}(n-1)=\chi^2_{0.025}(15)=27.488,$$

$$\chi^2_{1-\frac{\alpha}{2}}(n-1)=\chi^2_{0.975}(15)=6.262,$$

又 $s=6.2022$,由(7.13)式得所求标准差 σ 的一个置信概率为 0.95 的置信区间为

$$(4.58,9.60).$$

以上仅介绍了正态总体的均值和方差两个参数的区间估计方法.

在有些问题中并不知道总体 X 服从什么分布,而要对 $E(X)=\mu$ 作区间估计,在这种情况下只要 X 的方差 σ^2 已知,并且样本容量 n 很大,由中心极限定理知,$\frac{\overline{X}-\mu}{\sigma/\sqrt{n}}$近似地服从标准正态分布 $N(0,1)$,因而 μ 的置信概率为 $1-\alpha$ 的近似置信区间为

$$\left(\overline{X}-z_{\frac{\alpha}{2}}\frac{\sigma}{\sqrt{n}},\overline{X}+z_{\frac{\alpha}{2}}\frac{\sigma}{\sqrt{n}}\right).$$

小　结

参数估计问题分为点估计和区间估计.

设 θ 是总体 X 的待估计参数. 用统计量 $\hat{\theta}=\hat{\theta}(X_1,X_2,\cdots,X_n)$ 来估计 θ,称 $\hat{\theta}$ 是 θ 的估计量. 点估计只给出未知参数 θ 的单一估计.

本章介绍了两种点估计的方法:矩估计法和极大似然估计法.

矩法的做法：

设总体 $X \sim F(X;\theta_1,\theta_2,\cdots,\theta_l)$，其中 $\theta_k(1\leqslant k\leqslant l)$ 为未知参数.

(1)求总体 X 的 $k(1\leqslant k\leqslant l)$ 阶矩 $E(X^k)$；

(2)求方程组

$$\begin{cases}\mu_1(\theta_1,\theta_2,\cdots,\theta_l)=E(X)=A_1,\\ \cdots\cdots\cdots\cdots \\ \mu_l(\theta_1,\theta_2,\cdots,\theta_l)=E(X^l)=A_l\end{cases}$$

的一组解 $\hat{\theta}_1,\hat{\theta}_2,\cdots,\hat{\theta}_l$，那么 $\hat{\theta}_k=\hat{\theta}_k(X_1,X_2,\cdots,X_n)(1\leqslant k\leqslant l)$ 为 θ_k 的矩估计量，$\hat{\theta}_k(x_1,x_2,\cdots,x_n)$ 为 θ_k 的矩估计值.

极大似然估计法的思想是，若已观察到样本值为$(x_1,x_2,\cdots,x_n)$，而取到这一样本值的概率为 $P=P(\theta_1,\theta_2,\cdots,\theta_l)$，我们就取 $\theta_k(1\leqslant k\leqslant l)$ 的估计值使概率 P 达到最大，其一般做法如下：

(1)写出似然函数 $L=L(\theta_1,\theta_2,\cdots,\theta_l)$. 当总体 X 是离散型随机变量时，

$$L=\prod_{i=1}^{n}P(x_i;\theta_1,\theta_2,\cdots,\theta_l),$$

当总体 X 是连续型随机变量时，

$$L=\prod_{i=1}^{n}f(x_i;\theta_1,\theta_2,\cdots,\theta_l);$$

(2)对 L 取对数

$$\ln L=\sum_{i=1}^{n}\ln f(x_i;\theta_1,\theta_2,\cdots,\theta_l);$$

(3)求出方程组

$$\frac{\partial \ln L}{\partial \theta_k}=0,\quad k=1,2,\cdots,l$$

的一组解 $\hat{\theta}_k=\hat{\theta}_k(x_1,\cdots,x_n)(1\leqslant k\leqslant l)$，即 $\hat{\theta}_k$ 为未知参数 θ 的极大似然估计值，$\hat{\theta}_k=(X_1,X_2,\cdots,X_n)$为 θ_k 的极大似然估计量.

在统计问题中往往先使用极大似然估计法，在此法使用不方便时，再用矩估计法进行未知参数的点估计.

对于一个未知参数可以提出不同的估计量，那么就需要给出评定估计量好坏的标准. 本章介绍了 3 个标准：无偏性、有效性、一致性. 重点是无偏性.

点估计不能反映估计的精度，我们就引入区间估计.

设 θ 是总体 X 的未知参数，$\hat{\theta}_1,\hat{\theta}_2$ 均是样本 $X_1,X_2,\cdots,X_n$ 的统计量，若对给定值 $\alpha(0<\alpha<1)$ 满足 $P(\hat{\theta}_1<\theta<\hat{\theta}_2)=1-\alpha$，称 $1-\alpha$ 为置信度或置信概率，称$(\hat{\theta}_1,\hat{\theta}_2)$为 θ 的置信度为 $1-\alpha$ 的置信区间.

参数的区间估计中一个典型、重要的估计是正态总体 $X[X\sim N(\mu,\sigma^2)]$ 中 μ 或 σ^2 的区间估计，其置信区间如表 7-1 所示.

表 7-1 正态总体的均值、方差的置信度为$(1-\alpha)$的置信区间

待估参数	其他参数	统计量	置信区间
μ	σ^2 已知	$Z=\dfrac{\overline{X}-\mu}{\sigma/\sqrt{n}}\sim N(0,1)$	$\left(\overline{X}\pm\dfrac{\sigma}{\sqrt{n}}z_{\frac{\alpha}{2}}\right)$
μ	σ^2 未知	$T=\dfrac{\overline{X}-\mu}{S/\sqrt{n}}\sim t(n-1)$	$\left(\overline{X}\pm\dfrac{S}{\sqrt{n}}t_{\frac{\alpha}{2}}(n-1)\right)$
σ^2	μ 未知	$\chi^2=\dfrac{(n-1)}{\sigma^2}S^2\sim\chi^2(n-1)$	$\left(\dfrac{(n-1)S^2}{\chi^2_{\frac{\alpha}{2}}(n-1)},\dfrac{(n-1)S^2}{\chi^2_{1-\frac{\alpha}{2}}(n-1)}\right)$

区间估计给出了估计的精度与可靠度$(1-\alpha)$，其精度与可靠度是相互制约的，即精度越高(置信区间长度越小)，可靠度越低；反之亦然. 在实际中，应先固定可靠度，再估计精度.

重要术语及主题

矩估计量　　　　　极大似然估计量

估计量的评选标准：无偏性、有效性、一致性

参数 θ 的置信度为$(1-\alpha)$的置信区间

单个正态总体均值、方差的置信区间

习　题　七

1. 设总体 X 服从二项分布 $B(n,p)$，n 已知，$X_1,X_2,\cdots,X_n$ 为来自 X 的样本，求参数 p 的矩法估计.

2. 设总体 X 的密度函数为

$$f(x,\theta)=\begin{cases}\dfrac{2}{\theta^2}(\theta-x), & 0<x<\theta,\\ 0, & \text{其他},\end{cases}$$

$X_1,X_2,\cdots,X_n$ 为其样本，试求参数 θ 的矩法估计.

3. 设总体 X 的密度函数为 $f(x,\theta)$，$X_1,X_2,\cdots,X_n$ 为其样本，求 θ 的极大似然估计.

(1) $f(x,\theta)=\begin{cases}\theta e^{-\theta x}, & x\geqslant 0,\\ 0, & x<0.\end{cases}$

(2) $f(x,\theta)=\begin{cases}\theta x^{\theta-1}, & 0<x<1,\\ 0, & \text{其他}.\end{cases}$

4. 从一批炒股票的股民一年收益率的数据中随机抽取 10 人的收益率数据，结果如表 7-2 所示. 求这批股民的收益率的平均收益率及标准差的矩估计值.

表 7-2

序号	1	2	3	4	5	6	7	8	9	10
收益率	0.01	−0.11	−0.12	−0.09	−0.13	−0.3	0.1	−0.09	−0.1	−0.11

5. 随机变量 X 服从$[0,\theta]$上的均匀分布，今得 X 的样本观察值：0.9，0.8，0.2，0.8，0.4，0.4，0.7，0.6，求 θ 的矩法估计和极大似然估计，它们是否为 θ 的无偏估计？

6. 设 $X_1,X_2,\cdots,X_n$ 是取自总体 X 的样本，$E(X)=\mu$，$D(X)=\sigma^2$，$\hat{\sigma}^2=k\sum\limits_{i=1}^{n-1}(X_{i+1}-X_i)^2$，问 k 为何值时

$\hat{\sigma}^2$ 为 σ^2 的无偏估计？

7. 设 X_1,X_2 是从正态总体 $N(\mu,\sigma^2)$ 中抽取的样本，

$$\hat{\mu}_1=\frac{2}{3}X_1+\frac{1}{3}X_2;\quad \hat{\mu}_2=\frac{1}{4}X_1+\frac{3}{4}X_2;\quad \hat{\mu}_3=\frac{1}{2}X_1+\frac{1}{2}X_2.$$

试证 $\hat{\mu}_1,\hat{\mu}_2,\hat{\mu}_3$ 都是 μ 的无偏估计量，并求出每一估计量的方差.

8. 某车间生产的螺钉，其长度 $X\sim N(\mu,\sigma^2)$，由过去的经验知道 $\sigma^2=0.06$，今随机抽取 6 枚，测得其长度(单位：mm)如下：

14.7，　15.0，　14.8，　14.9，　15.1，　15.2，

试求 μ 的置信概率为 0.95 的置信区间.

9. 总体 $X\sim N(\mu,\sigma^2)$，σ^2 已知，问需抽取容量 n 为多大的样本，才能使 μ 的置信概率为 $1-\alpha$，且置信区间的长度不大于 L？

10. 设某种砖头的抗压强度 $X\sim N(\mu,\sigma^2)$，今随机抽取 20 块砖头，测得数据(单位：kg·cm^{-2})如下：

64，　69，　49，　92，　55，　97，　41，　84，　88，　99，

84，　66，　100，98，　72，　74，　87，　84，　48，　81，

(1)求 μ 的置信概率为 0.95 的置信区间；

(2)求 σ^2 的置信概率为 0.95 的置信区间.

11. 设总体

$$X\sim f(x)=\begin{cases}(\theta+1)x^\theta, & 0<x<1,\\ 0, & \text{其他},\end{cases}\quad 其中\ \theta>-1,$$

$X_1,X_2,\cdots,X_n$ 是 X 的一个样本，求 θ 的矩估计量及极大似然估计量.　　(1997 考研)

12. 设总体

$$X\sim f(x)=\begin{cases}\dfrac{6x}{\theta^3}(\theta-x), & 0<x<\theta,\\ 0, & \text{其他},\end{cases}$$

$X_1,X_2,\cdots,X_n$ 为总体 X 的一个样本，求：

(1)θ 的矩估计量；

(2)$D(\hat{\theta})$.　　(1999 考研)

13. 设某种电子元件的使用寿命 X 的概率密度为

$$f(x,\theta)=\begin{cases}2\mathrm{e}^{-2(x-\theta)}, & x>0,\\ 0, & x\leqslant\theta,\end{cases}$$

其中 θ ($\theta>0$)为未知参数. 又设 $x_1,x_2,\cdots,x_n$ 是总体 X 的一组样本观察值，求 θ 的极大似然估计值.

(2000 考研)

14. 设总体 X 的概率分布如表 7-3 所示，其中 θ ($0<\theta<12$)是未知参数，利用总体的如下样本值：3，1，3，0，3，1，2，3，求 θ 的矩估计值和极大似然估计值.　　(2002 考研)

表 7-3

X	0	1	2	3
p_k	θ^2	$2\theta(1-\theta)$	θ^2	$1-2\theta$

15. 设总体 X 的分布函数为

$$F(x,\beta)=\begin{cases}1-\dfrac{\alpha^\beta}{x^\beta}, & x>\alpha,\\ 0, & x<\alpha,\end{cases}$$

其中未知参数 $\beta>1$，$\alpha>0$，设 $X_1,X_2,\cdots,X_n$ 为来自总体 X 的样本.

(1)当 $\alpha=1$ 时,求 β 的矩估计量;

(2)当 $\alpha=1$ 时,求 β 的极大似然估计量;

(3)当 $\beta=2$ 时,求 α 的极大似然估计量. (2004 考研)

16. 从正态总体 $X\sim N(3.4,6^2)$ 中抽取容量为 n 的样本,如果其样本均值位于区间(1.4,5.4)内的概率不小于 0.95,问 n 至少应取多大?

$$\Phi(z)=\int_{-\infty}^{z}\frac{1}{\sqrt{2\pi}}\mathrm{e}^{-t^2/2}\mathrm{d}t \quad (\text{其特殊点的值见表 7-4}).$$

表 7-4

z	1.28	1.645	1.96	2.33
$\Phi(z)$	0.9	0.95	0.975	0.99

(1998 考研)

17. 设总体 X 的概率密度为

$$f(x,\theta)=\begin{cases}\theta, & 0<x<1,\\ 1-\theta, & 1\leqslant x<2,\\ 0, & \text{其他},\end{cases}$$

其中 θ 是未知参数 $(0<\theta<1)$, $X_1,X_2,\cdots,X_n$ 为来自总体 X 的简单随机样本,记 N 为样本值 $x_1,x_2,\cdots,x_n$ 中小于 1 的个数. 求:

(1) θ 的矩估计;

(2) θ 的最大似然估计. (2006 考研)

第八章

假设检验

第一节　概　　述

统计推断中的另一类重要问题是假设检验(Hypothesis testing).当总体的分布函数未知,或只知其形式而不知道它的参数的情况时,我们常需要判断总体是否具有我们所感兴趣的某些特性.于是,我们就提出某些关于总体分布或关于总体参数的假设,然后根据样本对所提出的假设作出判断:是接受还是拒绝.这就是本章所要讨论的假设检验问题.我们先从下面的例子来说明假设检验的一般提法.

例 8.1　某工厂用包装机包装食盐,额定标准为每袋净重 0.5 kg.设包装机称得食盐重量 X 服从正态分布 $N(\mu,\sigma^2)$.根据长期的经验知其标准差 $\sigma=0.015$(kg).为检验某台包装机的工作是否正常,随机抽取包装的食盐 9 袋,称得净重(单位:kg)为:

0.499,　0.515,　0.512,　0.517,　0.498,　0.515,　0.516,　0.513,　0.524,

问该包装机的工作是否正常?

由于长期实践表明标准差比较稳定,于是我们假设 $X\sim N(\mu,0.015^2)$.如果食盐重量 X 的均值 μ 等于 0.5 kg,我们说包装机的工作是正常的.于是提出假设:

$$H_0:\mu=\mu_0=0.5;$$
$$H_1:\mu\neq\mu_0=0.5.$$

这样的假设叫统计假设.

一、统计假设

关于总体 X 的分布(或随机事件之概率)的各种论断叫统计假设,简称假设,用“H”表示.例如:

(1)对于检验某个总体 X 的分布,可以提出假设:

H_0:X 服从正态分布;H_1:X 不服从正态分布.

H_0:X 服从泊松分布;H_1:X 不服从泊松分布.

(2)对于总体 X 的分布的参数,若检验均值,可以提出假设:

$$H_0:\mu=\mu_0;\quad H_1:\mu\neq\mu_0.$$
$$H_0:\mu\leqslant\mu_0;\quad H_1:\mu>\mu_0.$$

若检验标准差，可提出假设：

$$H_0:\sigma=\sigma_0;\quad H_1:\sigma\neq\sigma_0.$$

$$H_0:\sigma\geqslant\sigma_0;\quad H_1:\sigma<\sigma_0.$$

这里 μ_0,σ_0 是已知数，而 $\mu=E(X),\sigma^2=D(X)$ 是未知参数.

上面对于总体 X 的每个论断，我们都提出了两个互相对立的（统计）假设：H_0 和 H_1，显然，H_0 与 H_1 只有一个成立，或 H_0 真而 H_1 假，或 H_0 假而 H_1 真. 其中，假设 H_0 称为原假设(Original hypothesis)（又叫零假设或基本假设），而 H_1 称为 H_0 的对立假设（又叫备择假设）.

在处理实际问题时，通常把希望得到的陈述视为备择假设，而把这一陈述的否定作为原假设. 例如，在例 8.1 中，$H_0:\mu=\mu_0=0.5$ 为原假设，它的对立假设是 $H_1:\mu\neq\mu_0=0.5$.

统计假设提出之后，我们关心的是它的真伪. 所谓对假设 H_0 的检验，就是根据来自总体的样本，按照一定的规则对 H_0 作出判断：是接受，还是拒绝. 这个用来对假设作出判断的规则叫作检验准则，简称检验. 如何对统计假设进行检验呢？我们结合例 8.1 来说明假设检验的基本思想和做法.

假设检验
基本思想

二、假设检验的基本思想

在例 8.1 中所提假设是

$$H_0:\mu=\mu_0=0.5\quad (\text{备择假设 } H_1:\mu\neq\mu_0).$$

由于要检验的假设涉及总体均值 μ，故首先想到是否可借助样本均值这一统计量来进行判断. 从抽样的结果来看，样本均值

$$\bar{x}=\frac{1}{9}(0.499+0.515+0.512+0.517+0.498+0.515+0.516+0.513+0.524)=0.512\,0,$$

$\bar{x}$ 与 $\mu=0.5$ 之间有差异. 对于与 μ_0 之间的差异可以有两种不同的解释.

(1)统计假设 H_0 是正确的，即 $\mu=\mu_0=0.5$，只是由于抽样的随机性造成了与 μ_0 之间的差异；

(2)统计假设 H_0 是不正确的，即 $\mu\neq\mu_0=0.5$，由于系统误差，也就是包装机工作不正常，造成了与 μ_0 之间的差异.

对于这两种解释，到底哪一种比较合理呢？为了回答这个问题，我们适当选择一个小正数 $\alpha(\alpha=0.1,0.05$ 等)，叫作显著性水平(Level of significance). 在假设 H_0 成立的条件下，确定统计量 $\overline{X}-\mu_0$ 的临界值 λ_α，使得事件 $\{|\overline{X}-\mu_0|>\lambda_\alpha\}$ 为小概率事件，即

$$P\{|\overline{X}-\mu_0|>\lambda_\alpha\}=\alpha. \tag{8.1}$$

例如，取定显著性水平 $\alpha=0.05$. 现在来确定临界值 $\lambda_{0.05}$.

因为 $X\sim N(\mu,\sigma^2)$，当 $H_0:\mu=\mu_0=0.5$ 为真时，有 $X\sim N(\mu_0,\sigma^2)$，于是

$$\overline{X}=\frac{1}{n}\sum_{i=1}^{n}X_i\sim N\left(\mu_0,\frac{\sigma^2}{n}\right),$$

$$Z=\frac{\overline{X}-\mu_0}{\sqrt{\sigma^2/n}}=\frac{\overline{X}-\mu_0}{\sigma/\sqrt{n}}\sim N(0,1),$$

所以

$$P\{|Z|>z_{\alpha/2}\}=\alpha.$$

由(8.1)式，有

$$P\left\{|Z|>\frac{\lambda_\alpha}{\sigma/\sqrt{n}}\right\}=\alpha,$$

因此

$$\frac{\lambda_\alpha}{\sigma/\sqrt{n}}=z_{\frac{\alpha}{2}},\quad \lambda_\alpha=z_{\frac{\alpha}{2}}\frac{\sigma}{\sqrt{n}},$$

$$\lambda_{0.05}=z_{0.025}\times\frac{0.015}{\sqrt{9}}=1.96\times\frac{0.015}{3}=0.0098.$$

故有

$$P\{|\overline{X}-\mu_0|>0.0098\}=0.05.$$

因为 $\alpha=0.05$ 很小，根据实际推断原理，即"小概率事件在一次试验中几乎是不可能发生的"原理，我们认为当 H_0 为真时，事件 $\{|\overline{X}-\mu_0|>0.0098\}$ 是小概率事件，实际上是不可能发生的. 现在抽样的结果是

$$|\overline{x}-\mu_0|=|0.5120-0.5|=0.0120>0.0098.$$

也就是说，小概率事件 $\{|\overline{X}-\mu_0|>0.0098\}$ 居然在一次抽样中发生了，这说明抽样得到的结果与假设 H_0 不相符，因而不能不使人怀疑假设 H_0 的正确性，所以在显著性水平 $\alpha=0.05$ 下，我们拒绝 H_0，接受 H_1，即认为这一天包装机的工作是不正常的.

通过上例的分析，我们知道假设检验的基本思想是小概率事件原理，检验的基本步骤是：

(1)根据实际问题的要求，提出原假设 H_0 及备择假设 H_1；

(2)选取适当的显著性水平 α(通常 $\alpha=0.10, 0.05$ 等)以及样本容量 n；

(3)构造检验用的统计量 U，当 H_0 为真时，U 的分布要已知；找出临界值 λ_α 使 $P\{|U|>\lambda_\alpha\}=\alpha$，我们称 $|U|>\lambda_\alpha$ 所确定的区域为 H_0 的拒绝域(Rejection region)，记作 W；

(4)取样，根据样本观察值，计算统计量 U 的观察值 U_0；

(5)作出判断，将 U 的观察值 U_0 与临界值 λ_α 比较，若 U_0 落入拒绝域 W 内，则拒绝 H_0 而接受 H_1；否则就说 H_0 相容(即接受 H_0).

三、两类错误

由于我们是根据样本作出接受 H_0 或拒绝 H_0 的决定，而样本具有随机性，因此在进行判断时，我们可能会犯两个方面的错误. 一类错误是，当 H_0 为真时，而样本的观察值 U_0 落入拒绝域 W 中，按给定的法则，我们拒绝了 H_0. 这种错误称为第一类错误，其发生的概率称为犯第一类错误的概率，或称弃真概率，通常记为 α，即

$$P\{拒绝\ H_0 | H_0\ 为真\}=\alpha.$$

另一种错误是，当 H_0 不真时，而样本的观察值落入拒绝域 W 之外，按给定的检验法则，我们接受了 H_0. 这种错误称为第二类错误，其发生的概率称为犯第二类错误的概率或取伪概率，通常记为 β，即

$$P\{接受\ H_0 | H_0\ 不真\}=\beta.$$

显然，这里的 α 就是检验的显著性水平. 总体与样本各种情况的搭配如表 8-1 所示.

表 8-1

H_0	判断结论		犯错误的概率
真	接受	正确	0
	拒绝	犯第一类错误	α

续表

H_0	判断结论		犯错误的概率
假	接受	犯第二类错误	β
	拒绝	正确	0

对给定的一对 H_0 和 H_1，总可以找到许多拒绝域 W. 我们当然希望寻找这样的拒绝域 W，使得犯两类错误的概率 α 与 β 都很小. 但是在样本容量 n 固定时，要使 α 与 β 都很小是不可能的. 一般情形下，减小犯其中一类错误的概率，会增加犯另一类错误的概率，它们之间的关系犹如区间估计问题中置信度与置信区间的长度的关系那样. 通常的做法是控制犯第一类错误的概率不超过某个事先指定的显著性水平 $\alpha(0<\alpha<1)$，而使犯第二类错误的概率也尽可能地小. 具体实行这个原则会有许多困难，因而有时把这个原则简化成只要求犯第一类错误的概率等于 α，称这类假设检验问题为显著性检验问题，相应的检验为显著性检验. 在一般情况下，显著性检验法则是较容易找到的，我们将在以下各节中详细讨论.

在实际问题中，要确定一个检验问题的原假设需要考虑两方面，一方面要根据问题要求检验的是什么，另一方面要使原假设尽量简单，这是因为在下面将讲到的检验法中，必须要了解某统计量在原假设成立时的精确分布或渐近分布.

下面各节中，我们先介绍正态总体下参数的几种显著性检验，再介绍总体分布函数的假设检验.

第二节　单个正态总体的假设检验

一、单个正态总体数学期望的假设检验

1. σ^2 已知时关于 μ 的假设检验[Z 检验法(Z-test)]

单正态总体的假设检验

设总体 $X\sim N(\mu,\sigma^2)$，方差 σ^2 已知，检验假设

$$H_0:\mu=\mu_0;\quad H_1:\mu\neq\mu_0\quad(\mu_0\text{ 为已知常数}).$$

由

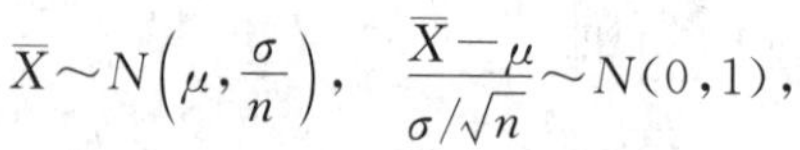

$$\overline{X}\sim N\left(\mu,\frac{\sigma}{n}\right),\quad \frac{\overline{X}-\mu}{\sigma/\sqrt{n}}\sim N(0,1),$$

我们选取

$$Z=\frac{\overline{X}-\mu}{\sigma/\sqrt{n}}\tag{8.2}$$

作为此假设检验的统计量. 显然，当假设 H_0 为真(即 $\mu=\mu_0$ 正确)时，$Z\sim N(0,1)$，所以对于给定的显著性水平 α，可求 $z_{\alpha/2}$ 使

$$P\{|Z|>z_{\alpha/2}\}=\alpha,$$

如图 8-1 所示，即

$$P\{Z<-z_{\alpha/2}\}+P\{Z>z_{\alpha/2}\}=\alpha.$$

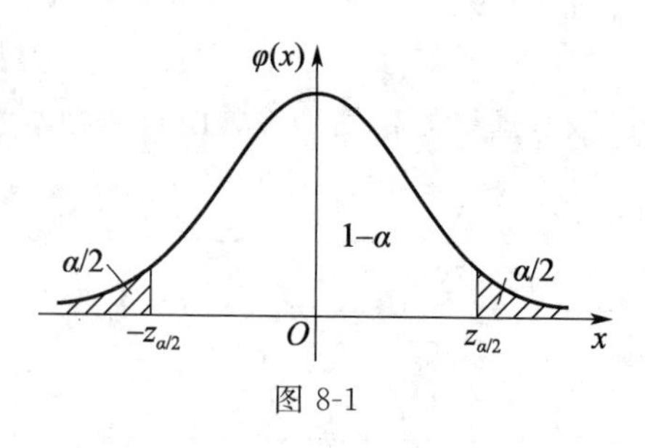

图 8-1

从而有

$$P\{Z>z_{\alpha/2}\}=\alpha/2,$$
$$P\{Z\leqslant z_{\alpha/2}\}=1-\alpha/2.$$

利用概率 $1-\alpha/2$，反查正态分布函数 $N(0,1)$ 的数值表(附表 2)，得上 $\alpha/2$ 分位点(即临界值) $z_{\alpha/2}$.

然后，利用样本观察值 $x_1,x_2,\cdots,x_n$ 计算统计量 Z 的观察值

$$z_0=\frac{\bar{x}-\mu_0}{\sigma/\sqrt{n}}. \tag{8.3}$$

(1)如果 $|z_0|>z_{\alpha/2}$，则在显著性水平 α 下，拒绝原假设 H_0(接受备择假设 H_1)，所以 $|z_0|>z_{\alpha/2}$ 便是 H_0 的拒绝域；

(2)如果 $|z_0|\leqslant z_{\alpha/2}$，则在显著性水平 α 下，接受原假设 H_0，认为 H_0 正确.

这里我们是利用 H_0 为真时服从 $N(0,1)$ 分布的统计量 Z 来确定拒绝域的，这种检验法称为 Z 检验法(或称 U 检验法). 例 8.1 中所用的方法就是 Z 检验法. 为了熟悉这类假设检验的具体做法，现在我们再举一例.

例 8.2 根据长期经验和资料的分析，某砖厂生产的砖的"抗断强度" X 服从正态分布，方差 $\sigma^2=1.21$. 已知在标准情况下，砖的平均抗断强度为 $32.50\ \mathrm{kg\cdot cm^{-2}}$. 从该厂产品中随机抽取 6 块，测得强度样本均值 $\bar{x}=31.13\ \mathrm{kg\cdot cm^{-2}}$，是否可以认为这批砖的抗断强度符合标准？(取 $\alpha=0.05$，并假设砖的抗断强度的方差不会有什么变化)

解 (1)提出假设 $H_0:\mu=\mu_0=32.50$； $H_1:\mu\neq\mu_0$.

(2)选取统计量

$$Z=\frac{\bar{X}-\mu_0}{\sigma/\sqrt{n}},$$

若 H_0 为真，则 $Z\sim N(0,1)$.

(3)对给定的显著性水平 $\alpha=0.05$，求 $z_{\alpha/2}$ 使

$$P\{|Z|>z_{\alpha/2}\}=\alpha,$$

查表得 $z_{\alpha/2}=z_{0.025}=1.96$.

(4)计算统计量 Z 的观察值：

$$|z_0|=\left|\frac{\bar{x}-\mu_0}{\sigma/\sqrt{n}}\right|=\left|\frac{31.13-32.50}{1.1/\sqrt{6}}\right|\approx 3.05.$$

(5)判断：由于 $|z_0|=3.05>z_{0.025}=1.96$，所以在显著性水平 $\alpha=0.05$ 下否定 H_0，即不能认为这批产品的平均抗断强度是符合标准的.

把上面的检验过程加以概括，得到了关于方差已知的正态总体期望值 μ 的检验步骤：

(1)提出待检验的假设 $H_0:\mu=\mu_0$； $H_1:\mu\neq\mu_0$.

(2)构造统计量 Z，并计算其观察值 z_0：

$$Z=\frac{\bar{X}-\mu_0}{\sigma/\sqrt{n}},\quad z_0=\frac{\bar{x}-\mu_0}{\sigma/\sqrt{n}}.$$

(3)对给定的显著性水平 α，根据

$$P\{|Z|>z_{\alpha/2}\}=\alpha,\quad P\{Z>z_{\alpha/2}\}=\alpha/2,\quad P\{Z\leqslant z_{\alpha/2}\}=1-\alpha/2,$$

查正态分布函数 $N(0,1)$ 的数值表，得上 $\alpha/2$ 分位点 $z_{\alpha/2}$.

(4)作出判断：根据 H_0 的拒绝域，

若$|z_0|>z_{\alpha/2}$，则拒绝H_0，接受H_1；

若$|z_0|\leqslant z_{\alpha/2}$，则接受$H_0$.

2. 方差σ^2未知，检验μ[t检验法(t-test)]

设总体$X\sim N(\mu,\sigma^2)$，方差σ^2未知，检验

$$H_0:\mu=\mu_0;\quad H_1:\mu\neq\mu_0.$$

由于σ^2未知，$\dfrac{\overline{X}-\mu_0}{\sigma/\sqrt{n}}$便不是统计量，这时我们自然想到用$\sigma^2$的无偏估计量——样本方差$S^2$——代替$\sigma^2$. 由于

$$\frac{\overline{X}-\mu}{S/\sqrt{n}}\sim t(n-1),$$

故选取样本的函数

$$t=\frac{\overline{X}-\mu_0}{S/\sqrt{n}}\tag{8.4}$$

作为统计量，当H_0为真($\mu=\mu_0$)时$t\sim t(n-1)$. 对给定的检验显著性水平α，由

$$P\{|t|>t_{\alpha/2}(n-1)\}=\alpha,$$

$$P\{t>t_{\alpha/2}(n-1)\}=\alpha/2,$$

如图 8-2 所示，直接查t分布上分位表，得t分布分位点$t_{\alpha/2}(n-1)$.

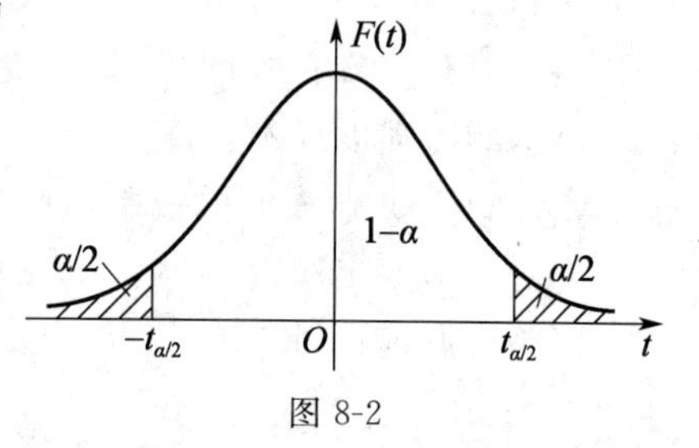

图 8-2

利用样本观察值，计算统计量t的观察值

$$t_0=\frac{\overline{x}-\mu_0}{s/\sqrt{n}},$$

因而原假设H_0的拒绝域为

$$|t_0|=\left|\frac{\overline{x}-\mu_0}{s/\sqrt{n}}\right|>t_{\alpha/2}(n-1).\tag{8.5}$$

所以，若$|t_0|>t_{\alpha/2}(n-1)$，则拒绝H_0，接受H_1；若$|t_0|\leqslant t_{\alpha/2}(n-1)$，则接受原假设$H_0$.

上述利用t统计量得出的检验法称为t检验法.

在实际中，正态总体的方差常为未知，所以我们常用t检验法来检验关于正态总体均值的问题.

例 8.3 某厂生产的螺钉长度X服从$N(\mu,\sigma^2)$分布，现抽查 5 件样品，它们的长度(单位:mm)为 46.8，45.0，48.3，45.1，44.7，在已知正常的情况下$\mu=48$，问该批螺钉长度X有无显著的偏差？(显著水平$\alpha=0.05$)

解 问题是要检验

$$H_0:\mu=48;\quad H_1:\mu\neq 48.$$

由于σ^2未知(即仪器的精度不知道)，我们选取统计量

$$t=\frac{\overline{X}-\mu_0}{S/\sqrt{n}}.$$

当H_0为真时，$t\sim t(n-1)$，t的观察值为

$$|t_0|=\left|\frac{\bar{x}-\mu_0}{s/\sqrt{n}}\right|=\left|\frac{45.98-48}{1.535/\sqrt{5}}\right|=2.942.$$

对于给定的检验水平 $\alpha=0.05$，由

$$P\{|t|>t_{\alpha/2}(n-1)\}=\alpha,$$
$$P\{t>t_{\alpha/2}(n-1)\}=\alpha/2,$$
$$P\{t>t_{0.025}(4)\}=0.025,$$

查 t 分布上分位表得上 $\alpha/2$ 分位点

$$t_{\alpha/2}(n-1)=t_{0.025}(4)=2.776.$$

因为 $|t_0|=2.942>t_{0.025}(4)=2.776$，故应拒绝 H_0，即认为该批螺钉长度 X 有显著的偏差.

3. 双边检验与单边检验

上面讨论的假设检验中，H_0 为 $\mu=\mu_0$，而备择假设 $H_1:\mu\neq\mu_0$ 的意思是 μ 可能大于 μ_0，也可能小于 μ_0，称为双边备择假设. 称形如 $H_0:\mu=\mu_0$，$H_1:\mu\neq\mu_0$ 的假设检验为双边检验. 有时我们只关心总体均值是否增大. 例如，试验新工艺以提高材料的强度，这时所考虑的总体的均值应该越大越好，如果我们能判断在新工艺下总体均值较以往正常生产的大，则可考虑采用新工艺. 此时，我们需要检验假设

$$H_0:\mu=\mu_0;\quad H_1:\mu>\mu_0. \tag{8.6}$$

（我们在这里作了不言而喻的假定，即新工艺不可能比旧的更差）形如(8.6)的假设检验，称为右边检验. 类似地，有时我们需要检验假设

$$H_0:\mu=\mu_0;\quad H_1:\mu<\mu_0. \tag{8.7}$$

形如(8.7)的假设检验，称为左边检验. 右边检验与左边检验统称为单边检验.

下面来讨论单边检验的拒绝域.

设总体 $X\sim N(\mu,\sigma^2)$，σ^2 为已知，$x_1,x_2,\cdots,x_n$ 是来自 X 的样本观察值. 给定显著性水平 α，我们先求检验问题

$$H_0:\mu=\mu_0;\quad H_1:\mu>\mu_0$$

的拒绝域.

取检验统计量 $Z=\dfrac{\overline{X}-\mu_0}{\sigma/\sqrt{n}}$，当 H_0 为真时，Z 不应太大；而在 H_1 为真时，由于 X 是 μ 的无偏估计，当 μ 偏大时，X 也偏大，从而 Z 往往偏大，因此拒绝域的形式为

$$Z=\frac{\overline{X}-\mu_0}{\sigma/\sqrt{n}}\geqslant k,\quad k \text{ 待定}.$$

因为当 H_0 为真时，$\dfrac{\overline{X}-\mu_0}{\sigma/\sqrt{n}}\sim N(0,1)$，由

$$P\{\text{拒绝 } H_0\,|\,H_0 \text{ 为真}\}=P\left\{\frac{\overline{X}-\mu_0}{\sigma/\sqrt{n}}\geqslant k\right\}=\alpha$$

得 $k=z_\alpha$，故拒绝域为

$$Z=\frac{\overline{X}-\mu_0}{\sigma/\sqrt{n}}\geqslant z_\alpha. \tag{8.8}$$

类似地，左边检验问题

$$H_0:\mu=\mu_0;\quad H_1:\mu<\mu_0$$

的拒绝域为

$$Z=\frac{\overline{X}-\mu_0}{\sigma/\sqrt{n}}\leqslant -z_\alpha. \tag{8.9}$$

例 8.4 从甲地发送一个信号到乙地，设发送的信号值为 μ. 由于信号传送时有噪声叠加到信号上，这个噪声是随机的，它服从正态分布 $N(0,2^2)$，从而乙地接到的信号值是一个服从正态分布 $N(\mu,2^2)$ 的随机变量. 设甲地发送某信号 5 次，乙地收到的信号值为：

$$8.4,\quad 10.5,\quad 9.1,\quad 9.6,\quad 9.9,$$

由以往经验，信号值为 8，于是乙方猜测甲地发送的信号值为 8，能否接受这种猜测？（取 $\alpha=0.05$）

解 按题意需检验假设

$$H_0:\mu=8;\quad H_1:\mu>8.$$

这是右边检验问题，其拒绝域如(8.8)式所示，即

$$Z=\frac{\overline{X}-\mu_0}{\sigma/\sqrt{n}}\geqslant z_{0.05}=1.645.$$

而现在

$$z_0=\frac{9.5-8}{2/\sqrt{5}}=1.68>1.645,$$

所以拒绝 H_0，认为发出的信号值 $\mu>8$.

单正态总体假设检验方法

二、单个正态总体方差的假设检验[χ^2 检验法(χ^2-test)]

1. 双边检验

设总体 $X\sim N(\mu,\sigma^2)$，μ 未知，检验假设

$$H_0:\sigma^2=\sigma_0{}^2;\quad H_1:\sigma^2\neq\sigma_0{}^2.$$

其中 $\sigma_0{}^2$ 为已知常数.

由于样本方差 S^2 是 σ^2 的无偏估计，当 H_0 为真时，比值 $\frac{S^2}{\sigma_0^2}$ 一般来说应在 1 附近摆动，而不应过分大于 1 或过分小于 1. 由第六章知当 H_0 为真时

$$\chi^2=\frac{(n-1)S^2}{\sigma_0^2}\sim\chi^2(n-1). \tag{8.10}$$

图 8-3

所以对于给定的显著性水平 α（见图 8-3）有

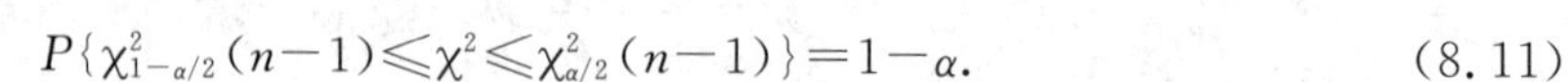

$$P\{\chi^2_{1-\alpha/2}(n-1)\leqslant\chi^2\leqslant\chi^2_{\alpha/2}(n-1)\}=1-\alpha. \tag{8.11}$$

对于给定的 α，查 χ^2 分布上分位表可求得 χ^2 分布分位点 $\chi^2_{1-\alpha/2}(n-1)$ 与 $\chi^2_{\alpha/2}(n-1)$.

由(8.11)式知，H_0 的接受域是

$$\chi^2_{1-\alpha/2}(n-1)\leqslant\chi^2\leqslant\chi^2_{\alpha/2}(n-1); \tag{8.12}$$

H_0 的拒绝域为

$$\chi^2<\chi^2_{1-\alpha/2}(n-1)\text{ 或 }\chi^2>\chi^2_{\alpha/2}(n-1). \tag{8.13}$$

这种用服从 χ^2 分布的统计量对单个正态总体方差进行假设检验的方法，称为 χ^2 检验法.

例 8.5 某厂生产的某种型号的灯泡，其寿命长期以来服从方差 $\sigma^2=5\,000(\text{h}^2)$ 的正态分布. 现有一批这种灯泡，从它的生产情况来看，寿命的波动性有所改变，现随机抽取 26 只灯泡，得其寿命的样本方差 $s^2=9\,200(\text{h}^2)$. 问根据这一数据能否推断这批灯泡的寿命的波动性较以

往有显著的变化？（取 $\alpha=0.02$）

解 本题要求在 $\alpha=0.02$ 下检验假设

$$H_0:\sigma^2=5\ 000;\quad H_1:\sigma^2\neq 5\ 000.$$

现在 $n=26$，

$$\chi^2_{\alpha/2}(n-1)=\chi^2_{0.01}(25)=44.314,$$
$$\chi^2_{1-\alpha/2}(n-1)=\chi^2_{0.99}(25)=11.524,$$
$$\sigma_0{}^2=5\ 000.$$

由(8.13)式知拒绝域为

$$\frac{(n-1)s^2}{\sigma_0^2}>44.314,$$

或

$$\frac{(n-1)s^2}{\sigma_0^2}<11.524.$$

由 $s^2=9\ 200$ 得 $\frac{(n-1)s^2}{\sigma_0^2}=46>44.314$，所以拒绝 H_0，即认为这批灯泡寿命的波动性较以往有显著的变化.

2. 单边检验(右检验或左检验)

设总体 $X\sim N(\mu,\sigma^2)$，μ 未知，检验假设

$$H_0:\sigma^2\leqslant\sigma_0{}^2;\quad H_1:\sigma^2>\sigma_0{}^2\quad（右检验）.$$

由于 $X\sim N(\mu,\sigma^2)$，故随机变量

$$\chi^{*2}=\frac{(n-1)S^2}{\sigma^2}\sim\chi^2(n-1).$$

当 H_0 为真时，统计量

$$\chi^2=\frac{(n-1)S^2}{\sigma_0^2}\leqslant\chi^{*2}.$$

对于显著性水平 α（见图 8-4），有

$$P\{\chi^{*2}>\chi^2_\alpha(n-1)\}=\alpha.$$

于是有

$$P\{\chi^2>\chi^2_\alpha(n-1)\}\leqslant P\{\chi^{*2}>\chi^2_\alpha(n-1)\}=\alpha.$$

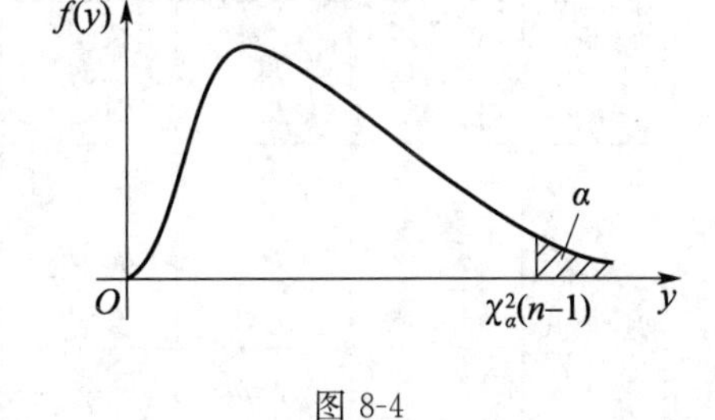

图 8-4

可见，当 α 很小时，$\{\chi^2>\chi^2_\alpha(n-1)\}$ 是小概率事件，在一次抽样中认为不可能发生，所以 H_0 的拒绝域是

$$\chi^2=\frac{(n-1)S^2}{\sigma_0^2}>\chi^2_\alpha(n-1)\quad（右检验）.\tag{8.14}$$

类似地，可得左检验假设 $H_0:\sigma^2\geqslant\sigma_0{}^2$，$H_1:\sigma^2<\sigma_0{}^2$ 的拒绝域为

$$\chi^2<\chi^2_{1-\alpha}(n-1)\quad（左检验）.\tag{8.15}$$

例 8.6 某类钢板每块的重量 X 服从正态分布，其一项质量指标是钢板重量的方差不得超过 0.016 kg². 现从某天生产的钢板中随机抽取 25 块，得其样本方差 $s^2=0.025$ kg²，问该天生产的钢板重量的方差是否满足要求？（$\alpha=0.05$）

解 (1)提出假设 $H_0:\sigma^2\leqslant\sigma_0{}^2=0.001\ 6$； $H_1:\sigma^2>\sigma_0{}^2$.

(2)选取统计量

$$\chi^2=\frac{(n-1)S^2}{\sigma_0^2}.$$

$\chi^{*2}=\dfrac{(n-1)S^2}{\sigma^2}\sim\chi^2(n-1)$，且当 H_0 为真时，$\chi^2\leqslant\chi^{*2}$.

(3)对于显著性水平 $\alpha=0.05$，查 χ^2 分布上分位表得

$$\chi_\alpha^2(n-1)=\chi_{0.05}^2(24)=36.415.$$

当 H_0 为真时，

$$P\{\chi^2>\chi_\alpha^2(n-1)\}\leqslant P\{\chi^{*2}>\chi_\alpha^2(n-1)\}=\alpha.$$

故拒绝域为

$$\chi^2>\chi_\alpha^2(n-1)=36.415.$$

(4)根据样本观察值计算 χ^2 的观察值

$$\chi^2=\frac{(n-1)s^2}{\sigma_0^2}=\frac{24\times0.025}{0.016}=37.5.$$

(5)作判断：由于 $\chi^2=37.5>\chi_\alpha^2(n-1)=36.415$，即 χ^2 落入拒绝域中，所以拒绝 $H_0:\sigma^2>\sigma_0{}^2$，即认为该天生产的钢板重量的方差不符合要求.

最后我们指出，以上讨论的是在均值未知的情况下，对方差的假设检验，这种情况在实际问题中较多.至于均值已知的情况下，对方差的假设检验，其方法类似，只是所选的统计量为

$$\chi^2=\frac{\sum_{i=1}^{n}(X_i-\mu)^2}{\sigma_0^2}.$$

当 $\sigma^2=\sigma_0{}^2$ 为真时，$\chi^2\sim\chi^2(n)$.

关于单个正态总体的假设检验可列表 8-2.

表 8-2

检验参数	条件	H_0	H_1	H_0 的拒绝域	检验用的统计量	自由度	分位点
数学期望	σ^2 已知	$\mu=\mu_0$	$\mu\neq\mu_0$	$\|Z\|>z_{\alpha/2}$	$Z=\dfrac{\overline{X}-\mu_0}{\sigma/\sqrt{n}}$		$\pm z_{\alpha/2}$
		$\mu\leqslant\mu_0$	$\mu>\mu_0$	$Z>z_\alpha$			z_α
		$\mu\geqslant\mu_0$	$\mu<\mu_0$	$Z<-z_\alpha$			$-z_\alpha$
	σ^2 未知	$\mu=\mu_0$	$\mu\neq\mu_0$	$\|t\|>t_{\alpha/2}$	$t=\dfrac{\overline{X}-\mu_0}{S/\sqrt{n}}$	$n-1$	$\pm t_{\alpha/2}$
		$\mu\leqslant\mu_0$	$\mu>\mu_0$	$t>t_\alpha$			t_α
		$\mu\geqslant\mu_0$	$\mu<\mu_0$	$t<-t_\alpha$			$-t_\alpha$
方差	μ 未知	$\sigma^2=\sigma_0{}^2$	$\sigma^2\neq\sigma_0{}^2$	$\begin{cases}\chi^2>\chi_{\alpha/2}^2\\\chi^2<\chi_{1-\alpha/2}^2\end{cases}$	$\chi^2=\dfrac{(n-1)S^2}{\sigma_0^2}$	$n-1$	$\begin{cases}\chi_{\alpha/2}^2\\\chi_{1-\alpha/2}^2\end{cases}$
		$\sigma^2\leqslant\sigma_0{}^2$	$\sigma^2>\sigma_0{}^2$	$\chi^2>\chi_\alpha^2$			χ_α^2
		$\sigma^2\geqslant\sigma_0{}^2$	$\sigma^2<\sigma_0{}^2$	$\chi^2<\chi_{1-\alpha}^2$			$\chi_{1-\alpha}^2$
	μ 已知	$\sigma^2=\sigma_0{}^2$	$\sigma^2\neq\sigma_0{}^2$	$\begin{cases}\chi^2>\chi_{\alpha/2}^2\\\chi^2<\chi_{1-\alpha/2}^2\end{cases}$	$\chi^2=\dfrac{\sum_{i=1}^{n}(X_i-\mu)^2}{\sigma_0^2}$	n	$\begin{cases}\chi_{\alpha/2}^2\\\chi_{1-\alpha/2}^2\end{cases}$
		$\sigma^2\leqslant\sigma_0{}^2$	$\sigma^2>\sigma_0{}^2$	$\chi^2>\chi_\alpha^2$			χ_α^2
		$\sigma^2\geqslant\sigma_0{}^2$	$\sigma^2<\sigma_0{}^2$	$\chi^2<\chi_{1-\alpha}^2$			$\chi_{1-\alpha}^2$

注：上表中 H_0 中的不等号改成等号，所得的拒绝域不变.

第三节　两个正态总体的假设检验

上一节介绍了单个正态总体的数学期望与方差的检验问题，在实际工作中还常碰到两个正态总体的比较问题.

一、两正态总体数学期望假设检验

1. 方差已知，关于数学期望的假设检验（Z检验法）

设 $X\sim N(\mu_1,\sigma_1^2)$，$Y\sim N(\mu_2,\sigma_2^2)$，且 X,Y 相互独立，σ_1^2 与 σ_2^2 已知，要检验的是

$$H_0:\mu_1=\mu_2;\quad H_1:\mu_1\neq\mu_2\quad（双边检验）.$$

怎样寻找检验用的统计量呢？从总体 X 与 Y 中分别抽取容量为 n_1,n_2 的样本 $X_1,X_2,\cdots,X_{n_1}$ 及 $Y_1,Y_2,\cdots,Y_{n_2}$，由于

$$\overline{X}\sim N\left(\mu_1,\frac{\sigma_1^2}{n_1}\right),\quad \overline{Y}\sim N\left(\mu_2,\frac{\sigma_2^2}{n_2}\right),$$

$$E(\overline{X}-\overline{Y})=E(\overline{X})-E(\overline{Y})=\mu_1-\mu_2,$$

$$D(\overline{X}-\overline{Y})=D(\overline{X})+D(\overline{Y})=\frac{\sigma_1^2}{n_1}+\frac{\sigma_2^2}{n_2},$$

双正态总体均值差的区间估计

故随机变量 $\overline{X}-\overline{Y}$ 也服从正态分布，且

$$\overline{X}-\overline{Y}\sim N\left(\mu_1-\mu_2,\frac{\sigma_1^2}{n_1}+\frac{\sigma_2^2}{n_2}\right).$$

从而

$$\frac{(\overline{X}-\overline{Y})-(\mu_1-\mu_2)}{\sqrt{(\sigma_1^2/n_1)+(\sigma_2^2/n_2)}}\sim N(0,1).$$

于是我们按如下步骤判断.

(1)选取统计量

$$Z=\frac{(\overline{X}-\overline{Y})}{\sqrt{(\sigma_1^2/n_1)+(\sigma_2^2/n_2)}},\tag{8.16}$$

当 H_0 为真时，$Z\sim N(0,1)$.

(2)对于给定的显著性水平 α，查正态分布函数 $N(0,1)$ 的数值表求 $z_{\alpha/2}$，使

$$P\{|Z|>z_{\alpha/2}\}=\alpha\text{ 或 }P\{Z\leqslant z_{\alpha/2}\}=1-\alpha/2.\tag{8.17}$$

(3)由两个样本观察值计算 Z 的观察值 z_0：

$$z_0=\frac{\overline{x}-\overline{y}}{\sqrt{(\sigma_1^2/n_1)+(\sigma_2^2/n_2)}}.$$

(4)作出判断：

若 $|z_0|>z_{\alpha/2}$，则拒绝假设 H_0，接受 H_1；

若 $|z_0|\leqslant z_{\alpha/2}$，则与 H_0 相容，可以接受 H_0.

例 8.7　A，B 两台车床加工同一种轴，现在要测量轴的直径. 设 A 车床加工的轴的直径 $X\sim N(\mu_1,\sigma_1^2)$，B 车床加工的轴的直径 $Y\sim N(\mu_2,\sigma_2^2)$，且 $\sigma_1^2=0.000\,6(\text{mm}^2)$，$\sigma_2^2=0.003\,8(\text{mm}^2)$，现从 A，B 两台车床加工的轴中分别测量了 $n_1=200$，$n_2=150$ 根轴的直径，并计算得样本均值分别为 $\overline{x}=0.081(\text{mm})$，$\overline{y}=0.060(\text{mm})$. 试问这两台车床加工的轴的直径是否有显著性差异？（给定 $\alpha=0.05$）

解 (1)提出假设 $H_0:\mu_1=\mu_2$； $H_1:\mu_1\neq\mu_2$.

(2)选取统计量
$$Z=\frac{\overline{X}-\overline{Y}}{\sqrt{(\sigma_1^2/n_1)+(\sigma_2^2/n_2)}},$$
在 H_0 为真时，$Z\sim N(0,1)$.

(3)给定 $\alpha=0.05$，因为是双边检验，所以应取 $\alpha/2=0.025$.
$$P\{|Z|>z_{\alpha/2}\}=0.05,\quad P\{Z>z_{\alpha/2}\}=0.025,$$
$$P\{Z\leqslant z_{\alpha/2}\}=1-0.025=0.975.$$
查正态分布函数 $N(0,1)$的数值表，得 $z_{\alpha/2}=z_{0.025}=1.96$.

(4)计算统计量 Z 的观察值 z_0：
$$z_0=\frac{\overline{x}-\overline{y}}{\sqrt{(\sigma_1^2/n_1)+(\sigma_2^2/n_2)}}=\frac{0.081-0.060}{\sqrt{(0.0006/200)+(0.0038/150)}}=3.95.$$

(5)作判断：由于 $|z_0|=3.95>1.96=z_{\alpha/2}$，故拒绝 H_0，即在显著性水平 $\alpha=0.05$ 下，认为两台车床加工的轴的直径有显著差异.

用 Z 检验法对两正态总体的均值作假设检验时，必须知道总体的方差，但在许多实际问题中总体方差 σ_1^2 与 σ_2^2 往往是未知的，这时只能用如下的 t 检验法.

2. 方差 σ_1^2,σ_2^2 未知，关于均值的假设检验(t 检验法)

设两正态总体 X 与 Y 相互独立，$X\sim N(\mu_1,\sigma_1^2)$，$Y\sim N(\mu_2,\sigma_2^2)$，$\sigma_1^2,\sigma_2^2$ 未知，但已知 $\sigma_1^2=\sigma_2^2$，检验假设
$$H_0:\mu_1=\mu_2;\quad H_1:\mu_1\neq\mu_2\quad(\text{双边检验}).$$
从总体 X,Y 中分别抽取样本 $X_1,X_2,\cdots,X_{n_1}$ 与 $Y_1,Y_2,\cdots,Y_{n_2}$，则随机变量
$$t=\frac{(\overline{X}-\overline{Y})-(\mu_1-\mu_2)}{S_w\sqrt{(1/n_1)+(1/n_2)}}\sim t(n_1+n_2-2),$$
式中 $S_w^2=\dfrac{(n_1-1)S_1^2+(n_2-1)S_2^2}{n_1+n_2-2}$，$S_1^2,S_2^2$ 分别是 X 与 Y 的样本方差.

当假设 H_0 为真时，统计量
$$t=\frac{\overline{X}-\overline{Y}}{S_w\sqrt{(1/n_1)+(1/n_2)}}\sim t(n_1+n_2-2).\tag{8.18}$$
对给定的显著性水平 α，查 t 分布上分位表得 $t_{\alpha/2}(n_1+n_2-2)$，使得
$$P\{|t|>t_{\alpha/2}(n_1+n_2-2)\}=\alpha.\tag{8.19}$$
再由样本观察值计算 t 的观察值
$$t_0=\frac{\overline{x}-\overline{y}}{s_w\sqrt{(1/n_1)+(1/n_2)}},\tag{8.20}$$
最后作出判断：

若 $|t_0|>t_{\alpha/2}(n_1+n_2-2)$，则拒绝 H_0；

若 $|t_0|\leqslant t_{\alpha/2}(n_1+n_2-2)$，则接受 H_0.

例 8.8 任选 19 个工人分成两组，让他们每人做一件同样的工作，测得他们的完工时间(单位：min)如表 8-3 所示.

表 8-3

饮酒者	30	46	51	34	48	45	58	39	61	67
未饮酒者	28	22	55	45	39	35	42	38	20	

假设两组工人的完工时间是正态的，可以认为 $\sigma_1^2=\sigma_2^2=\sigma^2$，而 σ^2 是未知常数. 问饮酒对工人的完工时间是否有显著的影响(取 $\alpha=0.05$)?

解 这里实际上是已知 $\sigma_1^2=\sigma_2^2=\sigma^2$，但 σ^2 未知的情况下检验假设 $H_0:\mu_1=\mu_2$；$H_1:\mu_1\neq\mu_2$. 我们用 t 检验法，由样本观察值算得：

$$\bar{x}=47.9,\quad \bar{y}=36.0,\quad s_1^2=139.211,\quad s_2^2=126.00,$$

$$s_w=\sqrt{\frac{9\times s_1^2+8\times s_2^2}{10+9-2}}=11.532\ 3.$$

由(8.20)式计算得 $t_0=\dfrac{47.9-36.0}{11.532\ 3\sqrt{(1/10)+(1/9)}}=2.245\ 8.$

对于 $\alpha=0.05$，查自由度为 17 的 t 分布上分位表得 $t_{0.025}(17)=2.109\ 8$. 由于 $|t_0|=2.245\ 8>t_{0.025}(17)=2.109\ 8$，于是拒绝原假设 $H_0:\mu_1=\mu_2$. 这说明饮酒对工人的完工时间有显著的影响.

二、两正态总体方差的假设检验[F 检验法(F-test)]

1. 双边检验

设两正态总体 $X\sim N(\mu_1,\sigma_1^2)$，$Y\sim N(\mu_2,\sigma_2^2)$，$X$ 与 Y 相互独立，$X_1,X_2,\cdots,X_{n_1}$ 与 $Y_1,Y_2,\cdots,Y_{n_2}$ 分别是来自这两个总体的样本，且 μ_1 与 μ_2 未知. 现在要检验假设 $H_0:\sigma_1^2=\sigma_2^2$；$H_1:\sigma_1^2\neq\sigma_2^2$.

在原假设 H_0 成立下，两个样本方差的比应该在 1 附近随机地摆动，所以这个比不能太大又不能太小. 于是我们选取统计量

$$F=\frac{S_1^2}{S_2^2}. \tag{8.21}$$

显然，只有当 F 接近 1 时，才认为有 $\sigma_1^2=\sigma_2^2$.

由于随机变量 $F=\dfrac{S_1^2/\sigma_1^2}{S_2^2/\sigma_2^2}\sim F(n_1-1,n_2-1)$，所以当假设 $H_0:\sigma_1^2=\sigma_2^2$ 成立时，统计量

$$F=\frac{S_1^2}{S_2^2}\sim F(n_1-1,n_2-1).$$

对于给定的显著性水平 α，可以由 F 分布上分位表求得临界值

$$F_{1-\frac{\alpha}{2}}(n_1-1,n_2-1)\text{ 与 }F_{\alpha/2}(n_1-1,n_2-1),$$

使得

$$P\{F_{1-\frac{\alpha}{2}}(n_1-1,n_2-1)\leqslant F\leqslant F_{\alpha/2}(n_1-1,n_2-1)\}=1-\alpha.$$

由此可知 H_0 的接受区域(见图 8-5)是

$$F_{1-\frac{\alpha}{2}}(n_1-1,n_2-1)\leqslant F\leqslant F_{\alpha/2}(n_1-1,n_2-1);$$

而 H_0 的拒绝域为

$$F<F_{1-\frac{\alpha}{2}}(n_1-1,n_2-1),$$

和

$$F>F_{\alpha/2}(n_1-1,n_2-1).$$

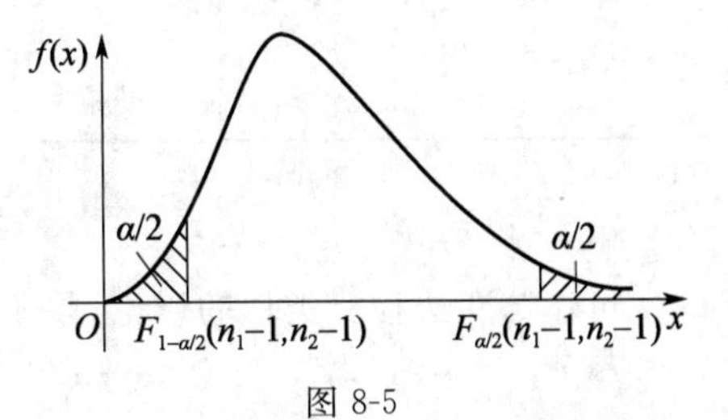

图 8-5

然后，根据样本观察值计算统计量 F 的观察值，若 F 的观察值落在拒绝域中，则拒绝 H_0，接受 H_1；若 F

的观察值落在接受域中，则接受 H_0.

例 8.9 在例 8.8 中我们认为两个总体的方差 $\sigma_1^2=\sigma_2^2$，它们是否真的相等呢？为此我们来检验假设 $H_0:\sigma_1^2=\sigma_2^2$.（给定 $\alpha=0.1$）

解 这里 $n_1=10,n_2=9,s_1^2=139.211,s_2^2=126$，于是统计量 F 的观察值为

$$F=139.211/126=1.105.$$

查 F 分布上分位表得

$$F_{\alpha/2}(n_1-1,n_2-1)=F_{0.05}(9,8)=3.39,$$

$$F_{1-\alpha/2}(n_1-1,n_2-1)=F_{0.95}(9,8)=1/F_{0.05}(9,8)=1/3.39.$$

由样本观察值算出的 F 观察值满足

$$F_{0.95}(9,8)=1/3.39<F=1.105<3.39=F_{0.05}(9,8).$$

可见它不落入拒绝域，因此不能拒绝原假设 $H_0:\sigma_1^2=\sigma_2^2$，从而认为两个总体的方差无显著差异.

注意：在 μ_1 与 μ_2 已知时，要检验假设 $H_0:\sigma_1^2=\sigma_2^2$，其检验方法与均值未知的情况类同，此时所采用的检验统计量是：

$$F=\frac{\frac{1}{n_1}\sum_{i=1}^{n_1}(X_i-\mu_1)^2}{\frac{1}{n_2}\sum_{i=1}^{n_2}(Y_i-\mu_2)^2}\sim F(n_1,n_2).$$

其拒绝域参看表 8-4.

表 8-4

检验参数	条件	H_0	H_1	H_0 的拒绝域	检验用的统计量	自由度	分位点
均值	σ_1^2,σ_2^2 已知	$\mu_1=\mu_2$	$\mu_1\neq\mu_2$	$\lvert Z\rvert>z_{\alpha/2}$	$Z=\dfrac{\overline{X}-\overline{Y}}{\sqrt{\dfrac{\sigma_1^2}{n_1}+\dfrac{\sigma_2^2}{n_2}}}$		$\pm z_{\alpha/2}$
		$\mu_1\leqslant\mu_2$	$\mu_1>\mu_2$	$Z>z_\alpha$			z_α
		$\mu_1\geqslant\mu_2$	$\mu_1<\mu_2$	$Z<-z_\alpha$			$-z_\alpha$
	σ_1^2,σ_2^2 未知 $\sigma_1^2=\sigma_2^2$	$\mu_1=\mu_2$	$\mu_1\neq\mu_2$	$\lvert t\rvert>t_{\alpha/2}$	$t=\dfrac{\overline{X}-\overline{Y}}{S_w\sqrt{\dfrac{1}{n_1}+\dfrac{1}{n_2}}}$	n_1+n_2-2	$\pm t_{\alpha/2}$
		$\mu_1\leqslant\mu_2$	$\mu_1>\mu_2$	$t>t_\alpha$			t_α
		$\mu_1\geqslant\mu_2$	$\mu_1<\mu_2$	$t<-t_\alpha$			$-t_\alpha$
方差	μ_1,μ_2 未知	$\sigma_1^2=\sigma_2{}^2$	$\sigma_1^2\neq\sigma_2{}^2$	$\begin{cases}F>F_{\alpha/2}\\F<F_{1-\alpha/2}\end{cases}$	$F=\dfrac{S_1^2}{S_2^2}$	(n_1-1,n_2-1)	$\begin{cases}F_{\alpha/2}\\F_{1-\alpha/2}\end{cases}$
		$\sigma_1^2\leqslant\sigma_2^2$	$\sigma_1^2>\sigma_2^2$	$F>F_\alpha$			F_α
		$\sigma_1^2\geqslant\sigma_2^2$	$\sigma_1^2<\sigma_2^2$	$F<F_{1-\alpha}$			$F_{1-\alpha}$
	μ_1,μ_2 已知	$\sigma_1^2=\sigma_2{}^2$	$\sigma_1^2\neq\sigma_2{}^2$	$\begin{cases}F>F_{\alpha/2}\\F<F_{1-\alpha/2}\end{cases}$	$F=\dfrac{\frac{1}{n_1}\sum_{i=1}^{n_1}(X_i-\mu_1)^2}{\frac{1}{n_2}\sum_{i=1}^{n_2}(X_i-\mu_2)^2}$	(n_1,n_2)	$\begin{cases}F_{\alpha/2}\\F_{1-\alpha/2}\end{cases}$
		$\sigma_1^2\leqslant\sigma_2^2$	$\sigma_1^2>\sigma_2^2$	$F>F_\alpha$			F_α
		$\sigma_1^2\geqslant\sigma_2^2$	$\sigma_1^2<\sigma_2^2$	$F<F_{1-\alpha}$			$F_{1-\alpha}$

2. 单边检验

可作与双边检验类似的讨论，限于篇幅，这里不作介绍了.

第四节　总体分布函数的假设检验

上两节中，我们在总体分布形式为已知的前提下，讨论了参数的检验问题．然而在实际问题中，有时不能确知总体服从什么类型的分布，此时就要根据样本来检验关于总体分布的假设．例如，检验假设："总体服从正态分布"等．本节仅介绍 χ^2 检验法．

所谓 χ^2 检验法，是在总体的分布为未知时，根据样本值 $x_1, x_2, \cdots, x_n$ 来检验关于总体分布的假设的一种方法．(这里的备择假设 H_1 可不必写出)

$$\begin{aligned}&H_0\text{：总体 } X \text{ 的分布函数为 } F(x)\text{；}\\&H_1\text{：总体 } X \text{ 的分布函数不是 } F(x)\text{．}\end{aligned} \tag{8.22}$$

注意，若总体 X 为离散型，则假设(8.22)相当于

$$H_0\text{：总体 } X \text{ 的分布律为 } P\{X=x_i\}=p_i, i=1,2,\cdots\text{；} \tag{8.23}$$

若总体 X 为连续型，则假设(8.22)相当于

$$H_0\text{：总体 } X \text{ 的概率密度为 } f(x)\text{．} \tag{8.24}$$

在用 χ^2 检验法检验假设 H_0 时，若在假设 H_0 下 $F(x)$ 的形式已知，而其参数值未知，此时需先用极大似然估计法估计参数，然后再作检验．

χ^2 检验法的基本思想与方法如下：

(1)将随机试验可能结果的全体 Ω 分为 k 个互不相容的事件 $A_1, A_2, \cdots, A_k$ ($\bigcup\limits_{i=1}^{k} A_i=\Omega$，$A_iA_j=\varnothing, i\neq j, i,j=1,2,\cdots,k$)，于是在 H_0 为真时，可以计算概率 $\hat{p}_i=P(A_i)(i=1,2,\cdots,k)$．

(2)寻找用于检验的统计量及相应的分布，在 n 次试验中，事件 A_i 出现的频率 $\frac{f_i}{n}$ 与概率 $\hat{p}_i$ 往往有差异，但由大数定律可以知道，如果样本容量 n 较大(一般要求 n 至少为 50，最好在 100 以上)，在 H_0 成立条件下 $\left|\frac{f_i}{n}-\hat{p}_i\right|$ 的值应该比较小，基于这种想法，皮尔逊使用

$$\chi^2=\sum_{i=1}^{k}\frac{(f_i-n\hat{p}_i)^2}{n\hat{p}_i} \tag{8.25}$$

作为检验 H_0 的统计量，并证明了如下的定理．

定理 8.1　若 n 充分大($n\geqslant 50$)，则当 H_0 为真时(不论 H_0 中的分布属于什么分布)，统计量(8.25)总是近似地服从自由度为 $k-r-1$ 的 χ^2 分布，其中 r 是被估计的参数的个数．

(3)对于给定的检验水平 α，查表确定临界值 $\chi^2_\alpha(k-r-1)$ 使

$$P\{\chi^2>\chi^2_\alpha(k-r-1)\}=\alpha,$$

从而得到 H_0 的拒绝域为

$$\chi^2>\chi^2_\alpha(k-r-1).$$

(4)由样本值 $x_1, x_2, \cdots, x_n$ 计算 χ^2 的值，并与 $\chi^2_\alpha(k-r-1)$ 比较．

(5)作结论：若 $\chi^2>\chi^2_\alpha(k-r-1)$，则拒绝 H_0，即不能认为总体分布函数为 $F(x)$；否则接受 H_0．

例 8.10　一本书的一页中印刷错误的个数 X 是一个随机变量，现检查了一本书的 200 页，记录每页中印刷错误的个数，其结果如表 8-5 所示．其中 f_i 是观察到有 i 个错误的页数．问

能否认为书中每一页的错误的个数 X 服从泊松分布？（取 $\alpha=0.05$）

表 8-5

错误个数 i	0	1	2	3
页数 f_i	132	51	12	5
A_i	A_0	A_1	A_2	A_3

解 由题意，首先提出假设：

$$H_0: \text{总体 } X \text{ 服从泊松分布}$$

$$P\{X=i\}=\frac{e^{-\lambda}\lambda^i}{i!}, \quad i=0,1,2,\cdots.$$

这里 H_0 中参数 λ 为未知，所以需先来估计参数. 由极大似然估计法得

$$\hat{\lambda}=\bar{x}=\frac{132\times0+1\times51+2\times12+5\times3}{200}=0.45.$$

将试验结果的全体分为 A_0,A_1,A_2,A_3 两两不相容的事件. 若 H_0 为真，则 $P\{X=i\}$ 有估计

$$\hat{p}_i=\hat{P}\{X=i\}=\frac{e^{-0.45}\times0.45^i}{i!}, \quad i=0,1,2,3.$$

例如

$$\hat{p}_0=\hat{P}\{X=0\}=\frac{e^{-0.45}\times0.45^0}{0!}=e^{-0.45}=0.637\ 63,$$

$$\hat{p}_1=\hat{P}\{X=1\}=\frac{e^{-0.45}\times0.45^1}{1!}=0.45e^{-0.45}=0.286\ 93,$$

$$\hat{p}_2=\hat{P}\{X=2\}=\frac{e^{-0.45}\times0.45^2}{2!}=0.064\ 56,$$

$$\hat{p}_3=1-\hat{P}\{X\leqslant2\}=1-0.637\ 63-0.286\ 93-0.064\ 56=0.010\ 88.$$

此处 $k=4$，但因在计算概率时，估计了一个未知参数 λ，故

$$\chi^2=\sum_{i=0}^{3}\frac{(f_i-n\hat{p}_i)^2}{n\hat{p}_i}\sim\chi^2(4-1-1).$$

计算结果为 $\chi^2=4.598$. 因为 $\chi^2_{1-\alpha}(4-1-1)=\chi^2_{0.95}(2)=5.991>4.598$，所以在显著性水平为 0.05 下接受 H_0，即认为总体服从泊松分布.

例 8.11 研究混凝土抗压强度 X 的分布. 200 件混凝土制件的抗压强度（单位：98kPa）以分组形式列出，如表 8-6 所示. $n=\sum_{i=1}^{6}f_i=200$. 要求在给定的显著性水平 $\alpha=0.05$ 下检验假设

$$H_0: \text{抗压强度 } X\sim N(\mu,\sigma^2).$$

表 8-6

压强（X）区间	频数 f_i
190～200	10
200～210	26
210～220	56
220～230	64

续表

压强(X)区间	频数 f_i
230～240	30
240～250	14

解　原假设所定的正态分布的参数是未知的，我们需先求 μ 与 σ^2 的极大似然估计值.由第七章知，μ 与 σ^2 的极大似然估计值为

$$\hat{\mu}=\overline{x},$$

$$\hat{\sigma}^2=\frac{1}{n}\sum_{i=1}^{n}(x_i-\overline{x})^2.$$

设 x_i^* 为第 i 组的组中值，我们有

$$\overline{x}=\frac{1}{n}\sum_i x_i^* f_i=\frac{195\times 10+205\times 26+\cdots+245\times 14}{200}=221,$$

$$\hat{\sigma}^2=\frac{1}{n}\sum_i(x_i^*-\overline{x})^2 f_i=\frac{1}{200}[(-26)^2\times 10+(-16)^2\times 26+\cdots+24^2\times 14]=152,$$

$$\hat{\sigma}=12.33.$$

原假设 H_0 改写成 X 是正态分布 $N(221,12.33^2)$，计算每个区间的理论概率值

$$\hat{p}_i=P\{a_{i-1}\leqslant X<a_i\}=\Phi(\mu_i)-\Phi(\mu_{i-1}),\quad i=1,2,\cdots,6,$$

其中

$$\mu_i=\frac{a_i-\overline{x}}{\hat{\sigma}},$$

$$\Phi(\mu_i)=\frac{1}{\sqrt{2\pi}}\int_{-\infty}^{\mu_i}\mathrm{e}^{-\frac{t^2}{2}}\mathrm{d}t.$$

为了计算出统计量 χ^2 之值，我们把需要进行的计算列成表，如表 8-7 所示.

表 8-7

压强(X)区间	频数 f_i	标准化区间 $[\mu_i,\mu_{i+1}]$	$\hat{p}=\Phi(\mu_{i+1})-\Phi(\mu_i)$	$n\hat{p}_i$	$(f_i-n\hat{p}_i)^2$	$\frac{(f_i-n\hat{p}_i)^2}{n\hat{p}_i}$
190～200	10	$(-\infty,-1.70)$	0.045	9	1	0.11
200～210	26	$[-1.70,-0.89)$	0.142	28.4	5.76	0.20
210～220	56	$[-0.89,-0.08)$	0.281	56.2	0.04	0.00
220～230	64	$[-0.08,0.73)$	0.299	59.8	17.64	0.29
230～240	30	$[0.73,1.54)$	0.171	34.2	17.64	0.52
240～250	14	$[1.54,+\infty)$	0.062	12.4	2.56	0.23
$\sum$			1.000	200		1.35

从表 8-7 计算得出 χ^2 的观察值为 1.35.在显著性水平 $\alpha=0.05$ 下，查自由度为 $6-2-1=3$ 的 χ^2 分布上分位表，得到临界值 $\chi^2_{0.05}(3)=7.815$.由于 $\chi^2=1.35<7.815=\chi^2_{0.05}(3)$，不能拒绝原假设，所以认为混凝土制件的抗压强度的分布是正态分布 $N(221,152)$.

小　结

有关总体分布的未知参数或未知分布形式的种种论断叫作统计假设. 一般统计假设分为原假设 H_0(在实际问题中至关重要的假设)及与原假设 H_0 对立的假设即备择假设 H_1. 假设检验就是人们根据样本提供的信息作出"接受 H_0,拒绝 H_1"或"拒绝 H_0,接受 H_1"的判断.

假设检验的思想是小概率原理,即小概率事件在一次试验中几乎不会发生. 这种原理是人们处理实际问题中公认的原则.

由于样本的随机性,当 H_0 为真时,我们可能会作出拒绝 H_0 而接受 H_1 的错误判断(弃真错误);或当 H_0 不真时,我们可能会作出接受 H_0 而拒绝 H_1 的错误判断(取伪错误),如表 8-8 所示.

表 8-8

假设检验的两类错误

真实情况(未知)	所作决策	
	接受 H_0	拒绝 H_0
H_0 为真	正确	犯第一类错误
H_0 不真	犯第二类错误	正确

当样本容量 n 固定时,两类犯错的概率无法同时得到有效控制,即减小犯第一类错误的概率,就会增大犯第二类错误的概率,反之亦然. 在假设检验中我们主要控制(减小)犯第一类错误的概率,使 $P\{拒绝 H_0 | H_0 为真\} \leqslant \alpha$,其中 α 很小($0<\alpha<1$),α 称为检验的显著性水平. 这种只对犯第一类错误的概率加以控制而不考虑犯第二类错误的概率的检验称为显著性假设检验.

单个正态总体、两个正态总体的均值、方差的假设检验是本章重点问题,读者需掌握 Z 检验法、χ^2 检验法、t 检验法等. 这些检验法中原假设 H_0、备择假设 H_1 及 H_0 的拒绝域分别见表 8-2、表 8-4.

重要术语及主题

原假设　　备择假设　　检验统计量　　单边检验　　双边检验

显著性水平　　拒绝域　　显著性检验　　一个正态总体的参数的检验

两个正态总体均值差、方差比的检验　　总体分布函数的假设检验

习 题 八

1. 已知某炼铁厂的铁水含碳量在正常情况下服从正态分布 $N(4.55, 0.108\,2)$. 现在测了 5 炉铁水,其含碳量(单位:%)分别为:

$$4.28,\quad 4.40,\quad 4.42,\quad 4.35,\quad 4.37,$$

问:若标准差不改变,总体平均值有无显著性变化? ($\alpha=0.05$)

2. 某种矿砂的 5 个样品中的含镍量(单位:%)经测定为:

$$3.24,\quad 3.26,\quad 3.24,\quad 3.27,\quad 3.25,$$

设含镍量服从正态分布，问在 $\alpha=0.01$ 下能否接受假设：这批矿砂的含镍量为 3.25？

3. 在正常状态下，某种牌子的香烟一支平均为 1.1 g，若从这种香烟堆中任取 36 支作为样本；测得样本均值为 1.008(g)，样本方差 $s^2=0.1(\mathrm{g}^2)$. 问这堆香烟是否处于正常状态. 已知香烟(单位：支)的重量(单位：g)近似服从正态分布.（取 $\alpha=0.05$）

4. 某公司宣称由其生产的某种型号的电池其平均寿命为 21.5 h，标准差为 2.9 h. 在实验室测试了该公司生产的 6 枚电池，得到它们的寿命(以 h 计)为 19,18,20,22,16,25，问这些结果是否表明这种电池的平均寿命比该公司宣称的平均寿命要短？设电池寿命近似地服从正态分布.（取 $\alpha=0.05$）

5. 测量某种溶液中的水分，从它的 10 个测定值得出 $\bar{x}=0.452(\%)$，$s=0.037(\%)$. 设测定值总体为正态总体，μ 为总体均值，σ 为总体标准差，试在显著性水平 $\alpha=0.05$ 下检验：

(1) $H_0:\mu=0.5(\%)$；　$H_1:\mu<0.5(\%)$；

(2) $H'_0:\sigma=0.04(\%)$；　$H'_1:\sigma<0.04(\%)$.

6. 某种导线的电阻服从正态分布 $N(\mu,0.005^2)$. 今从新生产的一批导线中抽取 9 根，测其电阻，得 $s=0.008\ \Omega$. 对于 $\alpha=0.05$，能否认为这批导线的电阻的标准差仍为 0.005？

7. 有两批棉纱，为比较其断裂强度，从中各取一个样本，测试得到：

第一批棉纱样本：$n_1=200,\bar{x}=0.532\ \mathrm{kg\cdot cm^{-1}},s_1=0.218\ \mathrm{kg\cdot cm^{-1}}$；

第二批棉纱样本：$n_2=200,\bar{x}=0.57\ \mathrm{kg\cdot cm^{-1}},s_2=0.176\ \mathrm{kg\cdot cm^{-1}}$.

设两批棉纱断裂强度总体服从正态分布，方差未知但相等，两批棉纱断裂强度均值有无显著差异？($\alpha=0.05$)

8. 两位化验员 A,B 对一种矿砂的含铁量各自独立地用同一方法做了 5 次分析，得到样本方差分别为 0.432 2($\%^2$)与 0.500 6($\%^2$). 若 A,B 所得的测定值的总体服从正态分布，其方差分别为 σ_A^2,σ_B^2，试在显著性水平 $\alpha=0.05$ 下检验方差齐性的假设

$$H_0:\sigma_A^2=\sigma_B^2;\quad H_1:\sigma_A^2\neq\sigma_B^2.$$

9. 在 π 的前 800 位小数的数字中，0,1,…,9 相应地出现了 74,92,83,79,80,73,77,75,76,91 次. 试用 χ^2 检验法检验假设

$$H_0:P(X=0)=P(X=1)=P(X=2)=\cdots=P(X=9)=1/10,$$

其中 X 为 π 的小数中所出现的数字，$\alpha=0.10$.

10. 在一副扑克牌(52 张)中任意抽 3 张，记录 3 张牌中含红桃的张数，然后放回，再任抽 3 张，如此重复 64 次，得如表 8-9 所示结果.

表 8-9

含红桃张数 Y	0	1	2	3
出现次数	21	31	12	0

试在水平 $\alpha=0.01$ 下检验：

H_0：Y 服从二项分布，

$$P\{Y=i\}=C_3^i\left(\frac{1}{4}\right)^i\left(\frac{3}{4}\right)^{3-i},\quad i=0,1,2,3.$$

11. 在某公路上，观察 50 min 之间每 15 s 内过路的汽车的辆数，得到频数分布如表 8-10 所示.

表 8-10

过路的车辆数 X	0	1	2	3	4	5
次数 f_i	92	68	28	11	1	0

问这个分布能否认为是泊松分布？（$\alpha=0.10$）

12.测得 300 只电子管的寿命 T(以 h 计)如表 8-11 所示.

表 8-11

寿命区间	只数
$0<T\leqslant 100$	121
$100<T\leqslant 200$	78
$200<T\leqslant 300$	43
$T>300$	58

试取水平 $\alpha=0.05$ 下的检验假设：

H_0:寿命 T 服从指数分布,其概率密度为

$$f(t)=\begin{cases}\dfrac{1}{200}e^{-\frac{t}{200}}, & t>0,\\ 0, & \text{其他}.\end{cases}$$

第九章

方差分析

在生产过程和科学实验中，我们经常遇到这样的问题：影响产品产量、质量的因素有很多. 例如，在化工生产中，影响结果的因素有：配方、设备、温度、压力、催化剂、操作人员等. 我们需要通过观察或试验来判断哪些因素对产品的产量、质量有显著的影响. 方差分析(Analysis of variance)就是用来解决这类问题的一种有效方法. 它是在 20 世纪 20 年代由英国统计学家费希尔(Fisher)首先使用到农业试验上去的. 后来发现这种方法的应用范围十分广阔，可以成功地应用在试验工作的很多方面.

第一节　单因素试验的方差分析

在试验中，我们将要考察的指标称为试验指标，影响试验指标的条件称为因素. 因素可分为两类：一类是人们可以控制的；另一类是人们不能控制的. 例如，原料成分、反应温度、溶液浓度等是可以控制的，而测量误差、气象条件等一般是难以控制的. 以下我们所说的因素都是可控因素，因素所处的状态称为该因素的水平. 在一项试验中，如果只有一个因素在改变，这样的试验称为单因素试验；如果多于一个因素在改变，就称为多因素试验.

本节通过实例来讨论单因素试验.

一、数学模型

例 9.1　设有 3 台机器，用来生产规格相同的铝合金薄板，现取样检测，测量薄板的厚度精确至千分之一厘米，得结果如表 9-1 所示.

表 9-1　铝合金板的厚度

机器Ⅰ	机器Ⅱ	机器Ⅲ
0.236	0.257	0.258
0.238	0.253	0.264
0.248	0.255	0.259
0.245	0.254	0.267
0.243	0.261	0.262

这里，试验的指标是薄板的厚度，机器为因素，不同的3台机器就是这个因素的3个不同的水平.我们假定除机器这一因素外，材料的规格、操作人员的水平等其他条件都相同.这是单因素试验.试验的目的是为了考察各台机器所生产的薄板的厚度有无显著性差异，即考察机器这一因素对厚度有无显著的影响.如果厚度有显著差异，就表明机器这一因素对厚度的影响是显著的.

例9.2 表9-2列出了随机选取的、用于计算器的4种类型的电路的响应时间(以ms计).

表9-2 电路的响应时间

类型Ⅰ	类型Ⅱ	类型Ⅲ	类型Ⅳ
19	20	16	18
22	21	15	22
20	33	18	19
18	27	26	
15	40	17	

这里，试验的指标是电路的响应时间，电路类型为因素，这一因素有4个水平.这是一个单因素的试验.试验的目的是为了考察各种类型电路的响应时间有无显著性差异，即考察电路类型这一因素对响应时间有无显著的影响.

单因素试验的一般数学模型为：因素A有s个水平$A_1,A_2,\cdots,A_s$，在水平$A_j(j=1,2,\cdots,s)$下进行$n_j(n_j\geqslant 2)$次独立试验，当试验次数相同时，得到如表9-3所示的结果.

表9-3

观察值	水平			
	A_1	A_2	…	A_s
	x_{11}	x_{12}	…	x_{1s}
	x_{21}	x_{22}	…	x_{2s}
	⋮	⋮		⋮
	$x_{n_1 1}$	$x_{n_2 2}$	…	$x_{n_s s}$
样本总和	$T_{\cdot 1}$	$T_{\cdot 2}$	…	$T_{\cdot s}$
样本均值	$\bar{x}_{\cdot 1}$	$\bar{x}_{\cdot 2}$	…	$\bar{x}_{\cdot s}$
总体均值	μ_1	μ_2	…	μ_s

假定：各水平$A_j(j=1,2,\cdots,s)$下的样本$x_{ij}\sim N(\mu_j,\sigma^2)$，$i=1,2,\cdots,n_j$，$j=1,2,\cdots,s$，且相互独立.

故各$x_{ij}-\mu_j$可看成随机误差，它们是试验中无法控制的各种因素所引起的，记$x_{ij}-\mu_j=\varepsilon_{ij}$，则

$$\begin{cases} x_{ij}=\mu_j+\varepsilon_{ij}, \quad i=1,2,\cdots,n_j, \quad j=1,2,\cdots,s, \\ \varepsilon_{ij}\sim N(0,\sigma^2), \\ \text{各 } \varepsilon_{ij} \text{ 相互独立}, \end{cases} \tag{9.1}$$

其中 μ_j 与 σ^2 均为未知参数.(9.1)式称为单因素试验方差分析的数学模型.

方差分析的任务是对于模型(9.1),检验 s 个总体 $N(\mu_1,\sigma^2),\cdots,N(\mu_s,\sigma^2)$ 的均值是否相等,即检验假设

$$\begin{cases} H_0:\mu_1=\mu_2=\cdots=\mu_s; \\ H_1:\mu_1,\mu_2,\cdots,\mu_s \text{ 不全相等}. \end{cases} \tag{9.2}$$

为将问题(9.2)写成便于讨论的形式,采用记号

$$\mu=\frac{1}{n}\sum_{j=1}^{s}n_j\mu_j,$$

其中 $n=\sum_{j=1}^{s}n_j$, μ 表示 $\mu_1,\mu_2,\cdots,\mu_s$ 的加权平均,μ 称为总平均.

$$\delta_j=\mu_j-\mu,\quad j=1,2,\cdots,s,$$

δ_j 表示水平 A_j 下的总体均值与总平均的差异.习惯上将 δ_j 称为水平 A_j 的效应.利用这些记号,模型(9.1)可改写成:

$$x_{ij}=\mu+\delta_j+\varepsilon_{ij},$$

x_{ij} 可分解成总平均、水平 A_j 的效应及随机误差三部分之和.由 δ_j 的定义及(9.1)式,显然有

$$\begin{cases} \sum_{j=1}^{s}n_j\delta_j=0, \\ \varepsilon_{ij}\sim N(0,\sigma^2),\text{各 } \varepsilon_{ij} \text{ 相互独立},\quad i=1,2,\cdots,n_j,j=1,2,\cdots,s. \end{cases} \tag{9.1$'$}$$

假设(9.2)等价于假设

$$\begin{cases} H_0:\delta_1=\delta_2=\cdots=\delta_s=0; \\ H_1:\delta_1,\delta_2,\cdots,\delta_s \text{ 不全为零}. \end{cases} \tag{9.2$'$}$$

二、平方和分解

我们寻找适当的统计量,对参数作假设检验.下面从平方和的分解着手,导出假设检验(9.2)$'$的检验统计量.记

$$S_T=\sum_{j=1}^{s}\sum_{i=1}^{n_j}(x_{ij}-\bar{x})^2, \tag{9.3}$$

称之为总偏差平方和.这里 $\bar{x}=\frac{1}{n}\sum_{j=1}^{s}\sum_{i=1}^{n_j}x_{ij}$. S_T 能反映全部试验数据之间的差异,因此又称为总变差.

A_j 下的样本均值
$$\bar{x}_{\cdot j}=\frac{1}{n_j}\sum_{i=1}^{n_j}x_{ij}. \tag{9.4}$$

注意到

$$(x_{ij}-\bar{x})^2=(x_{ij}-\bar{x}_{\cdot j}+\bar{x}_{\cdot j}-\bar{x})^2=(x_{ij}-\bar{x}_{\cdot j})^2+(\bar{x}_{\cdot j}-\bar{x})^2+2(x_{ij}-\bar{x}_{\cdot j})(\bar{x}_{\cdot j}-\bar{x}),$$

而
$$\begin{aligned}\sum_{j=1}^{s}\sum_{i=1}^{n_j}(x_{ij}-\bar{x}_{\cdot j})(\bar{x}_{\cdot j}-\bar{x}) &= \sum_{j=1}^{s}(\bar{x}_{\cdot j}-\bar{x})\Big[\sum_{i=1}^{n_j}(x_{ij}-\bar{x}_{\cdot j})\Big] \\ &= \sum_{j=1}^{s}(\bar{x}_{\cdot j}-\bar{x})\Big(\sum_{i=1}^{n_j}x_{ij}-n_j\bar{x}_{\cdot j}\Big)=0,\end{aligned}$$

所以
$$S_T=\sum_{j=1}^{s}\sum_{i=1}^{n_j}(x_{ij}-\bar{x}_{\cdot j})^2+\sum_{j=1}^{s}\sum_{i=1}^{n_j}(\bar{x}_{\cdot j}-\bar{x})^2.$$

记 $$S_E = \sum_{j=1}^{s}\sum_{i=1}^{n_j}(x_{ij} - \bar{x}_{\cdot j})^2, \tag{9.5}$$
S_E 称为误差平方和;记

$$S_A = \sum_{j=1}^{s}\sum_{i=1}^{n_j}(\bar{x}_{\cdot j} - \bar{x})^2 = \sum_{j=1}^{s} n_j(\bar{x}_{\cdot j} - \bar{x})^2, \tag{9.6}$$

S_A 称为因素 A 的效应平方和. 于是

$$S_T = S_E + S_A. \tag{9.7}$$

利用 ε_{ij} 可更清楚地看到 S_E,S_A 的含义,记

$$\bar{\varepsilon} = \frac{1}{n}\sum_{j=1}^{s}\sum_{i=1}^{n_j}\varepsilon_{ij}$$

为随机误差的总平均,

$$\bar{\varepsilon}_{\cdot j} = \frac{1}{n_j}\sum_{i=1}^{n_j}\varepsilon_{ij}, \qquad j=1,2,\cdots,s.$$

于是

$$S_E = \sum_{j=1}^{s}\sum_{i=1}^{n_j}(x_{ij} - \bar{x}_{\cdot j})^2 = \sum_{j=1}^{s}\sum_{i=1}^{n_j}(\varepsilon_{ij} - \bar{\varepsilon}_{\cdot j})^2; \tag{9.8}$$

$$S_A = \sum_{j=1}^{s} n_j(\bar{x}_{\cdot j} - \bar{x})^2 = \sum_{j=1}^{s} n_j(\delta_j + \bar{\varepsilon}_{\cdot j} - \bar{\varepsilon})^2. \tag{9.9}$$

平方和的分解公式(9.7)说明,总平方和分解成误差平方和与因素 A 的效应平方和. (9.8)式说明 S_E 完全是由随机波动引起的. (9.9)式说明 S_A 除随机误差外还含有各水平的效应 δ_j,当 δ_j 不全为零时,S_A 主要反映了这些效应的差异. 若 H_0 成立,各水平的效应为零,S_A 中也只含随机误差,因而 S_A 与 S_E 相比较时对于某一显著性水平来说相差不应太大. 方差分析的目的是研究 S_A 相对于 S_E 有多大差异,若 S_A 比 S_E 显著地大,这表明各水平对指标的影响有显著差异. 故需研究与 S_A/S_E 有关的统计量.

三、假设检验问题

当 H_0 成立时,设 $x_{ij} \sim N(\mu, \sigma^2)(i=1,2,\cdots,n_j; j=1,2,\cdots,s)$ 且相互独立,则有

$$\frac{S_A}{\sigma^2} \sim \chi^2(s-1), \tag{9.10}$$

$$\frac{S_E}{\sigma^2} \sim \chi^2(n-s), \tag{9.11}$$

$$F = \frac{(n-s)S_A}{(s-1)S_E} \sim F(s-1, n-s). \tag{9.12}$$

于是,对于给定的显著性水平 $\alpha(0<\alpha<1)$,由于

$$P\{F \geqslant F_\alpha(s-1, n-s)\} = \alpha, \tag{9.13}$$

由此得检验问题(9.2)$'$的拒绝域为

$$F \geqslant F_\alpha(s-1, n-s). \tag{9.14}$$

由样本值计算 F 的值,若 $F \geqslant F_\alpha$,则拒绝 H_0,即认为水平的改变对指标有显著影响;若 $F < F_\alpha$,则接受原假设 H_0,即认为水平的改变对指标无显著影响.

上面的分析结果可排成表 9-4 的形式,称为方差分析表.

表 9-4

方差来源	平方和	自由度	均方和	F 比
因素 A	S_A	$s-1$	$\bar{S}_A=\frac{S_A}{s-1}$	$F=\frac{\bar{S}_A}{\bar{S}_E}$
误差	S_E	$n-s$	$\bar{S}_E=\frac{S_E}{n-s}$	
总和	S_T	$n-1$		

当 $F \geqslant F_{0.05}(s-1,n-s)$时，称为显著；

当 $F \geqslant F_{0.01}(s-1,n-s)$时，称为高度显著.

在实际中，我们可以按以下较简便的公式来计算 S_T，S_A 和 S_E. 记

$$T._j=\sum_{i=1}^{n_j} x_{ij},\quad j=1,2,\cdots,s,$$

$$T..=\sum_{j=1}^{s}\sum_{i=1}^{n_j} x_{ij},$$

即有

$$\begin{cases} S_T=\sum\limits_{j=1}^{s}\sum\limits_{i=1}^{n_j} x_{ij}^2-n\bar{x}^2=\sum\limits_{j=1}^{s}\sum\limits_{i=1}^{n_j} x_{ij}^2-\dfrac{T_{..}^2}{n}, \\ S_A=\sum\limits_{j=1}^{s} n_j\bar{x}_{\cdot j}^2-n\bar{x}^2=\sum\limits_{j=1}^{s}\dfrac{T_{\cdot j}^2}{n_j}-\dfrac{T_{..}^2}{n}, \\ S_E=S_T-S_A. \end{cases} \tag{9.15}$$

例 9.3　设在例 9.1 中，需检验假设

$$H_0: \mu_1=\mu_2=\mu_3;\quad H_1: \mu_1,\mu_2,\mu_3 \text{ 不全相等}.$$

给定 $\alpha=0.05$，试完成这一假设检验.

解　$s=3, n_1=n_2=n_3=5, n=15$.

$$S_T=\sum_{j=1}^{3}\sum_{i=1}^{5} x_{ij}^2-\frac{T_{..}^2}{15}=0.963\ 912-\frac{3.8^2}{15}=0.001\ 245\ 33,$$

$$S_A=\sum_{j=1}^{3}\frac{T_{\cdot j}^2}{n_j}-\frac{T_{..}^2}{n}=\frac{1}{5}(1.21^2+1.28^2+1.31^2)-\frac{3.8^2}{15}=0.001\ 053\ 33,$$

$$S_E=S_T-S_A=0.000\ 192.$$

S_T，S_A，S_E 的自由度依次为 14，2，12，得方差分析表如表 9-5 所示.

表 9-5　方差分析表

方差来源	平方和	自由度	均方和	F 比
因素	0.001 053 33	2	0.000 526 67	32.92
误差	0.000 192	12	0.000 016	
总和	0.001 245 33	14		

因 $F_{0.05}(2,12)=3.89<32.92$，故在显著性水平 0.05 下拒绝 H_0，认为各台机器生产的薄板厚度有显著的差异.

例 9.4 如上所述，在例 9.2 中，需检验假设

$$H_0:\mu_1=\mu_2=\mu_3=\mu_4;\quad H_1:\mu_1,\mu_2,\mu_3,\mu_4 \text{ 不全相等}.$$

试取 $\alpha=0.05$，完成这一假设检验.

数学实验

MATLAB 实现案例 1

解 $s=4, n_1=n_2=n_3=5, n_4=3, n=18.$

$$S_T=\sum_{j=1}^{4}\sum_{i=1}^{n_j}x_{ij}^2-\frac{T_{\cdot\cdot}^2}{18}=8\,992-386^2/18=714.44,$$

$$S_A=\sum_{j=1}^{s}\frac{T_{\cdot j}^2}{n_j}-\frac{T_{\cdot\cdot}^2}{18}=\left[\frac{1}{5}(94^2+141^2+92^2)+\frac{59^2}{3}\right]-\frac{386^2}{18}=318.98,$$

$$S_E=S_T-S_A=395.46.$$

S_T, S_A, S_E 的自由度依次为 17，3，14，得方差分析表如表 9-6 所示.

表 9-6 方差分析表

方差来源	平方和	自由度	均方和	F 比
因素	318.98	3	106.33	3.76
误差	395.46	14	28.25	
总和	714.44	17		

因 $F_{0.05}(3,14)=3.34<3.76$，故在显著性水平 0.05 下拒绝 H_0，即认为各类型电路的响应时间有显著的差异.

本节的方差分析是在下面两项假设下，检验各个正态总体的均值是否相等的. 一是正态性假设，假定数据服从正态分布；二是等方差性假设，假定各正态总体的方差相等. 由大数定律及中心极限定理，以及多年来的方差分析应用，知正态性和等方差性这两项假设是合理的.

第二节 双因素试验的方差分析

进行某一项试验，当影响指标的因素不是一个而是多个时，要分析各因素的作用是否显著，就要用到多因素的方差分析. 本节就两个因素的方差分析作一简介. 当有两个因素时，除每个因素的影响之外，还有这两个因素的搭配问题. 如表 9-7 中的两组试验结果，都有两个因素 A 和 B，每个因素取两个水平.

表 9-7(a)

B	A	
	A_1	A_2
B_1	30	50
B_2	70	90

表 9-7(b)

B	A	
	A_1	A_2
B_1	30	50
B_2	100	80

如表 9-7(a)中，无论 B 在什么水平（B_1 还是 B_2），水平 A_2 下的结果总比 A_1 下的高 20；同样的，无论 A 是什么水平，B_2 下的结果总比 B_1 下的高 40. 这说明 A 和 B 单独地各自影响试验结果，互相之间没有作用.

在表 9-7 (b)中，当 B 为 B_1 时，A_2 水平下的结果比 A_1 的高，而当 B 为 B_2 时，A_1 水平下的结果比 A_2 的高；类似地，当 A 为 A_1 时，B_2 水平下的结果比 B_1 的高 70，而当 A 为 A_2 时，B_2 水平下的结果比 B_1 的高 30. 这表明 A 的作用与 B 所取的水平有关，而 B 的作用也与 A 所取的水平有关. 即 A 和 B 不仅各自对结果有影响，而且它们的搭配方式对结果也有影响. 我们把这种影响称作因素 A 和 B 的交互作用，记作 $A\times B$. 在双因素试验的方差分析中，我们不仅要检验水平 A 和 B 的作用，还要检验它们的交互作用.

一、双因素等重复试验的方差分析

设有两个因素 A,B 作用于试验的指标，因素 A 有 r 个水平 $A_1,A_2,\cdots,A_r$，因素 B 有 s 个水平 $B_1,B_2,\cdots,B_s$，现对因素 A,B 的水平的每对组合(A_i,B_j)，$i=1,2,\cdots,r,j=1,2,\cdots,s$ 都作 $t(t\geqslant2)$次试验(称为等重复试验)，得到如表 9-8 的结果.

表 9-8

因素 A	因素 B			
	B_1	B_2	$\cdots$	B_s
A_1	$x_{111},x_{112},\cdots,x_{11t}$	$x_{121},x_{122},\cdots,x_{12t}$	$\cdots$	$x_{1s1},x_{1s2},\cdots,x_{1st}$
A_2	$x_{211},x_{212},\cdots,x_{21t}$	$x_{221},x_{222},\cdots,x_{22t}$	$\cdots$	$x_{2s1},x_{2s2},\cdots,x_{2st}$
$\vdots$	$\vdots$	$\vdots$	$\vdots$	$\vdots$
A_r	$x_{r11},x_{r12},\cdots,x_{r1t}$	$x_{r21},x_{r22},\cdots,x_{r2t}$	$\cdots$	$x_{rs1},x_{rs2},\cdots,x_{rst}$

设 $x_{ijk}\sim N(\mu_{ij},\sigma^2)(i=1,2,\cdots,r;j=1,2,\cdots,s;k=1,2,\cdots,t)$，各 x_{ijk} 独立. 这里 μ_{ij},σ^2 均为未知参数. 或写为

$$\begin{cases}x_{ijk}=\mu_{ij}+\varepsilon_{ijk}, & i=1,2,\cdots,r, \quad j=1,2,\cdots,s,\\ \varepsilon_{ijk}\sim N(0,\sigma^2), & k=1,2,\cdots,t,\\ \text{各 } \varepsilon_{ijk} \text{ 相互独立}.\end{cases} \tag{9.16}$$

记

$$\mu=\frac{1}{rs}\sum_{i=1}^{r}\sum_{j=1}^{s}\mu_{ij}, \quad \mu_{i\cdot}=\frac{1}{s}\sum_{j=1}^{s}\mu_{ij}, \quad i=1,2,\cdots,r,$$

$$\mu_{\cdot j}=\frac{1}{r}\sum_{i=1}^{r}\mu_{ij}, \quad j=1,2,\cdots,s,$$

$$\alpha_i=\mu_{i\cdot}-\mu, \quad i=1,2,\cdots,r, \quad \beta_j=\mu_{\cdot j}-\mu, \quad j=1,2,\cdots,s,$$

$$\gamma_{ij}=\mu_{ij}-\mu_{i\cdot}-\mu_{\cdot j}+\mu.$$

于是

$$\mu_{ij}=\mu+\alpha_i+\beta_j+\gamma_{ij}. \tag{9.17}$$

称 μ 为总平均，α_i 为水平 A_i 的效应，β_j 为水平 B_j 的效应，γ_{ij} 为水平 A_i 和水平 B_j 的交互效应(这是由 A_i,B_j 搭配起来联合作用而引起的).

易知

$$\sum_{i=1}^{r}\alpha_i=0, \quad \sum_{j=1}^{s}\beta_j=0,$$

$$\sum_{i=1}^{r}\gamma_{ij}=0, \quad j=1,2,\cdots,s,$$

$$\sum_{j=1}^{s}\gamma_{ij}=0,\quad i=1,2,\cdots,r,$$

这样(9.16)式可写成

$$\begin{cases}x_{ijk}=\mu+\alpha_i+\beta_j+\gamma_{ij}+\varepsilon_{ijk},\\ \sum_{i=1}^{r}\alpha_i=0,\sum_{j=1}^{s}\beta_j=0,\sum_{i=1}^{r}\gamma_{ij}=0,\sum_{j=1}^{s}\gamma_{ij}=0,\\ \varepsilon_{ijk}\sim N(0,\sigma^2),\quad i=1,2,\cdots,r,\quad j=1,2,\cdots,s,\quad k=1,2,\cdots,t,\\ \text{各 }\varepsilon_{ijk}\text{ 相互独立}.\end{cases}\tag{9.18}$$

其中 $\mu,\alpha_i,\beta_j,\gamma_{ij}$ 及 σ^2 都为未知参数.

(9.18)式就是我们所要研究的双因素试验方差分析的数学模型.我们要检验因素 A,B 及交互作用 $A\times B$ 是否显著,要检验以下3个假设:

$$\begin{cases}H_{01}:\alpha_1=\alpha_2=\cdots=\alpha_r=0,\\ H_{11}:\alpha_1,\alpha_2,\cdots,\alpha_r\text{ 不全为零};\end{cases}$$

$$\begin{cases}H_{02}:\beta_1=\beta_2=\cdots=\beta_s=0,\\ H_{12}:\beta_1,\beta_2,\cdots,\beta_s\text{ 不全为零};\end{cases}$$

$$\begin{cases}H_{03}:\gamma_{11}=\gamma_{12}=\cdots=\gamma_{rs}=0,\\ H_{13}:\gamma_{11},\gamma_{12},\cdots,\gamma_{rs}\text{ 不全为零}.\end{cases}$$

类似于单因素情况,对这些问题的检验方法也是建立在平方和分解上的.记

$$\bar{x}=\frac{1}{rst}\sum_{i=1}^{r}\sum_{j=1}^{s}\sum_{k=1}^{t}x_{ijk},$$

$$\bar{x}_{ij\cdot}=\frac{1}{t}\sum_{k=1}^{t}x_{ijk},\quad i=1,2,\cdots,r,\quad j=1,2,\cdots,s,$$

$$\bar{x}_{i\cdot\cdot}=\frac{1}{st}\sum_{j=1}^{s}\sum_{k=1}^{t}x_{ijk},\quad i=1,2,\cdots,r,$$

$$\bar{x}_{\cdot j\cdot}=\frac{1}{rt}\sum_{i=1}^{r}\sum_{k=1}^{t}x_{ijk},\quad j=1,2,\cdots,s,$$

$$S_T=\sum_{i=1}^{r}\sum_{j=1}^{s}\sum_{k=1}^{t}(x_{ijk}-\bar{x})^2.$$

不难验证,$\bar{x},\bar{x}_{i\cdot\cdot},\bar{x}_{\cdot j\cdot},\bar{x}_{ij\cdot}$ 分别是 $\mu,\mu_{i\cdot},\mu_{\cdot j},\mu_{ij}$ 的无偏估计.

由 $x_{ijk}-\bar{x}=(x_{ijk}-\bar{x}_{ij\cdot})+(\bar{x}_{i\cdot\cdot}-\bar{x})+(\bar{x}_{\cdot j\cdot}-\bar{x})+(\bar{x}_{ij\cdot}-\bar{x}_{i\cdot\cdot}-\bar{x}_{\cdot j\cdot}+\bar{x})$,

$1\leqslant i\leqslant r,1\leqslant j\leqslant s,1\leqslant k\leqslant t$,

得平方和的分解式:

$$S_T=S_E+S_A+S_B+S_{A\times B},\tag{9.19}$$

其中

$$S_E=\sum_{i=1}^{r}\sum_{j=1}^{s}\sum_{k=1}^{t}(x_{ijk}-\bar{x}_{ij\cdot})^2,$$

$$S_A=st\sum_{i=1}^{r}(\bar{x}_{i\cdot\cdot}-\bar{x})^2,$$

$$S_B=rt\sum_{j=1}^{s}(\bar{x}_{\cdot j\cdot}-\bar{x})^2,$$

$$S_{A\times B}=t\sum_{i=1}^{r}\sum_{j=1}^{s}(\overline{x}_{ij\cdot}-\overline{x}_{i\cdot\cdot}-\overline{x}_{\cdot j\cdot}+\overline{x})^2.$$

S_E 称为误差平方和，S_A，S_B 分别称为因素 A，B 的效应平方和，$S_{A\times B}$ 称为 A，B 交互效应平方和.

当假设 $H_{01}:\alpha_1=\alpha_2=\cdots=\alpha_r=0$ 为真时，

$$F_A=\frac{S_A}{(r-1)}\bigg/\frac{S_E}{[rs(t-1)]}\sim F[r-1,rs(t-1)];$$

当假设 H_{02} 为真时，

$$F_B=\frac{S_B}{(s-1)}\bigg/\frac{S_E}{[rs(t-1)]}\sim F[s-1,rs(t-1)];$$

当假设 H_{03} 为真时，

$$F_{A\times B}=\frac{S_{A\times B}}{(r-1)(s-1)}\bigg/\frac{S_E}{[rs(t-1)]}\sim F[(r-1)(s-1),rs(t-1)].$$

当给定显著性水平 α 后，假设 H_{01}，H_{02}，H_{03} 的拒绝域分别为

$$\begin{cases}F_A\geqslant F_\alpha[r-1,rs(t-1)];\\F_B\geqslant F_\alpha[s-1,rs(t-1)];\\F_{A\times B}\geqslant F_\alpha[(r-1)(s-1),rs(t-1)].\end{cases}\tag{9.20}$$

经过上面的分析和计算，可得出双因素试验的方差分析表，如表 9-9 所示.

表 9-9

方差来源	平方和	自由度	均方和	F 比
因素 A	S_A	$r-1$	$\overline{S}_A=\frac{S_A}{r-1}$	$F_A=\frac{\overline{S}_A}{\overline{S}_E}$
因素 B	S_B	$s-1$	$\overline{S}_B=\frac{S_B}{s-1}$	$F_B=\frac{\overline{S}_B}{\overline{S}_E}$
交互作用	$S_{A\times B}$	$(r-1)(s-1)$	$\overline{S}_{A\times B}=\frac{S_{A\times B}}{(r-1)(s-1)}$	$F_{A\times B}=\frac{\overline{S}_{A\times B}}{\overline{S}_E}$
误差	S_E	$rs(t-1)$	$\overline{S}_E=\frac{S_E}{rs(t-1)}$	
总和	S_T	$rst-1$		

在实际中，与单因素方差分析类似，可按以下较简便的公式来计算 S_T，S_A，S_B，$S_{A\times B}$，S_E.

记
$$T_{\cdots}=\sum_{i=1}^{r}\sum_{j=1}^{s}\sum_{k=1}^{t}x_{ijk},$$

$$T_{ij\cdot}=\sum_{k=1}^{t}x_{ijk},\quad i=1,2,\cdots,r;\quad j=1,2,\cdots,s,$$

$$T_{i\cdot\cdot}=\sum_{j=1}^{s}\sum_{k=1}^{t}x_{ijk},\quad i=1,2,\cdots,r,$$

$$T_{\cdot j\cdot}=\sum_{i=1}^{r}\sum_{k=1}^{t}x_{ijk},\quad j=1,2,\cdots,s,$$

即有

$$\begin{cases} S_T = \sum_{i=1}^{r}\sum_{j=1}^{s}\sum_{k=1}^{t} x_{ijk}^2 - \frac{T_{\cdots}^2}{rst}, \\ S_A = \frac{1}{st}\sum_{i=1}^{r} T_{i\cdot\cdot}^2 - \frac{T_{\cdots}^2}{rst}, \\ S_B = \frac{1}{rt}\sum_{j=1}^{s} T_{\cdot j\cdot}^2 - \frac{T_{\cdots}^2}{rst}, \\ S_{A\times B} = \frac{1}{t}\sum_{i=1}^{r}\sum_{j=1}^{s} T_{ij\cdot}^2 - \frac{T_{\cdots}^2}{rst} - S_A - S_B, \\ S_E = S_T - S_A - S_B - S_{A\times B}. \end{cases} \tag{9.21}$$

例 9.5 在某种金属材料的生产过程中，对热处理温度(因素 B)与时间(因素 A)各取两个水平，产品强度的测定结果(相对值)如表 9-10 所示. 在同一条件下，每个试验重复两次. 设各水平搭配下强度的总体服从正态分布且方差相同. 各样本相互独立. 问热处理温度、时间以及这两者的交互作用对产品强度是否有显著的影响？(取 $\alpha=0.05$)

表 9-10

A	B		
	B_1	B_2	$T_{i\cdot\cdot}$
A_1	38.0, 38.6 (76.6)	47.0, 44.8 (91.8)	168.4
A_2	45.0, 43.8 (88.8)	42.4, 40.8 (83.2)	172
$T_{\cdot j\cdot}$	165.4	175	340.4

解 按题意，需检验假设 H_{01}, H_{02}, H_{03}. 做计算如下：

$$S_T = \sum_{i=1}^{r}\sum_{j=1}^{s}\sum_{k=1}^{t} x_{ijk}^2 - \frac{T_{\cdots}^2}{rst} = (38.0^2 + 38.6^2 + \cdots + 40.8^2) - \frac{340.4^2}{8} = 71.82,$$

$$S_A = \frac{1}{st}\sum_{i=1}^{r} T_{i\cdot\cdot}^2 - \frac{T_{\cdots}^2}{rst} = \frac{1}{4}(168.4^2 + 172^2) - \frac{340.4^2}{8} = 1.62,$$

$$S_B = \frac{1}{rt}\sum_{j=1}^{s} T_{\cdot j\cdot}^2 - \frac{T_{\cdots}^2}{rst} = \frac{1}{4}(165.4^2 + 175^2) - \frac{340.4^2}{8} = 11.52,$$

$$S_{A\times B} = \frac{1}{t}\sum_{i=1}^{r}\sum_{j=1}^{s} T_{ij\cdot}^2 - \frac{T_{\cdots}^2}{rst} - S_A - S_B = 14\,551.24 - 14\,484.02 - 1.62 - 11.52 = 54.08,$$

$$S_E = S_T - S_A - S_B - S_{A\times B} = 4.6.$$

得方差分析表如表 9-11 所示.

表 9-11　方差分析表

方差来源	平方和	自由度	均方和	F 比
因素 A	1.62	1	1.62	$F_A=1.4$
因素 B	11.52	1	11.52	$F_B=10.0$
$A\times B$	54.08	1	54.08	$F_{A\times B}=47.0$
误差	4.6	4	1.15	
总和	71.82	7		

由于 $F_{0.05}(1,4)=7.71$，所以认为时间对强度的影响不显著，而温度对强度的影响显著，交互作用的影响也显著.

二、双因素无重复试验的方差分析

在双因素试验中，如果对每一对水平的组合(A_i,B_j)只做一次试验，即不重复试验，所得结果如表 9-12 所示.

表 9-12

因素 A	因素 B			
	B_1	B_2	…	B_s
A_1	x_{11}	x_{12}	…	x_{1s}
A_2	x_{21}	x_{22}	…	x_{2s}
⋮	⋮	⋮		⋮
A_r	x_{r1}	x_{r2}	…	x_{rs}

这时 $\bar{x}_{ij\cdot}=x_{ijk}$，$S_E=0$，$S_E$ 的自由度为 0，故不能利用双因素等重复试验中的公式进行方差分析. 但是，如果我们认为 A,B 两因素无交互作用，或已知交互作用对试验指标的影响很小，则可将 $S_{A\times B}$取作 S_E，仍可利用等重复的双因素试验对因素 A,B 进行方差分析. 对这种情况下的数学模型及统计分析表示如下：

由(9.18)式，数学模型变为

$$\begin{cases} x_{ij}=\mu+\alpha_i+\beta_j+\varepsilon_{ij}, \\ \sum_{i=1}^{r}\alpha_i=0,\ \sum_{j=1}^{s}\beta_j=0, \\ \varepsilon_{ij}\sim N(0,\sigma^2),\quad i=1,2,\cdots,r,\quad j=1,2,\cdots,s, \\ \text{各 } \varepsilon_{ij} \text{ 相互独立}. \end{cases} \tag{9.22}$$

要检验的假设有以下两个：

$$\begin{cases} H_{01}:\alpha_1=\alpha_2=\cdots=\alpha_r=0, \\ H_{11}:\alpha_1,\alpha_2,\cdots,\alpha_r \text{ 不全为零}; \end{cases}$$

$$\begin{cases} H_{02}:\beta_1=\beta_2=\cdots=\beta_s=0, \\ H_{12}:\beta_1,\beta_2,\cdots,\beta_s \text{ 不全为零}. \end{cases}$$

数学实验

MATLAB 实现案例 2

记　$\bar{x}=\frac{1}{rs}\sum_{i=1}^{r}\sum_{j=1}^{s}x_{ij}$，　$\bar{x}_{i\cdot}=\frac{1}{s}\sum_{j=1}^{s}x_{ij}$，　$\bar{x}_{\cdot j}=\frac{1}{r}\sum_{i=1}^{r}x_{ij}$，

平方和分解公式为

$$S_T=S_A+S_B+S_E, \tag{9.23}$$

其中

$$S_T=\sum_{i=1}^{r}\sum_{j=1}^{s}(x_{ij}-\overline{x})^2,\quad S_A=s\sum_{i=1}^{r}(\overline{x}_{i\cdot}-\overline{x})^2,$$

$$S_B=r\sum_{j=1}^{s}(\overline{x}_{\cdot j}-\overline{x})^2,\quad S_E=\sum_{i=1}^{r}\sum_{j=1}^{s}(x_{ij}-\overline{x}_{i\cdot}-\overline{x}_{\cdot j}+\overline{x})^2,$$

分别为总平方和、因素 A,B 的效应平方和与误差平方和.

取显著性水平为 α,当 H_{01} 成立时,

$$F_A=\frac{(s-1)S_A}{S_E}\sim F[r-1,(r-1)(s-1)],$$

H_{01} 的拒绝域为

$$F_A\geqslant F_\alpha[r-1,(r-1)(s-1)]. \tag{9.24}$$

当 H_{02} 成立时,

$$F_B=\frac{(r-1)S_B}{S_E}\sim F[s-1,(r-1)(s-1)],$$

H_{02} 的拒绝域为

$$F_B\geqslant F_\alpha[s-1,(r-1)(s-1)]. \tag{9.25}$$

得方差分析表如表 9-13 所示.

表 9-13

方差来源	平方和	自由度	均方和	F 比
因素 A	S_A	$r-1$	$\overline{S}_A=\frac{S_A}{r-1}$	$F_A=\frac{\overline{S}_A}{\overline{S}_E}$
因素 B	S_B	$s-1$	$\overline{S}_B=\frac{S_B}{s-1}$	$F_B=\frac{\overline{S}_B}{\overline{S}_E}$
误差	S_E	$(r-1)(s-1)$	$\overline{S}_E=\frac{S_E}{(r-1)(s-1)}$	
总和	S_T	$rs-1$		

例 9.6 某 5 个不同地点的不同时间空气中的颗粒状物(以 mg/m³ 计)的含量的数据,如表 9-14 所示.

表 9-14

		因素 B(地点)					
		1	2	3	4	5	$T_{i\cdot}$
因素 A(时间)	1975 年 10 月	76	67	81	56	51	331
	1976 年 1 月	82	69	96	59	70	376
	1976 年 5 月	68	59	67	54	42	290
	1976 年 8 月	63	56	64	58	37	278
	$T_{\cdot j}$	289	251	308	227	200	1 275

设本题符合模型(9.22)中的条件.试在显著性水平 $\alpha=0.05$ 下检验:在不同时间下颗粒状物含量的均值有无显著差异(设为 H_{01}),在不同地点下颗粒状物含量的均值有无显著差异(设为 H_{02}).

解 由已知,$r=4,s=5$,需检验假设 H_{01},H_{02},做如下计算:

$$S_T=76^2+67^2+\cdots+37^2-\frac{1\ 275^2}{20}=3\ 571.75,$$

$$S_A=\frac{1}{5}(331^2+376^2+290^2+278^2)-\frac{1\ 275^2}{20}=1\ 182.95,$$

$$S_B=\frac{1}{4}(289^2+251^2+\cdots+200^2)-\frac{1\ 275^2}{20}=1\ 947.50,$$

$$S_E=3\ 571.75-(1\ 182.95+1\ 947.50)=441.30.$$

得方差分析表如表 9-15 所示.

表 9-15

方差来源	平方和	自由度	均方和	F 比
因素 A	1 182.95	3	394.32	10.72
因素 B	1 947.50	4	486.88	13.24
误差	441.30	12	36.78	
总和	3 571.75	19		

由于 $F_{0.05}(3,12)=3.49<10.72$,$F_{0.05}(4,12)=3.26<13.24$,故拒绝 H_{01} 和 H_{02},即认为不同时间下颗粒状物含量的均值有显著差异,也认为不同地点下颗粒状物含量的均值有显著差异.即认为在本题中,时间和地点对颗粒状物的含量的影响均为显著.

第三节 正交试验设计及其方差分析

在工农业生产和科学实验中,为改革旧工艺,寻求最优生产条件等,经常要做许多试验,而影响这些试验结果的因素有很多.我们把含有两个以上因素的试验称为多因素试验.前两节讨论的单因素试验和双因素试验均属于全面试验(即每一个因素的各种水平的相互搭配都要进行试验),多因素试验由于要考虑的因素较多,当每个因素的水平数较大时,若进行全面试验,则试验次数将会更大.因此,对于多因素试验,存在一个如何安排好试验的问题.正交试验设计是研究和处理多因素试验的一种科学方法,它利用一套现存规格化的表——正交表,来安排试验,通过少量的试验,获得满意的试验结果.

一、正交试验设计的基本方法

正交试验设计包含两个内容:

(1)怎样安排试验方案;

(2)如何分析试验结果.

先介绍正交表.

正交表是预先编制好的一种表格.比如表 9-16 即为正交表记为 $L_4(2^3)$,其中字母 L 表示正交,它的 3 个数字有 3 种不同的含义.

表 9-16

试验号	列号		
	1	2	3
1	1	1	1
2	1	2	2
3	2	1	2
4	2	2	1

(1)$L_4(2^3)$表的结构:有 4 行、3 列,表中出现 2 个反映水平的数码 1,2.

(2)$L_4(2^3)$表的用法:做 4 次试验,最多可安排 2 水平的因素为 3 个.

(3)$L_4(2^3)$表的效率:对 3 个 2 水平的因素,它的全面试验数为 $2^3=8$ 次,使用正交表只需从 8 次试验中选出 4 次来做试验,效率是高的.

正交表的特点:

(1)表的任一列中,不同数字出现的次数相同. 如正交表 $L_4(2^3)$中,数字 1,2 在每列中均出现 2 次.

(2)表的任两列中,其横向形成的有序数对出现的次数相同. 如表 $L_4(2^3)$中任意两列,其数字 1,2 间的搭配是均衡的.

凡满足上述两性质的表都称为正交表(Orthogonal table).

常用的正交表有 $L_9(3^4)$,$L_8(2^7)$,$L_{16}(4^5)$等,见附表 6. 用正交表来安排试验的方法,就叫正交试验设计. 在一般正交表 $L_p(n^m)$中,$p=m(n-1)+1$. 下面通过实例来说明如何用正交表来安排试验.

例 9.7 提高某化工产品转化率的试验.

某种化工产品的转化率可能与反应温度 A,反应时间 B,某两种原料之配比 C 和真空度 D 有关. 为了寻找最优的生产条件,因此考虑对 A,B,C,D 这 4 个因素进行试验. 根据以往的经验,确定各个因素的 3 个不同水平,如表 9-17 所示.

表 9-17

因素	水平		
	1	2	3
A:反应温度/℃	60	70	80
B:反应时间/h	2.5	3.0	3.5
C:原料配比	1.1∶1	1.15∶1	1.2∶1
D:真空度/mmHg	500	550	600

分析各因素对产品的转化率是否产生显著影响,并指出最好生产条件.

解 本题是4因素3水平的试验,选用正交表 $L_9(3^4)$,如表 9-18 所示.

表 9-18

试验号	列号			
	A	B	C	D
	1	2	3	4
1	1	1	1	1
2	1	2	2	2
3	1	3	3	3
4	2	1	2	3
5	2	2	3	1
6	2	3	1	2
7	3	1	3	2
8	3	2	1	3
9	3	3	2	1

把表头上各因素相应的水平任意给一个水平号.本例的水平编号就采用表 9-17 的形式;将各因素的诸水平所表示的实际状态或条件代入正交表中,得到 9 个试验方案,如表 9-19 所示.

表 9-19

试验号	列号			
	A	B	C	D
	1	2	3	4
1	1(60)	1(2.5)	1(1.1∶1)	1(500)
2	1	2(3.0)	2(1.15∶1)	2(550)
3	1	3(3.5)	3(1.2∶1)	3(600)
4	2(70)	1	2	3
5	2	2	3	1
6	2	3	1	2

续表

试验号	列号			
	A	B	C	D
	1	2	3	4
7	3(80)	1	3	2
8	3	2	1	3
9	3	3	2	1

从表 9-19 看出，第一行是 1 号试验，其试验条件是：

反应温度为 60 ℃，反应时间为 2.5 h，原料配比为 1.1∶1，真空度为 500 mmHg，记作 $A_1B_1C_1D_1$. 依此类推，第 9 号试验条件是 $A_3B_3C_2D_1$.

由此可见，因素和水平可以任意排，但一经排定，试验条件也就完全确定. 按正交试验表 9-19安排试验，试验的结果依次记于试验方案右侧，见表 9-20.

表 9-20

试验号	列号				试验结果/%
	A	B	C	D	
1	1(60)	1(2.5)	1(1.1∶1)	1(500)	38
2	1	2(3.0)	2(1.15∶1)	2(550)	37
3	1	3(3.5)	3(1.2∶1)	3(600)	76
4	2(70)	1	2	3	51
5	2	2	3	1	50
6	2	3	1	2	82
7	3(80)	1	3	2	44
8	3	2	1	3	55
9	3	3	2	1	86

二、试验结果的直观分析

正交试验设计的直观分析就是要通过计算，将各因素、各水平对试验结果指标的影响大小，通过极差分析进行综合比较，以确定最优化试验方案的方法. 有时也称为极差分析法.

例 9.7 中试验结果转化率列在表 9-20 中，在 9 次试验中，以第 9 次试验的指标 86 为最高，其生产条件是 $A_3B_3C_2D_1$. 由于全面搭配试验有 81 种，现只做了 9 次. 9 次试验中最好的结果是否一定是全面搭配试验中最好的结果呢？还需进一步分析.

1. 极差计算

在表 9-20 的代表因素 A 的第 1 列中，将与水平“1”相对应的第 1，2，3 号 3 个试验结果相加，记作 T_{11}，求得 $T_{11}=151$. 同样，将第 1 列中与水平“2”对应的第 4，5，6 号试验结果相加，记作 T_{21}，求得 $T_{21}=183$.

一般地，定义 T_{ij} 为表 9-20 的第 $j(j=1,2,3,4)$ 列中与水平 $i(i=1,2,3)$ 对应的各次试验

结果之和. 记 T 为 9 次试验结果的总和；记 R_j 为第 j 列的 3 个 T_{ij} 中最大值与最小值之差，称为极差.

显然 $T=\sum_{i=1}^{3} T_{ij}$，$j=1,2,3,4$. 此处，

T_{11} 大致反映了 A_1 对试验结果的影响；

T_{21} 大致反映了 A_2 对试验结果的影响；

T_{31} 大致反映了 A_3 对试验结果的影响；

T_{12}，T_{22} 和 T_{32} 分别反映了 B_1，B_2，B_3 对试验结果的影响；

T_{13}，T_{23} 和 T_{33} 分别反映了 C_1，C_2，C_3 对试验结果的影响；

T_{14}，T_{24} 和 T_{34} 分别反映了 D_1，D_2，D_3 对试验结果的影响.

R_j 反映了第 j 列因素的水平的改变对试验结果的影响大小，R_j 越大，反映第 j 列因素的影响越大. 上述结果列表 9-21.

表 9-21

T_{1j}	151	133	175	174	$T=519$
T_{2j}	183	142	174	163	
T_{3j}	185	244	170	182	
R_j	34	111	5	19	

2. *极差分析*(Analysis of range)

由极差大小顺序排出因素的主次顺序：

$$\text{主}\rightarrow\text{次}$$

$$B;A,D;C$$

这里，R_j 值相近的两因素间用“,”号隔开，而 R_j 值相差较大的两因素间用“;”号隔开. 由此看出，特别要求在生产过程中控制好因素 B，即反应时间. 其次是要考虑因素 A 和 D，即要控制好反应温度和真空度. 至于原料配比就不那么重要了.

选择较好的因素水平搭配与所要求的指标有关. 若要求指标越大越好，则应选取指标大的水平. 反之，若希望指标越小越好，则应选取指标小的水平. 例 9.7 中，希望转化率越高越好，所以应在第 1 列选最大的 $T_{31}=185$，即取水平 A_3；同理可选 $B_3C_1D_3$. 故例 9.7 中较好的因素水平搭配是 $A_3B_3C_1D_3$.

例 9.8　某试验被考察的因素有 5 个：A,B,C,D,E. 每个因素有两个水平. 选用正交表 $L_8(2^7)$，现分别把 A,B,C,D,E 安排在表 $L_8(2^7)$ 的第 1，2，4，5，7 列上，空出第 3，6 列，仿例 9.7 的做法，按方案试验. 记下试验结果，进行极差计算，得表 9-22.

表 9-22

试验号	列号							试验结果
	A	B		C	D		E	
	1	2	3	4	5	6	7	
1	1	1	1	1	1	1	1	14

续表

试验号	列号							试验结果
	A	B		C	D		E	
	1	2	3	4	5	6	7	
2	1	1	1	2	2	2	2	13
3	1	2	2	1	1	2	2	17
4	1	2	2	2	2	1	1	17
5	2	1	2	1	2	1	2	8
6	2	1	2	2	1	2	1	10
7	2	2	1	1	2	2	1	11
8	2	2	1	2	1	1	2	15
T_{1j}	61	45	53	50	56	54	52	$T=105$
T_{2j}	44	60	52	55	49	51	53	
R_j	17	15	1	5	7	3	1	

试验目的是要找出试验结果最小的工艺条件及因素影响的主次顺序.从表 9-22 的极差 R_j 的大小顺序排出因素的主次顺序为

$$\text{主} \rightarrow \text{次}$$
$$A,B;D;C,E$$

最优工艺条件为 $A_2B_1C_1D_2E_1$.

表 9-22 中的列因没有排满因素而空出了第 3,第 6 列,从理论上说,这两列的极差 R_j 应为 0,但因存有随机误差,这两个空列的极差值实际上是相当小的.

三、方差分析

正交试验设计的极差分析简便易行,计算量小,也较直观,但极差分析精度较差,判断因素的作用时缺乏一个定量的标准.这些问题要用方差分析解决.

设有一试验,使用正交表 $L_p(n^m)$,试验的 p 个结果为 $y_1,y_2,\cdots,y_p$,记

$$T=\sum_{i=1}^{p}y_i,\quad \bar{y}=\frac{1}{p}\sum_{i=1}^{p}y_i=\frac{T}{p},$$

$$S_T=\sum_{i=1}^{p}(y_i-\bar{y})^2$$

为试验的 p 个结果的总变差;

$$S_j=r\sum_{i=1}^{n}\left(\frac{T_{ij}}{r}-\frac{T}{p}\right)^2=\frac{1}{r}\sum_{i=1}^{n}T_{ij}^2-\frac{T^2}{p}$$

为第 j 列上安排因素的变差平方和,其中 $r=p/n$.可证明

$$S_T=\sum_{j=1}^{m}S_j,$$

即总变差为各列变差平方和之和,且 S_T 的自由度为 $p-1$,S_j 的自由度为 $n-1$.当正交表的所有列没被排满因素时,即有空列时,所有空列的 S_j 之和就是误差的变差平方和 S_e,这时 S_e 的

自由度 f_e 也为这些空列自由度之和. 当正交表的所有列都排有因素时，即无空列时，取 S_j 中的最小值作为误差的变差平方和 S_e.

从以上分析知，在使用正交表 $L_p(n^m)$ 的正交试验方差分析中，对正交表所安排的因素选用的统计量为

$$F=\frac{S_j}{n-1}\Big/\frac{S_e}{f_e}.$$

当因素作用不显著时，

$$F\sim F(n-1,f_e),$$

其中第 j 列安排的是被检因素.

在实际应用时，先求出各列的 $S_j/(n-1)$ 及 S_e/f_e，若某个 $S_j/(n-1)$ 比 S_e/f_e 还小，则这列就可当作误差列并入 S_e 中去，这样使误差 S_e 的自由度增大，在作 F 检验时会更灵敏. 将所有可当作误差列的 S_j 全并入 S_e 后得新的误差变差平方和，记为 S_e^{Δ}，其相应的自由度为 f_e^{Δ}，这时选用统计量

$$F=\frac{S_j}{n-1}\Big/\frac{S_e^{\Delta}}{f_e^{\Delta}}\sim F(n-1,f_e^{\Delta}).$$

例 9.9　对例 9.8 的表 9-22 作方差分析.

解　由表 9-22 的最后一行的极差值 R_j，利用公式 $S_j=\frac{1}{r}\sum_{i=1}^{n}T_{ij}^2-\frac{T^2}{p}$，得表 9-23.

表 9-23

	A 1	B 2	 3	C 4	D 5	 6	E 7	
R_j	17	15	1	5	7	3	1	
S_j	36.125	28.125	0.125	3.125	6.125	1.125	0.125	$S_T=74.875$

表 9-23 中第 3、第 6 列为空列，因此 $S_e=S_3+S_6=1.250$，其中 $f_e=1+1=2$，所以 $S_e/f_e=0.625$，而第 7 列的 $S_7=0.125$，$S_7/f_7=0.125/1=0.125$ 比 S_e/f_e 小，故将它并入误差.

$S_e^{\Delta}=S_e+S_7=1.375$，$f_e^{\Delta}=3$. 整理成方差分析表 9-24.

表 9-24

方差来源	S_j	f_j	$\frac{S_j}{f_j}$	$F=\frac{S_j}{f_j}\Big/\frac{S_e^{\Delta}}{f_e^{\Delta}}$	显著性
A	36.125	1	36.125	78.818	
B	28.125	1	28.125	61.364	
C	3.125	1	3.125	6.818	
D	6.125	1	6.125	13.364	
E^{Δ}	0.125	1	0.125		
e	1.125 0	2	0.625		
e^{Δ}	1.375	3	0.458		

由于 $F_{0.05}(1,3)=10.13$，$F_{0.01}(1,3)=34.12$，故因素 A，B 的作用高度显著，因素 C 的作用不显著，因素 D 的作用显著，这与前面极差分析的结果是一致的. F 检验法要求选取 S_e，且希望 f_e 要大，故在安排试验时，适当留出些空列会有好处的. 前面的方差分析中，讨论了因素 A 和 B 的交互作用 $A\times B$. 这类交互作用在正交试验设计中同样有表现，即一个因素 A 的水平对试验结果指标的影响同另一个因素 B 的水平选取有关. 当试验考虑交互作用时，也可用前面讲的基本方法来处理，本章就不再介绍了.

小　结

本章介绍了数理统计的基本方法之一：方差分析.

在生产实践中，试验结果往往要受到一种或多种因素的影响. 方差分析就是通过对试验数据进行分析，检验方差相同的多个正态总体的均值是否相等，用以判断各因素对试验结果的影响是否显著. 方差分析按影响试验结果的因素的个数分为单因素方差分析、双因素方差分析和多因素方差分析.

(1)单因素方差分析的情况. 试验数据总是参差不齐，我们用总偏差平方和 $S_T=\sum_{j=1}^{s}\sum_{i=1}^{n_j}(x_{ij}-\bar{x})^2$ 来度量数据间的离散程度. 将 S_T 分解为试验随机误差的平方和(S_E)与因素 A 的效应平方和(S_A)之和. 若 S_A 比 S_E 大得较多，则有理由认为因素的各个水平对应的试验结果有显著差异，从而拒绝因素各水平对应的正态总体的均值相等这一原假设. 这就是单因素方差分析法的基本思想.

(2)双因素方差分析的基本思想类似于单因素方差分析. 但双因素试验的方差分析中，我们不仅要检验因素 A 和 B 各自的作用，还要检验它们之间的交互作用.

(3)正交试验设计及其方差分析. 根据因素的个数及各个因素的水平个数，选取适当的正交表并按表进行试验. 我们通过对这少数的试验数据进行分析，推断出各因素对试验结果影响的大小. 对正交试验结果的分析，通常采用两种方法：一种是直观分析法(极差分析法)，它通过对各因素极差 R_j 的排序来确定各因素对试验结果影响的大小；一种是方差分析法，它的基本思想类似于双因素的方差分析.

重要术语及主题

单因素试验方差分析的数学模型　　$S_T=S_E+S_A$

单因素方差分析表　　双因素方差分析表　　正交试验表　　极差分析表

习　题　九

1. 灯泡厂用 4 种不同的材料制成灯丝，检验灯丝材料这一因素对灯泡寿命的影响. 若灯泡寿命服从正态分布，不同材料的灯丝制成的灯泡寿命的方差相同，试根据表 9-25 中试验结果记录，在显著性水平 0.05 下检验灯泡寿命是否因灯丝材料不同而有显著差异.

表 9-25

		试验批号							
		1	2	3	4	5	6	7	8
灯丝	A_1	1 600	1 610	1 650	1 680	1 700	1 720	1 800	
材料	A_2	1 580	1 640	1 640	1 700	1 750			
水平	A_3	1 460	1 550	1 600	1 620	1 640	1 660	1 740	1 820
	A_4	1 510	1 520	1 530	1 570	1 600	1 680		

2. 一个年级有 3 个小班，该年级进行了一次数学考试，现从各个班级随机地抽取了一些学生，记录其成绩如表 9-26 所示，试在显著性水平 0.05 下检验各班级的平均分数有无显著差异. 设各个总体服从正态分布，且方差相等.

表 9-26

Ⅰ	Ⅱ	Ⅲ
73　66	88　77	68　41
89　60	78　31	79　59
82　45	48　78	56　68
43　93	91　62	91　53
80　36	51　76	71　79
73　77	85　96	71　15
	74　80	87
	56	

3. 下面记录了 3 位操作工分别在不同机器上操作 3 天的日产量，如表 9-27 所示，取显著性水平 $\alpha=0.05$，试分析操作工之间，机器之间以及两者交互作用有无显著差异.

表 9-27

机器	操作工		
	甲	乙	丙
A_1	15　15　17	19　19　16	16　18　21
A_2	17　17　17	15　15　15	19　22　22
A_3	15　17　16	18　17　16	18　18　18
A_4	18　20　22	15　16　17	17　17　17

4. 为了解 3 种不同配比的饲料对仔猪生长影响的差异，对 3 种不同品种的猪各选 3 头进行试验，分别测得其 3 个月间体重增长量如表 9-28 所示，取显著性水平 $\alpha=0.05$，试分析不同饲料与不同品种对猪的生长有无显著影响. 假定其体重增长量服从正态分布，且各种配比的方差相等.

表 9-28

体重增长量		因素 B(品种)		
		B_1	B_2	B_3
因	A_1	51	56	45
素	A_2	53	57	49
A(饲料)	A_3	52	58	47

5. 研究氯乙醇胶在各种硫化系统下的性能(油体膨胀绝对值越小越好)需要考察补强剂(A)、防老剂(B)、硫化系统(C)3 个因素(各取 3 个水平),根据专业理论经验,交互作用全忽略. 根据选用 $L_9(3^4)$表做 9 次试验,试验结果如表 9-29 所示.

表 9-29

试验号	列号				结果
	1	2	3	4	
1	1	1	1	1	7.25
2	1	2	2	2	5.48
3	1	3	3	3	5.35
4	2	1	2	3	5.40
5	2	2	3	1	4.42
6	2	3	1	2	5.90
7	3	1	3	2	4.68
8	3	2	1	3	5.90
9	3	3	2	1	5.63

(1)试作最优生产条件的直观分析,并对 3 因素排出主次关系;

(2)给定 $\alpha=0.05$,作方差分析并与(1)中结果作比较.

6. 某农科站进行早稻品种试验(产量越高越好),需考察品种(A),施氮肥量(B),氮、磷、钾肥比例(C),插植规格(D)4 个因素,根据专业理论和经验,交互作用全忽略. 早稻试验方案及结果分析如表 9-30 所示.

表 9-30

因素试验号	A 品种	B 施氮肥量	C 氮、磷、钾肥比例	D 插植规格	试验指标 产量
1	1(科 6 号)	1(20)	1(2∶2∶1)	1(5×6)	19.0
2	1	2(25)	2(3∶2∶3)	2(6×6)	20.0
3	2(科 5 号)	1	1	2	21.9
4	2	2	2	1	22.3
5	1(科 7 号)	1	2	1	21.0
6	1	2	1	2	21.0
7	2(珍珠矮)	1	2	2	18.0
8	2	2	1	1	18.2

(1)试作最优生产条件的直观分析,并对 4 因素排出主次关系;

(2)给定 $\alpha=0.05$,作方差分析,与(1)中结果作比较.

第十章

回 归 分 析

回归分析方法是数理统计中的常用方法之一，是处理多个变量之间相关关系的一种数学方法.

第一节　回归分析的概述

在客观世界中变量之间的关系有两类.一类是确定性关系.例如，欧姆定律中电压 U 与电阻 R、电流 I 之间的关系为 $U=IR$，如果已知这 3 个变量中的任意两个，则另一个就可精确地求出.另一类是非确定性关系即所谓相关关系.例如，正常人的血压与年龄有一定的关系，一般来讲年龄大的人其血压相对高一些，但是年龄大小与血压高低之间的关系不能用一个确定的函数关系表达出来.又如施肥量与农作物产量之间的关系，树的高度与径粗之间的关系，也都是这样.另外，即便是具有确定关系的变量，由于试验误差的影响，其表现形式也具有某种程度的不确定性.

具有相关关系的变量之间虽然具有某种不确定性，但通过对它们的不断观察，可以探索出它们之间的统计规律，回归分析就是研究这种统计规律的一种数学方法.它主要解决以下几方面问题：

(1)从一组观察数据出发，确定这些变量之间的回归方程；

(2)对回归方程进行假设检验；

(3)利用回归方程进行预测和控制.

回归方程最简单的也是最完善的一种情况，就是线性回归方程.许多实际问题，当自变量局限于一定范围时，可以满意地取这种模型作为真实模型的近似，其误差从实用的观点看无关紧要.因此，本章重点讨论有关线性回归的问题.现在有许多数学软件如 Matlab，SAS 等都有非常有效的线性回归方面的计算程序，使用者只要把数据按程序要求输入到软件中，就可很快得到所要的各种计算结果和相应的图形，用起来十分方便.

我们先考虑两个变量的情形.设随机变量 y 与 x 之间存在着某种相关关系.这里 x 是可以控制或可精确观察的变量.如在施肥量与产量的关系中，施肥量是能控制的，可以随意指定几个值 $x_1, x_2, \cdots, x_n$，故可将它看成普通变量，称为自变量；而产量 y 是随机变量，无法预先作出产量是多少的准确判断，称为因变量.本章只讨论这种情况.

x 可以在一定程度上决定 y，但由 x 的值不能准确地确定 y 的值.为了研究它们的这种关系，我们对 (x,y) 进行一系列观测，得到一个容量为 n 的样本（x 取一组完全不相同的值）：$(x_1,y_1),(x_2,y_2),\cdots,(x_n,y_n)$，其中 y_i 是 $x=x_i$ 处对随机变量 y 观察的结果. 每对 (x_i,y_i) 在平面直角坐标系中对应一个点，把它们都标在平面直角坐标系中，称所得到的图为散点图，如图 10-1 所示.

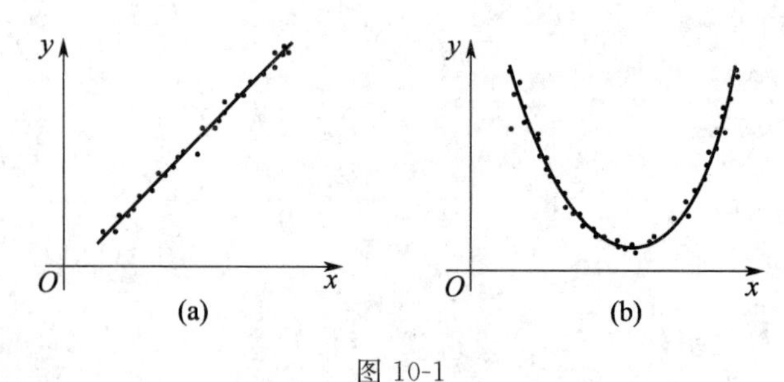

图 10-1

由图 10-1(a) 可看出散点大致地围绕一条直线散布，而图 10-1(b) 中的散点大致围绕一条抛物线散布，这就是变量间统计规律性的一种表现.

如果图中的点像图 10-1(a) 中那样呈直线状，则表明 y 与 x 之间有线性相关关系，我们可建立数学模型

$$y=a+bx+\varepsilon \tag{10.1}$$

来描述它们之间的关系. 因为 x 不能严格地确定 y，故带有一误差项 ε. 假设 $\varepsilon\sim N(0,\sigma^2)$，相当于对 y 作这样的正态假设，对于 x 的每一个值有 $y\sim N(a+bx,\sigma^2)$，其中未知数 a,b,σ^2 不依赖于 x. (10.1) 式称为一元线性回归模型(Univariable linear regression model).

在 (10.1) 式中，a,b,σ^2 是待估计参数. 估计它们的最基本方法是最小二乘法，这将在下节讨论. 记 $\hat{a}$ 和 $\hat{b}$ 是用最小二乘法获得的估计，则对于给定的 x，方程

$$\hat{y}=\hat{a}+\hat{b}x \tag{10.2}$$

称为 y 关于 x 的线性回归方程或回归方程，其图形称为回归直线. (10.2) 式是否真正描述了变量 y 与 x 客观存在的关系，还需进一步检验.

实际问题中，随机变量 y 有时与多个普通变量 $x_1,x_2,\cdots,x_p\ (p>1)$ 有关，可类似地建立数学模型

$$y=b_0+b_1x_1+\cdots+b_px_p+\varepsilon,\quad \varepsilon\sim N(0,\sigma^2), \tag{10.3}$$

其中 $b_0,b_1,\cdots,b_p,\sigma^2$ 都是与 $x_1,x_2,\cdots,x_p$ 无关的未知参数. (10.3) 式称为多元线性回归模型. 和前面所述一个自变量的情形一样，进行 n 次独立观测，得样本：

$$(x_{11},x_{12},\cdots,x_{1p},y_1),\cdots,(x_{n1},x_{n2},\cdots,x_{np},y_n).$$

有了这些数据之后，我们可用最小二乘法获得未知参数的最小二乘估计，记为 $\hat{b}_0,\hat{b}_1,\cdots,\hat{b}_p$，得多元线性回归方程

$$\hat{y}=\hat{b}_0+\hat{b}_1x_1+\cdots+\hat{b}_px_p. \tag{10.4}$$

同理，(10.4) 式是否真正描述了变量 y 与 $x_1,x_2,\cdots,x_p$ 客观存在的关系，还需进一步检验.

第二节 参数估计

一、一元线性回归

最小二乘法是估计未知参数的一种重要方法，现用它来求一元线性回归模型(10.1)式中a和b的估计.

最小二乘法的基本思想是：对一组观察值$(x_1,y_1),(x_2,y_2),\cdots,(x_n,y_n)$，使偏差$\varepsilon_i=y_i-(a+bx_i)$的平方和

$$Q(a,b)=\sum_{i=1}^{n}\varepsilon_i^2=\sum_{i=1}^{n}[y_i-(a+bx_i)]^2 \tag{10.5}$$

达到最小的$\hat{a}$和$\hat{b}$作为a和b的估计，称其为最小二乘估计(Least squares estimates).直观地说，平面上直线很多，选取哪一条最佳呢？很自然的一个想法是，对观测点拟合的所有直线中总会存在一条偏差平方和最小的直线，这条直线便能最佳地反映这些点的分布状况，并且可以证明，在某些假设下，$\hat{a}$和$\hat{b}$是所有线性无偏估计中最好的.

根据微分学的极值原理，可将$Q(a,b)$分别对a,b求偏导数，并令它们等于零，得到方程组：

$$\begin{cases}\dfrac{\partial Q}{\partial a}=-2\sum\limits_{i=1}^{n}(y_i-a-bx_i)=0,\\ \dfrac{\partial Q}{\partial b}=-2\sum\limits_{i=1}^{n}(y_i-a-bx_i)x_i=0,\end{cases} \tag{10.6}$$

即

$$\begin{cases}na+(\sum\limits_{i=1}^{n}x_i)b=\sum\limits_{i=1}^{n}y_i,\\ (\sum\limits_{i=1}^{n}x_i)a+(\sum\limits_{i=1}^{n}x_i^2)b=\sum\limits_{i=1}^{n}x_iy_i.\end{cases} \tag{10.7}$$

(10.7)式称为正规方程组.

由于x_i不全相同，正规方程组的参数行列式

$$\begin{vmatrix} n & \sum\limits_{i=1}^{n}x_i \\ \sum\limits_{i=1}^{n}x_i & \sum\limits_{i=1}^{n}x_i^2 \end{vmatrix}=n\sum_{i=1}^{n}x_i^2-(\sum_{i=1}^{n}x_i)^2=n\sum_{i=1}^{n}(x_i-\bar{x})^2\neq 0.$$

故(10.7)式有唯一解

$$\begin{cases}\hat{b}=\dfrac{\sum\limits_{i=1}^{n}(x_i-\bar{x})(y_i-\bar{y})}{\sum\limits_{i=1}^{n}(x_i-\bar{x})^2},\\ \hat{a}=\bar{y}-\hat{b}\bar{x}.\end{cases} \tag{10.8}$$

于是，所求的线性回归方程为

$$\hat{y}=\hat{a}+\hat{b}x. \tag{10.9}$$

若将 $\hat{a}=\bar{y}-\hat{b}\bar{x}$ 代入上式，则线性回归方程亦可表为

$$\hat{y}=\bar{y}+\hat{b}(x-\bar{x}). \tag{10.10}$$

(10.10)式表明，对于样本观察值$(x_1,y_1),(x_2,y_2),\cdots,(x_n,y_n)$，回归直线通过散点图的几何中心$(\bar{x},\bar{y})$. 回归直线是一条过点$(\bar{x},\bar{y})$，斜率为 $\hat{b}$ 的直线.

上述确定回归直线所依据的原则是使所有观测数据的偏差平方和达到最小值. 按照这个原理确定回归直线的方法称为最小二乘法. “二乘”是指 Q 是二乘方(平方)的和. 如果 y 是正态变量，也可用极大似然估计法得出相同的结果.

为了计算上的方便，引入下述记号：

$$\begin{cases} S_{xx}=\sum\limits_{i=1}^{n}(x_i-\bar{x})^2=\sum\limits_{i=1}^{n}x_i^2-\dfrac{1}{n}\left(\sum\limits_{i=1}^{n}x_i\right)^2, \\ S_{yy}=\sum\limits_{i=1}^{n}(y_i-\bar{y})^2=\sum\limits_{i=1}^{n}y_i^2-\dfrac{1}{n}\left(\sum\limits_{i=1}^{n}y_i\right)^2, \\ S_{xy}=\sum\limits_{i=1}^{n}(x_i-\bar{x})(y_i-\bar{y})=\sum\limits_{i=1}^{n}x_iy_i-\dfrac{1}{n}\left(\sum\limits_{i=1}^{n}x_i\right)\left(\sum\limits_{i=1}^{n}y_i\right). \end{cases} \tag{10.11}$$

这样，a,b 的估计可写成：

$$\begin{cases} \hat{b}=\dfrac{S_{xy}}{S_{xx}}, \\ \hat{a}=\dfrac{1}{n}\sum\limits_{i=1}^{n}y_i-\left(\dfrac{1}{n}\sum\limits_{i=1}^{n}x_i\right)\hat{b}. \end{cases} \tag{10.12}$$

例 10.1 某运动品牌生产一种四季运动鞋，前 10 个月的产量 x 与生产成本 y 的统计资料如表 10-1 所示. 求 y 关于 x 的线性回归方程.

表 10-1

月份	1	2	3	4	5	6	7	8	9	10
x_i/千双	12.0	8.0	11.5	13.0	15.0	14.0	8.5	10.5	11.5	13.3
y_i/万元	11.6	8.5	11.4	12.2	13.0	13.2	8.9	10.5	11.3	12.0

解 为求线性回归方程，将有关计算结果列成表，如表 10-2 所示.

表 10-2

月份	产量 x	费用支出 y	xy	x^2	y^2
1	12.0	11.6	139.2	114	134.56
2	8.0	8.5	68	64	72.25
3	11.5	11.4	131.1	132.25	129.96
4	13.0	12.2	158.6	169	148.84
5	15.0	13.0	195	225	169
6	14.0	13.2	184.8	196	174.24

续表

月份	产量 x	费用支出 y	xy	x^2	y^2
7	8.5	8.9	75.65	72.25	79.21
8	10.5	10.5	110.25	110.25	110.25
9	11.5	11.3	129.95	132.25	127.69
10	13.3	12.0	159.6	176.89	144
$\sum$	117.3	112.6	1 352.15	1 421.89	1 290

将表 10-2 中数据代入公式(10.11)和(10.12),解得:

数学实验

MATLAB 实现案例 3

$$S_{xx}=1\ 421.89-\frac{1}{10}(117.3)^2=45.961,$$

$$S_{xy}=1\ 352.15-\frac{1}{10}\times117.3\times112.6=31.352,$$

$$\hat{b}=\frac{S_{xy}}{S_{xx}}=0.682\ 1,\quad \hat{a}=\frac{112.6}{10}-0.682\ 1\times\frac{117.3}{10}=3.258\ 5.$$

故回归方程为 $\hat{y}=3.258\ 5+0.682\ 1x$.

二、多元线性回归

多元线性回归(Multiple linear regression)分析原理与一元线性回归分析相同,但在计算上要复杂些.

若 $(x_{11},x_{12},\cdots,x_{1p},y_1),\cdots,(x_{n1},x_{n2},\cdots,x_{np},y_n)$为一样本,根据最小二乘法原理,多元线性回归中未知参数 $b_0,b_1,\cdots,b_p$应满足

$$Q=\sum_{i=1}^{n}(y_i-b_0-b_1x_{i1}-\cdots-b_px_{ip})^2$$

达到最小.

对 Q 分别关于 $b_0,b_1,\cdots,b_p$求偏导数,并令它们等于零,得

$$\begin{cases}\dfrac{\partial Q}{\partial b_0}=-2\sum\limits_{i=1}^{n}(y_i-b_0-b_1x_{i1}-\cdots-b_px_{ip})=0,\\ \dfrac{\partial Q}{\partial b_j}=-2\sum\limits_{i=1}^{n}(y_i-b_0-b_1x_{i1}-\cdots-b_px_{ip})x_{ij}=0,\quad j=1,2,\cdots,p.\end{cases}$$

即

$$\begin{cases}b_0n+b_1\sum\limits_{i=1}^{n}x_{i1}+b_2\sum\limits_{i=1}^{n}x_{i2}+\cdots+b_p\sum\limits_{i=1}^{n}x_{ip}=\sum\limits_{i=1}^{n}y_i,\\ b_0\sum\limits_{i=1}^{n}x_{i1}+b_1\sum\limits_{i=1}^{n}x_{i1}^2+b_2\sum\limits_{i=1}^{n}x_{i1}x_{i2}+\cdots+b_p\sum\limits_{i=1}^{n}x_{i1}x_{ip}=\sum\limits_{i=1}^{n}x_{i1}y_i,\\ \cdots\cdots\cdots\cdots\\ b_0\sum\limits_{i=1}^{n}x_{ip}+b_1\sum\limits_{i=1}^{n}x_{i1}x_{ip}+b_2\sum\limits_{i=1}^{n}x_{i2}x_{ip}+\cdots+b_p\sum\limits_{i=1}^{n}x_{ip}^2=\sum\limits_{i=1}^{n}x_{ip}y_i.\end{cases}\tag{10.13}$$

(10.13)式称为正规方程组.引入矩阵

$$\boldsymbol{X}=\begin{pmatrix}1 & x_{11} & x_{12} & \cdots & x_{1p}\\ 1 & x_{21} & x_{22} & \cdots & x_{2p}\\ \vdots & \vdots & \vdots & & \vdots\\ 1 & x_{n1} & x_{n2} & \cdots & x_{np}\end{pmatrix},\quad \boldsymbol{Y}=\begin{pmatrix}y_1\\ y_2\\ \vdots\\ y_n\end{pmatrix},\quad \boldsymbol{B}=\begin{pmatrix}b_0\\ b_1\\ \vdots\\ b_p\end{pmatrix},$$

于是(10.13)式可写成

$$\boldsymbol{X}'\boldsymbol{X}\boldsymbol{B}=\boldsymbol{X}'\boldsymbol{Y}. \tag{10.13$'$}$$

(10.13)$'$式为正规方程组的矩阵形式.若$(\boldsymbol{X}'\boldsymbol{X})^{-1}$存在,则

$$\hat{\boldsymbol{B}}=\begin{pmatrix}\hat{b}_0\\ \hat{b}_1\\ \vdots\\ \hat{b}_p\end{pmatrix}=(\boldsymbol{X}'\boldsymbol{X})^{-1}\boldsymbol{X}'\boldsymbol{Y}. \tag{10.14}$$

方程 $\hat{y}=\hat{b}_0+\hat{b}_1x_1+\cdots+\hat{b}_px_p$为 p 元线性回归方程.

例 10.2 某陶瓷厂生产一种陶瓷杯,x_1 和 x_2 分别表示生产过程中所含有的 A 和 B 两种无机非金属原料的百分数,现在对 A 和 B 各选 4 种剂量,共有 $4\times4=16$ 种不同组合,如表 10-3 所示,其中 y 表示各种含有不同原料的杯子数.根据表中资料求二元线性回归方程.

表 10-3

含 A 种原料的量 x_1	5	5	5	5	10	10	10	10	15	15	15	15	20	20	20	20
含 B 种原料的量 x_2	1	2	3	4	1	2	3	4	1	2	3	4	1	2	3	4
陶瓷杯子数 y	28	30	48	74	29	50	57	42	20	24	31	47	9	18	22	31

解 由(10.13)式,再根据表 10-3 中数据,得正规方程组

$$\begin{cases}16b_0+200b_1+40b_2=560,\\ 200b_0+3\,000b_1+500b_2=6\,110,\\ 40b_0+500b_1+120b_2=1\,580.\end{cases}$$

解得:$b_0=34.75$,$b_1=-1.78$,$b_2=9$.于是所求回归方程为

$$y=34.75-1.78x+9z.$$

第三节 假设检验

用最小二乘法求出的回归直线并不需要 y 与 x 一定具有线性相关关系.从上述求回归直线的过程看,对任何一组试验数据 $(x_i,y_i)(i=1,2,\cdots,n)$都可用最小二乘法形式地求出一条 y 关于 x 的回归直线.若 y 与 x 之间不存在某种线性相关关系,那么这种直线是没有意义的,这就需要对 y 与 x 的线性回归方程进行假设检验,即检验 $E(y)$是否会随着 x 的变化而呈线性变化,如果是,则认为回归方程显著,反之不显著.这个问题可利用线性相关的显著性检验来

解决.

因为当且仅当 $b\neq0$ 时,变量 y 与 x 之间存在线性相关关系.因此我们需要检验假设:

$$H_0:b=0;\quad H_1:b\neq0. \tag{10.15}$$

若拒绝 H_0,则认为 y 与 x 之间存在线性关系,所求得的线性回归方程有意义;若接受 H_0,则认为 y 与 x 的关系不能用一元线性回归模型来表示,所求得的线性回归方程无意义.

关于上述假设的检验,我们介绍两种常用的检验法.

一、方差分析法(F 检验法)

当 x 取值 $x_1,x_2,\cdots,x_n$ 时,得 y 的一组观察值 $y_1,y_2,\cdots,y_n$,则

$$Q_{总}=S_{yy}=\sum_{i=1}^{n}(y_i-\overline{y})^2$$

称为 $y_1,y_2,\cdots,y_n$ 的总偏差平方和 (Total sum of squares),它的大小反映了观察值 $y_1,y_2,\cdots,y_n$ 的分散程度.对 $Q_{总}$ 进行分解:

$$\begin{aligned}Q_{总}&=\sum_{i=1}^{n}(y_i-\overline{y})^2=\sum_{i=1}^{n}[(y_i-\hat{y}_i)+(\hat{y}_i-\overline{y})]^2\\&=\sum_{i=1}^{n}(y_i-\hat{y}_i)^2+\sum_{i=1}^{n}(\hat{y}_i-\overline{y})^2\\&=Q_{剩}+Q_{回},\end{aligned} \tag{10.16}$$

其中

$$Q_{剩}=\sum_{i=1}^{n}(y_i-\hat{y}_i)^2,$$

$$Q_{回}=\sum_{i=1}^{n}(\hat{y}_i-\overline{y})^2=\sum_{i=1}^{n}[(\hat{a}+\hat{b}x_i)-(\hat{a}+\hat{b}\overline{x})]^2=\hat{b}^2\sum_{i=1}^{n}(x_i-\overline{x})^2.$$

$Q_{剩}$ 称为剩余平方和 (Residual sum of squares),它反映了观察值 y_i 偏离回归直线的程度,这种偏离是由试验误差及其他未加控制的因素引起的.可证明 $\hat{\sigma}^2=\dfrac{Q_{剩}}{n-2}$ 是 σ^2 的无偏估计.

$Q_{回}$ 称为回归平方和 (Regression sum of squares),它反映了回归值 $\hat{y}_i(i=1,2,\cdots,n)$ 的分散程度,它的分散性是因 x 的变化而引起的,并通过 x 对 y 的线性影响反映出来.因此 $\hat{y}_1,\hat{y}_2,\cdots,\hat{y}_n$ 的分散性来源于 $x_1,x_2,\cdots,x_n$ 的分散性.

通过对 $Q_{剩}$,$Q_{回}$ 的分析,$y_1,y_2,\cdots,y_n$ 的分散程度 $Q_{总}$ 的剩余平方和与回归平方和的影响可以从数量上区分开来.因而 $Q_{回}$ 与 $Q_{剩}$ 的比值反映了这种线性相关关系与随机因素对 y 的影响的大小,比值越大,线性相关性越强.

可证明统计量

$$F=\frac{Q_{回}}{1}\Big/\frac{Q_{剩}}{n-2}\overset{H_0真}{\sim}F(1,n-2). \tag{10.17}$$

给定显著性水平 α,若 $F\geqslant F_\alpha$,则拒绝假设 H_0,即认为在显著性水平 α 下,y 对 x 的线性相关关系是显著的;反之,则认为 y 对 x 没有线性相关关系,即所求线性回归方程无实际意义.检验时,可使用方差分析表 10-4:

表 10-4

方差来源	平方和	自由度	均方	F 比
回归 剩余	$Q_{回}$ $Q_{剩}$	1 $n-2$	$Q_{回}/1$ $Q_{剩}/(n-2)$	$F=\dfrac{Q_{回}}{\dfrac{Q_{剩}}{(n-2)}}$
总计	$Q_{总}$	$n-1$		

其中

$$\begin{cases} Q_{回} = \sum_{i=1}^{n}(\hat{y}_i - \bar{y})^2 = \hat{b}^2 S_{xx}^2 = S_{xy}^2/S_{xx}, \\ Q_{剩} = Q_{总} - Q_{回} = S_{yy} - S_{xy}^2/S_{xx}. \end{cases} \tag{10.18}$$

例 10.3 在显著性水平 $\alpha=0.05$ 下，检验例 10.1 中的回归效果是否显著.

解 由例 10.1 知

$$S_{xx}=45.961, \quad S_{xy}=31.352, \quad S_{yy}=22.124,$$

$$Q_{回}=S_{xy}^2/S_{xx}=21.3866, \quad Q_{剩}=Q_{总}-Q_{回}=22.124-21.3866=0.7374,$$

$$F=Q_{回}\Bigg/\frac{Q_{剩}}{n-2}=232.0102>F_{0.05}(1,8)=5.32.$$

故拒绝 H_0，即两变量的线性相关关系是显著的.

二、相关系数法（t 检验法）

为了检验线性回归直线是否显著，还可用 x 与 y 之间的相关系数来检验. 相关系数的定义是：

$$r=\frac{S_{xy}}{\sqrt{S_{xx}S_{yy}}}. \tag{10.19}$$

由于

$$Q_{回}/Q_{总}=\frac{S_{xy}^2}{S_{xx}S_{yy}}=r^2 \quad (|r|\leqslant 1), \quad \hat{b}=\frac{S_{xy}}{S_{xx}},$$

则

$$r=\frac{\hat{b}S_{xx}}{\sqrt{S_{xx}S_{yy}}}.$$

显然，r 和 $\hat{b}$ 的符号是一致的，它的值反映了 x 和 y 的内在联系.

提出假设： $H_0:r=0; \quad H_1:r\neq 0.$ (10.20)

可以证明，当 H_0 为真时，

$$t=\frac{r}{\sqrt{1-r^2}}\sqrt{n-2} \sim t(n-2). \tag{10.21}$$

故 H_0 的拒绝域为

$$t\geqslant t_{\alpha/2}(n-2). \tag{10.22}$$

利用该法对例 10.3 进行验证. 由例 10.3 的数据可算出

$$r=\frac{S_{xy}}{\sqrt{S_{xx}S_{yy}}}=0.9832,$$

$$t=\frac{r}{\sqrt{1-r^2}}\sqrt{n-2}=15.2319>t_{0.025}(8)=2.3060.$$

故拒绝 H_0，即两变量的线性相关性显著.

在一元线性回归预测中，相关系数法与方差分析法等价，在实际中只需作其中一种检验即可.

与一元线性回归显著性检验原理相同，为考察多元线性回归这一假定是否符合实际观察结果，还需进行以下假设检验：

$$H_0:b_1=b_2=\cdots=b_p=0;\quad H_1:b_i\text{ 不全为零}.$$

可以证明统计量

$$F=\frac{U}{p}\Big/\frac{Q}{n-p-1}\overset{H_0\text{真}}{\sim}F(p,n-p-1).\tag{10.23}$$

其中 $$U=\boldsymbol{Y}'\boldsymbol{X}(\boldsymbol{X}'\boldsymbol{X})^{-1}\boldsymbol{X}'\boldsymbol{Y}-n\bar{y}^2,\quad Q=\boldsymbol{Y}'\boldsymbol{Y}-\boldsymbol{Y}'\boldsymbol{X}(\boldsymbol{X}'\boldsymbol{X})^{-1}\boldsymbol{X}'\boldsymbol{Y}.$$

给定显著性水平 α，若 $F\geqslant F_\alpha$，则拒绝 H_0，即认为回归效果是显著的.

第四节　预测与控制

一、预测

由于 x 与 y 并非确定性关系，因此对于任意给定的 $x=x_0$，无法精确知道相应的 y_0 值，但可由回归方程计算出一个回归值 $\hat{y}_0=\hat{a}+\hat{b}x_0$，从而可以以一定的置信度预测对应的 y 的观察值的取值范围，即对 y_0 作区间估计，也即对于给定的置信度 $1-\alpha$，求出 y_0 的置信区间(称为预测区间(Prediction interval))，这就是所谓的预测问题.

对于给定的置信度 $1-\alpha$，可证明 y_0 的 $1-\alpha$ 预测区间为

$$\left(\hat{y}_0\pm t_{\frac{\alpha}{2}}(n-2)\hat{\sigma}\sqrt{1+\frac{1}{n}+\frac{(x_0-\bar{x})^2}{S_{xx}}}\right).\tag{10.24}$$

给定样本观察值，作出以下两条曲线：

$$\begin{cases}y_1(x)=\hat{y}(x)-t_{\frac{\alpha}{2}}(n-2)\hat{\sigma}\sqrt{1+\frac{1}{n}+\frac{(x_0-\bar{x})^2}{S_{xx}}},\\ y_2(x)=\hat{y}(x)+t_{\frac{\alpha}{2}}(n-2)\hat{\sigma}\sqrt{1+\frac{1}{n}+\frac{(x_0-\bar{x})^2}{S_{xx}}}.\end{cases}\tag{10.25}$$

这两条曲线形成包含回归直线 $\hat{y}=\hat{a}+\hat{b}x$ 的带形域，如图 10-2 所示. 这一带形域在 $x=\bar{x}$ 处最窄，说明越靠近 $\bar{x}$，预测就越精确；而当 x_0 远离时，置信区域逐渐加宽，此时精度逐渐下降.

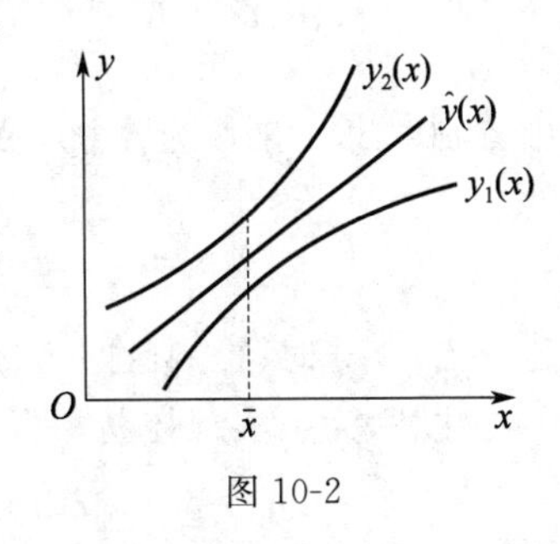

图 10-2

在实际的回归问题中，若样本容量 n 很大，预测区间会更窄，可简化以下计算：

$$\sqrt{1+\frac{1}{n}+\frac{(x_0-\bar{x})^2}{S_{xx}}}\approx1,$$

$$t_{\frac{\alpha}{2}}(n-2)\approx z_{\frac{\alpha}{2}},$$

故 y_0 的置信度为 $1-\alpha$ 的预测区间近似地等于

$$(\hat{y}-\hat{\sigma}z_{\frac{\alpha}{2}},\hat{y}+\hat{\sigma}z_{\frac{\alpha}{2}}). \tag{10.26}$$

特别地,取 $1-\alpha=0.95$,则 y_0 的置信度为 0.95 的预测区间为 $(\hat{y}_0-1.96\hat{\sigma},\hat{y}_0+1.96\hat{\sigma})$. 取 $1-\alpha=0.997$,则 y_0 的置信度为 0.997 的预测区间为 $(\hat{y}_0-2.97\hat{\sigma},\hat{y}_0+2.97\hat{\sigma})$.

可以预料,在全部可能出现的 y 值中,大约有 99.7%的观测点落在直线 $L_1:y=\hat{a}-2.97\hat{\sigma}+\hat{b}x$ 与直线 $L_2:y=\hat{a}+2.97\hat{\sigma}+\hat{b}x$ 所夹的带形区域内,如图 10-3 所示.

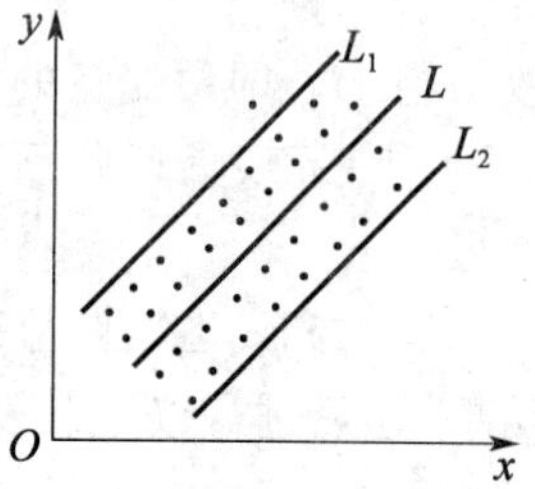

图 10-3

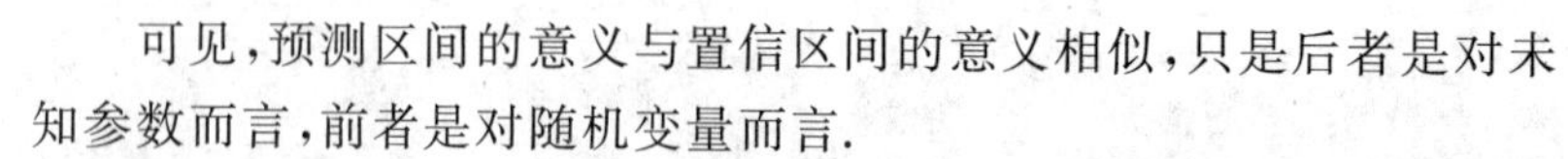

可见,预测区间的意义与置信区间的意义相似,只是后者是对未知参数而言,前者是对随机变量而言.

例 10.4 给定 $\alpha=0.05$, $x_0=13.5$,问例 10.1 中生产成本将会在什么范围?

解 当 $x_0=13.5$ 时,y_0 的预测值为

$$\hat{y}_0=3.2585+0.6821\times13.5=12.4674.$$

给定 $\alpha=0.05$, $t_{0.025}(8)=2.306$,则

$$\hat{\sigma}=\sqrt{\frac{\sum_{i=1}^{n}(y_i-\hat{y}_i)^2}{n-2}}=\sqrt{\frac{0.7374}{8}}=0.3036,$$

$$\sqrt{1+\frac{1}{n}+\frac{(x_0-\overline{x})^2}{S_{xx}}}=\sqrt{1+\frac{1}{10}+\frac{(13.5-11.73)^2}{45.961}}=1.0808,$$

故

$$t_{\frac{\alpha}{2}}(n-2)\hat{\sigma}\sqrt{1+\frac{1}{n}+\frac{(x_0-\overline{x})^2}{S_{xx}}}=2.306\times0.3036\times1.0808=0.7567.$$

即 y_0 将以 95%的概率落在 (12.4674 ± 0.7567) 区间,即预报生产成本在 $(11.7107,13.2241)$ 万元之间.

二、控制

控制实际上是预测的反问题,即要求观察值 y 在一定范围 $y_1<y<y_2$ 内取值,应考虑把自变量 x 控制在什么范围. 即对于给定的置信度 $1-\alpha$,求出相应的 x_1,x_2,使 $x_1<x<x_2$ 时,x 所对应的观察值 y 落在 (y_1,y_2) 之内的概率不小于 $1-\alpha$.

当 n 很大时,从方程组

$$\begin{cases}y_1=\hat{y}-\hat{\sigma}z_{\frac{\alpha}{2}}=\hat{a}+\hat{b}x-\hat{\sigma}z_{\frac{\alpha}{2}},\\ y_2=\hat{y}+\hat{\sigma}z_{\frac{\alpha}{2}}=\hat{a}+\hat{b}x+\hat{\sigma}z_{\frac{\alpha}{2}}\end{cases} \tag{10.27}$$

中分别解出 x 来作为控制 x 的上、下限:

$$\begin{cases}x_1=(y_1-\hat{a}+\hat{\sigma}z_{\frac{\alpha}{2}})/\hat{b},\\ x_2=(y_2-\hat{a}-\hat{\sigma}z_{\frac{\alpha}{2}})/\hat{b}.\end{cases} \tag{10.28}$$

当 $\hat{b}>0$ 时,控制区间为 (x_1,x_2);当 $\hat{b}<0$ 时,控制区间为 (x_2,x_1). 如图 10-4 所示.

注意,为了实现控制,我们必须使区间 (y_1,y_2) 的长度不小于 $2z_{\frac{\alpha}{2}}\hat{\sigma}$,即

$$y_2-y_1>2\hat{\sigma}z_{\frac{\alpha}{2}}.$$

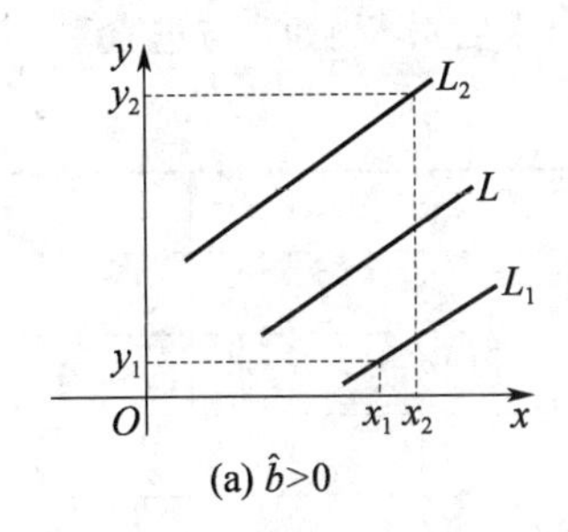

(a) $\hat{b}>0$

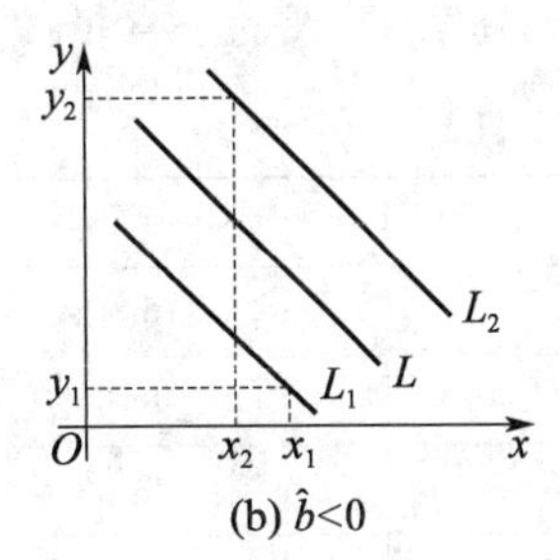

(b) $\hat{b}<0$

图 10-4

第五节　非线性回归的线性化处理

前面讨论了线性回归问题，对线性情形我们有了一整套的理论与方法. 在实际中常会遇见更为复杂的非线性回归问题，此时一般是采用变量代换法将非线性模型线性化，再按照线性回归方法进行处理. 举例如下：

模型
$$y=a+b\sin t+\varepsilon,\quad \varepsilon\sim N(0,\sigma^2),\tag{10.29}$$
其中 a,b,σ^2 为与 t 无关的未知参数，只要令 $x=\sin t$，即可将 (10.29)式化为 (10.1)式.

模型
$$y=a+bt+ct^2+\varepsilon,\quad \varepsilon\sim N(0,\sigma^2),\tag{10.30}$$
其中 a,b,c,σ^2 为与 t 无关的未知参数. 令 $x_1=t,x_2=t^2$，得
$$y=a+bx_1+cx_2+\varepsilon,\quad \varepsilon\sim N(0,\sigma^2),\tag{10.31}$$
它为多元线性回归的情形.

模型
$$\frac{1}{y}=a+b/x+\varepsilon,\quad \varepsilon\sim N(0,\sigma^2),$$
令 $y'=\frac{1}{y},x'=\frac{1}{x}$，则有
$$y'=a+bx'+\varepsilon,\quad \varepsilon\sim N(0,\sigma^2),$$
即化为(10.1)式.

模型
$$y=a+b\ln x+\varepsilon,\quad \varepsilon\sim N(0,\sigma^2),$$
令 $x'=\ln x$，则有
$$y=a+bx'+\varepsilon,\quad \varepsilon\sim N(0,\sigma^2),$$
即可化为(10.1)式.

另外，还有下述模型　$Q(y)=a+bx+\varepsilon,\quad \varepsilon\sim N(0,\sigma^2),$
其中 Q 为已知函数，且设 $Q(y)$存在单值的反函数，a,b,σ^2 为与 x 无关的未知参数. 这时，令 $z=Q(y)$，得
$$z=a+bx+\varepsilon,\quad \varepsilon\sim N(0,\sigma^2).$$
在求得 z 的回归方程和预测区间后，再按 $z=Q(y)$的逆变换，变回原变量 y，得相应方程和区间，我们就分别称它们为关于 y 的回归方程和预测区间. 此时 y 的回归方程的图形是曲线，故又称为曲线回归方程.

例 10.5　某大熊猫繁育基地对刚出生的大熊猫每天的进食量进行测量，来研究熊猫的科

学饮食,从第 1 天到第 18 天的进食量如表 10-5 所示,求喂养天数 x 与进食量 y 的回归方程.

表 10-5

x	y	x	y
2	6.42	11	10.59
3	8.20	12	10.60
4	9.58	13	10.80
5	9.50	14	10.60
6	9.70	15	10.90
7	10.00	16	10.76
8	9.93	18	11.00
9	9.99	19	11.20
10	10.49		

解 散点图如图 10-5 所示.

看起来 y 与 x 呈倒指数关系 $\ln y=a+b\dfrac{1}{x}+\varepsilon$,记 $y'=\ln y, x'=\dfrac{1}{x}$,求出 x', y' 的值,如表 10-6 所示.

表 10-6

x'	y'	x'	y'
0.500 0	1.859 4	0.090 9	2.359 9
0.333 3	2.104 1	0.083 3	2.360 9
0.250 0	2.259 7	0.076 9	2.379 5
0.200 0	2.251 3	0.071 4	2.360 9
0.166 7	2.272 1	0.066 7	2.388 8
0.142 9	2.302 6	0.062 5	2.375 8
0.125 0	2.295 6	0.055 6	2.397 9
0.111 1	2.301 6	0.052 6	2.415 9
0.100 0	2.350 4		

作 (x', y') 的散点图,如图 10-6 所示.

可见各点基本上在一条直线上,故可设

$$y'=a+bx'+\varepsilon, \quad \varepsilon\sim(0,\sigma^2),$$

经计算,得

$$\overline{x'}=0.146\ 4, \quad \overline{y'}=2.296\ 3,$$

$$\sum_{i=1}^{n}(x'_i)^2=0.590\ 2,$$

$$\sum_{i=1}^{n}(y'_i)^2=89.931\ 1,$$

$$\sum_{i=1}^{n} x'_i y'_i = 5.4627.$$

$$\hat{b} = -1.1183, \quad \hat{a} = 2.4600.$$

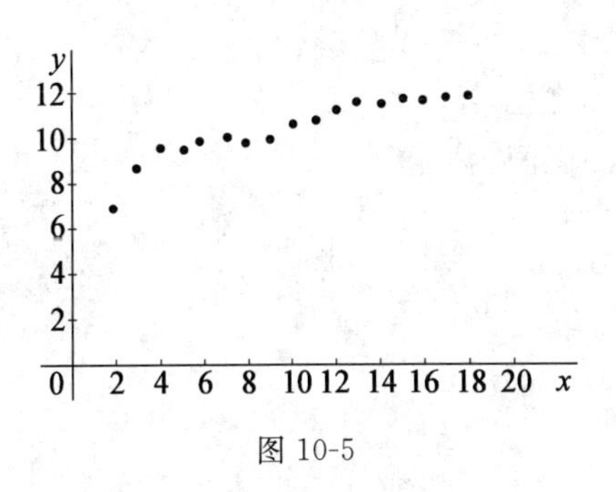

图 10-5

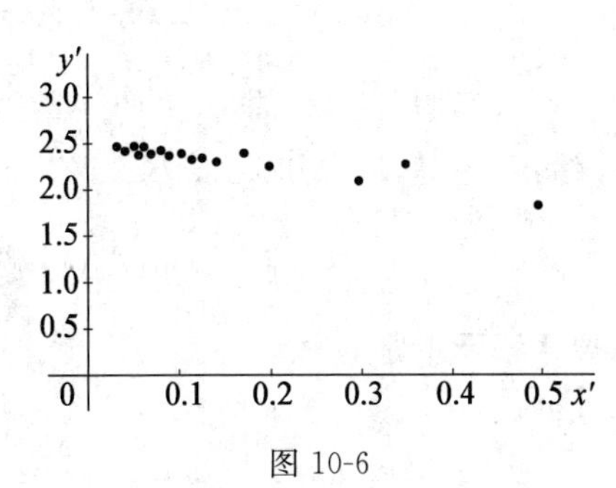

图 10-6

于是 y' 关于 x' 的线性回归方程为

$$y' = -1.1183x' + 2.4600,$$

换回原变量,得

$$\hat{y} = 11.7046\mathrm{e}^{-\frac{1.1183}{x}}.$$

现对 x' 与 y' 的线性相关关系的显著性用 F 检验法进行检验,得

$$F(1,15) = 379.3115 > F_{0.01}(1,15) = 8.68.$$

检验结论表明,此线性回归方程的效果是显著的.

数学实验

MATLAB 实验案例 4

小 结

本章介绍了在实际中应用非常广泛的数理统计方法之一——回归分析,并对线性回归作了参数估计、相关性检验、预测与控制,以及对非线性回归的线性化处理.

(1)一元线性回归模型 $y = a + bx + \varepsilon$ 的最小二乘估计为

$$\hat{b} = \frac{S_{xy}}{S_{xx}}, \quad \hat{a} = \overline{y} - \overline{x}\hat{b}.$$

其中

$$\overline{x} = \frac{1}{n}\sum_{i=1}^{n} x_i, \quad \overline{y} = \frac{1}{n}\sum_{i=1}^{n} y_i, \quad S_{xx} = \sum_{i=1}^{n} x_i^2 - n\overline{x}^2,$$

$$S_{xy} = \sum_{i=1}^{n} x_i y_i - n\overline{x}\,\overline{y}, \quad S_{yy} = \sum_{i=1}^{n} y_i^2 - n\overline{y}^2.$$

(2)变量 y 与 x 的线性相关性假设检验常用方法有两种.

①方差分析法(F 检验法).

$$H_0: b = 0; \quad H_1: b \neq 0,$$

$$F = Q_{\text{回}} \bigg/ \frac{Q_{\text{剩}}}{n-2} \overset{H_0\text{真}}{\sim} F_\alpha(1, n-2),$$

其中

$$Q_{\text{回}} = S_{xy}^2 / S_{xx}, \quad Q_{\text{剩}} = Q_{\text{总}} - Q_{\text{回}} = S_{yy} - S_{xy}^2 / S_{xx}.$$

给定显著性水平 α,若 $F \geqslant F_\alpha$,则拒绝 H_0,即认为 y 对 x 具有线性相关关系.

②相关系数法(t 检验法).

$$H_0: r=0; \quad H_1: r\neq 0,$$

其中

$$r=\frac{S_{xy}}{\sqrt{S_{xx}S_{yy}}}, \quad t=\frac{r}{\sqrt{1-r^2}}\sqrt{n-2}\overset{H_0\text{真}}{\sim} t_{\frac{\alpha}{2}}(n-2).$$

若 $t\geqslant t_{\frac{\alpha}{2}}(n-2)$则拒绝 H_0，即认为两变量的线性相关性显著.

(3)给定 $x=x_0$ 时，y 的置信水平为 $1-\alpha$ 的预测区间为

$$\left(\hat{a}+\hat{b}x_0\pm t_{\frac{\alpha}{2}}(n-2)\hat{\sigma}\sqrt{1+\frac{1}{n}+\frac{(x_0-\bar{x})^2}{S_{xx}}}\right).$$

重要术语及主题

线性回归　　最小二乘估计　　预测与控制　　非线性回归

习　题　十

1. 在硝酸钠 ($NaNO_3$)的溶解度试验中，测得在不同温度 x(℃)下，溶解于 100 份水中的硝酸钠份数 y 的数据如表 10-7 所示，试求 y 关于 x 的线性回归方程.

表 10-7

x_i	0	4	10	15	21	29	36	51	68
y_i	66.7	71.0	76.3	80.6	85.7	92.9	99.4	113.6	125.1

2. 测量了 9 对父子的身高，所得数据如表 10-8 所示(单位:in). 求：

(1)儿子身高 y 关于父亲身高 x 的回归方程；

(2)取 $\alpha=0.05$，检验儿子的身高 y 与父亲身高 x 之间的线性相关关系是否显著；

(3)若父亲身高为 70 in，求其儿子的身高的置信度为 95%的预测区间.

表 10-8

父亲身高 x_i	60	62	64	66	67	68	70	72	74
儿子身高 y_i	63.6	65.2	66	66.9	67.1	67.4	68.3	70.1	70

3. 随机抽取了 10 个家庭，调查了这些家庭的月收入 x(单位:百元)和月支出 y(单位:百元)，记录于表 10-9 中，求：

(1)在平面直角坐标系下作 x 与 y 的散点图，判断 y 与 x 是否存在线性关系；

(2)求 y 与 x 的一元线性回归方程；

(3)对所得的回归方程作显著性检验. ($\alpha=0.025$)

表 10-9

x	20	15	20	25	16	20	18	19	22	16
y	18	14	17	20	14	19	17	18	20	13

4. 设 y 为树干的体积，x_1 为离地面一定高度的树干直径，x_2 为树干高度，一共测量了 31 棵树，数据列于表 10-10 中，作出 y 关于 x_1，x_2 的二元线性回归方程，以便能用简单分法根据 x_1 和 x_2 估计一棵树的体积，进而估计一片森林的木材储量.

表 10-10

x_1(直径)	x_2(高)	y(体积)	x_1(直径)	x_2(高)	y(体积)
8.3	70	10.3	12.9	85	33.8
8.6	65	10.3	13.3	86	27.4
8.8	63	10.2	13.7	71	25.7
10.5	72	10.4	13.8	64	24.9
10.7	81	16.8	14.0	78	34.5
10.8	83	18.8	14.2	80	31.7
11.0	66	19.7	15.5	74	36.3
11.0	75	15.6	16.0	72	38.3
11.1	80	18.2	16.3	77	42.6
11.2	75	22.6	17.3	81	55.4
11.3	79	19.9	17.5	82	55.7
11.4	76	24.2	17.9	80	58.3
11.4	76	21.0	18.0	80	51.5
11.7	69	21.4	18.0	80	51.0
12.0	75	21.3	20.6	87	77.0
12.9	74	19.1			

5. 一家从事市场研究的公司，希望能预测每日出版的报纸在各种不同居民区内的周末发行量，两个独立变量即总零售额和人口密度被选作自变量. 由 $n=25$ 个居民区组成的随机样本所给出的结果列于表 10-11 中，求日报周末发行量 y 关于总零售额 x_1 和人口密度 x_2 的线性回归方程.

表 10-11

居民区	日报周末发行量 y_i/(10^4 份)	总零售额 x_{i1}/(10^5 元)	人口密度 x_{i2}/($\times 0.001$ 人/m^2)
1	3.0	21.7	47.8
2	3.3	24.1	51.3
3	4.7	37.4	76.8
4	3.9	29.4	66.2
5	3.2	22.6	51.9
6	4.1	32.0	65.3
7	3.6	26.4	57.4
8	4.3	31.6	66.8
9	4.7	35.5	76.4
10	3.5	25.1	53.0
11	4.0	30.8	66.9

续表

居民区	日报周末发行量 y_i/(10^4 份)	总零售额 x_{i1}/(10^5 元)	人口密度 x_{i2}/($\times 0.001$ 人/m^2)
12	3.5	25.8	55.9
13	4.0	30.3	66.5
14	3.0	22.2	45.3
15	4.5	35.7	73.6
16	4.1	30.9	65.1
17	4.8	35.5	75.2
18	3.4	24.2	54.6
19	4.3	33.4	68.7
20	4.0	30.0	64.8
21	4.6	35.1	74.7
22	3.9	29.4	62.7
23	4.3	32.5	67.6
24	3.1	24.0	51.3
25	4.4	33.9	70.8

6. 一种合金在某种添加剂的不同浓度之下，各做 3 次试验，得数据如表 10-12 所示.

表 10-12

浓度 x	10.0	15.0	20.0	25.0	30.0
抗压强度 y	25.2	29.8	31.2	31.7	29.4
	27.3	31.1	32.6	30.1	30.8
	28.7	27.8	29.7	32.3	32.8

(1)作散点图；

(2)以模型 $y=b_0+b_1x_1+b_2x_2+\varepsilon,\varepsilon\sim N(0,\sigma^2)$拟合数据，其中 b_0,b_1,b_2,σ^2 与 x 无关，求回归方程 $\hat{y}=\hat{b}_0+\hat{b}_1x+\hat{b}_2x^2$.

附录 A

数学实验

目前用于数理统计的软件有很多，常用的有 Excel、Mathematica、MATLAB、SAS、SPSS 等. 它们的功能都很强大，但各有侧重. 其中，Excel 侧重办公表格处理，Mathematica 的符号计算能力较强，MATLAB 的矩阵处理能力突出，而 SAS、SPSS 主要侧重于数据处理与分析. 很重要的一点是它们都具有很强的统计分析能力，而且随着软件版本的提高，各项功能日趋完善，操作使用也更简便. 本书主要介绍 MATLAB 在概率统计中的应用.

MATLAB 是 MATrix LABoratory（“矩阵实验室”）的缩写，是由美国 MathWorks 公司开发的集数值计算、符号计算和图形可视化三大基本功能于一体的、功能强大、操作简单的语言，也是国际公认的优秀数学应用软件之一.

20 世纪 80 年代初期，Cleve Moler 与 John Little 等利用 C 语言开发了新一代的 MATLAB 语言，此时的 MATLAB 语言已同时具备了数值计算功能和简单的图形处理功能. 1984 年，Cleve Moler 与 John Little 等正式成立了 MathWorks 公司，把 MATLAB 语言推向市场，并开始了对 MATLAB 工具箱等的开发设计. 1993 年，MathWorks 公司推出了基于个人计算机的 MATLAB 4.0 版本，到了 1997 年又推出了 MATLAB 5.X 版本(Release 11)，并在 2019 年推出 MATLAB R 2019a.

现在，MATLAB 已经发展成为适合多学科的大型软件. 在世界各高校，MATLAB 已经成为线性代数、数值分析、数理统计、优化方法、自动控制、数字信号处理、动态系统仿真等高级课程的基本教学工具. 特别是最近几年，MATLAB 在我国大学生数学建模竞赛中的应用，为参赛者在有限的时间内准确、有效地解决问题提供了有力的保证.

概括地讲，整个 MATLAB 系统由两部分组成，即 MATLAB 内核及辅助工具箱，两者的调用构成了 MATLAB 的强大功能. MATLAB 语言以数组为基本数据单位，包括控制流语句、函数、数据结构、输入输出及面向对象等特点的高级语言. 它具有以下主要特点：

(1)运算符和库函数极其丰富，语言简洁，编程效率高，MATLAB 除提供和 C 语言一样的运算符号外，还提供广泛的矩阵和向量运算符. 利用其运算符号和库函数可使其程序相当简短，两三行语句就可实现几十行甚至几百行 C 或 FORTRAN 语言的程序功能.

(2)既具有结构化的控制语句（如 for 循环、while 循环、break 语句、if 语句和 switch 语句），又有面向对象的编程特性.

(3)图形功能强大. 它既包括对二维和三维数据可视化、图像处理、动画制作等高层次的绘图命令，也包括可以修改图形及编制完整图形界面的、低层次的绘图命令.

(4)功能强大的工具箱. 工具箱可分为两类：功能性工具箱和学科性工具箱. 功能性工具箱

主要用来扩充其符号计算功能、图示建模仿真功能、文字处理功能以及与硬件实时交互的功能. 学科性工具箱是专业性比较强的工具箱,如优化工具箱、统计工具箱、控制工具箱、小波工具箱、图像处理工具箱、通信工具箱等.

(5)易于扩充. 除内部函数外,所有 MATLAB 的核心文件和工具箱文件都是可读可改的源文件,用户可修改源文件和加入自己的文件,它们可以与库函数一样被调用.

统计工具箱 (Statistics Toolbox)是 MATLAB 提供给人们的一个强有力的统计分析工具,包含 200 多个 M 文件(函数),主要支持以下各方面的内容.

(1)概率分布:提供了 20 种概率分布,包含离散型和连续型分布,且每种分布提供了 5 个有用的函数,即概率密度函数、累积分布函数、逆累积分布函数、随机产生器与方差计算函数.

(2)参数估计:依据特殊分布的原始数据,可以计算分布参数的估计值及其置信区间.

(3)描述性统计:提供描述数据样本特征的函数,包括位置和散布的度量、分位数估计值和数据处理缺失情况的函数等.

(4)线性模型:针对线性模型,工具箱提供的函数涉及单因素方差分析、双因素方差分析、多重线性回归、逐步回归、响应曲面和岭回归等.

(5)非线性模型:为非线性模型提供的函数涉及参数估计、多维非线性拟合的交互预测和可视化以及参数和预计值的置信区间计算等.

(6)假设检验:此间提供最通用的假设检验函数——t 检验和 z 检验.

(7)统计绘图:MATLAB 图形库添加了 box 图、正态概率图、威布尔概率图、分位数与分位数图等,另外对多项式拟合和预测的支持进行扩展.

(8)试验设计:支持因子设计和优化设计.

统计工具箱函数主要分为两类:

①数值计算函数;

②交互式图形函数.

统计工具箱所提供的前一类工具由一些函数组成,可以通过命令行或自己的应用程序来调用这些函数. 其中很多函数为 MATLAB 的 M 文件,这些文件由一系列实现特殊统计算法的语句构成. 可以用下述语句查看这些函数的代码:

```
type functions_name
```

工具箱所提供的后一类工具是一些能够通过图形用户界面(GUI)来使用的交互式图形工具. 这些基于 GUI 的工具同时也为多项式拟合和预测以及概率函数开发提供环境.

A1 概率模型、数据统计与区间估计

实验 A1.1 概率模型

1. 频率与概率

例 1.1(高尔顿钉板实验) 在高尔顿钉板上端放一个小球,任其自由下落. 在其下落过程中,当小球碰到钉子时从左边落下的概率为 p,从右边落下的概率为 $1-p$,碰到下一排钉子又是如此，最后落到底板中的某一格子．因此任意放入一球，则此球落入哪个格子事先难以确定．设横排共有 $m=20$ 排钉子，下面进行模拟实验．

(1)取 $p=0.5$，在板上端放入一个小球，观察小球落下的位置；将该实验重复做5次，观察5次实验结果的共性及每次实验结果的偶然性；

(2)分别取 $p=0.15,0.5,0.85$，在板上端放入 n 个小球，取 $n=5\ 000$，观察 n 个小球落下后呈现的曲线．

作出不同 p 值下5 000个小球落入各个格子的频数的直方图，在 MATLAB 中建立 M 文件：

```
function []=test1_2(p);
n=5; m=5000;
rand('seed',3);
R=binornd(n,p,1,m); %模拟服从二项分布的随机数,相当于模拟球 m 次
for I=1:n+1            %开始计数
k=[];
k=find(R==(I-1)); %find 是一个有用的命令,本语句的作用是找出 R 中(I-1)元素下标,并赋予向量 K 中
h(I)=length(k)/m; %计算落在编号为(I-1)的格子的小球概率
end
bar([0:n],h),axis([-1,21,0,1]) %画频率图
```

在命令窗口中输入：test1_2(0.15);

test1_2(0.5);

test1_2(0.85);

则输出结果如图1-1所示．

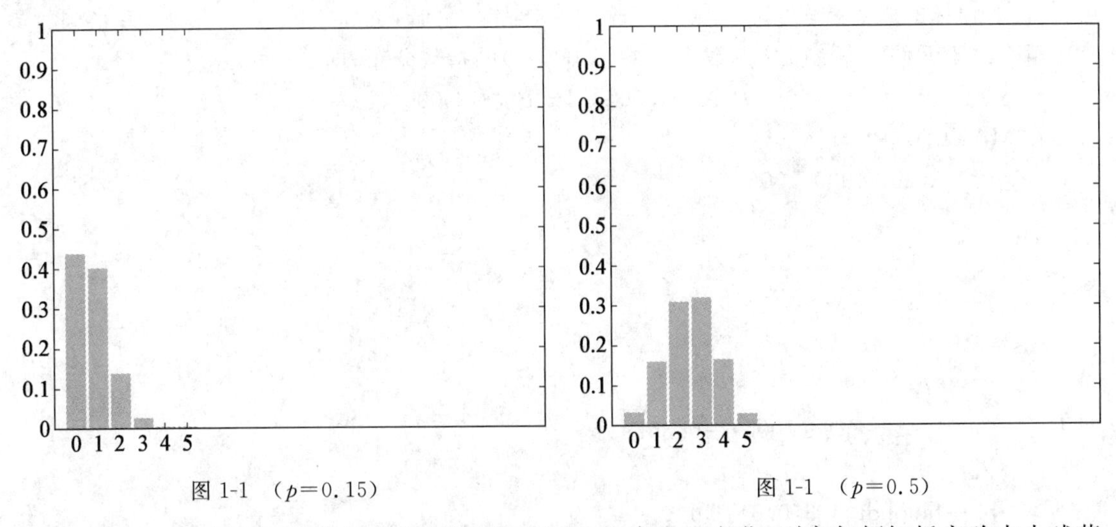

图1-1 ($p=0.15$)　　图1-1 ($p=0.5$)

由图1-1可见：若小球碰钉子后从两边落下的概率发生变化，则高尔顿钉板实验中小球落入各个格子的频数发生变化，从而频率也相应地发生变化．当 $p>0.5$ 时，曲线峰值的格子位置向右偏；当 $p<0.5$ 时，曲线峰值的格子位置向左偏．

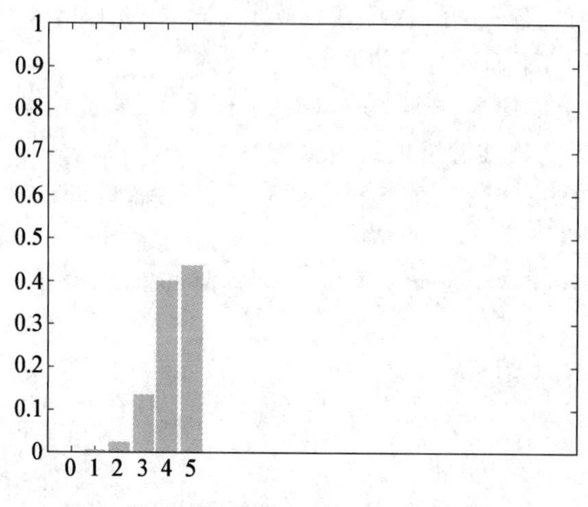

图 1-1 （$p=0.85$）

2. 用 MATLAB 计算离散型随机变量的分布

例 1.2 在一级品率为 0.2 的大批产品中，随机地抽取 20 个产品，求其中有两个一级的概率.

解 在 MATLAB 中，输入：

```
>>clear
>> Px=binopdf(2,20,0.2)
Px=
0.1369
```

即所求概率为 0.1369.

例 1.3 某元件寿命 ξ 服从参数为 $\lambda(\lambda=1\ 000^{-1})$ 的指数分布，3 个这样的元件使用 1 000 h 后，都没有损坏的概率是多少？

解 由于元件寿命 ξ 服从参数为 $\lambda(\lambda=1\ 000^{-1})$ 的指数分布，即

$$P\{\xi>1\ 000\}=1-P\{\xi\leqslant 1\ 000\}.$$

在 MATLAB 中，输入：

```
>>p=expcdf(1000,1000)
p=
    0.6321
>>1-p
ans=
    0.3679
```

即 $P\{\xi>1000\}=1-P\{\xi\leqslant 1000\}=0.3679$.

再输入：

```
>>p2=binopdf(3,3,0.3679)
p2=
    0.0498
```

即 3 个这样的元件使用 1 000 h 都未损坏的概率为 0.049 8.

3. 用 MATLAB 计算连续型随机变量的分布

例 1.4 某厂生产一种设备，其平均寿命为 10 年，标准差为 2 年. 如该设备的寿命服从正态分布，求寿命不低于 9 年的设备占整批设备的比例.

解 设随机变量 ξ 为设备寿命，由题意 $\xi \sim N(10,2^2)$，$P\{\xi \geqslant 9\}=1-P\{\xi<9\}$.

在 MATLAB 中，输入：

```
>>clear
>> p1－normcdf(9,10,2)
p1=
    0.3085
>>1－p1
ans=
    0.6915
```

4. 用 MATLAB 计算随机变量的期望和方差

例 1.5 求二项分布参数 $n=100$，$p=0.2$ 的期望方差.

解 在 MATLAB 中，输入：

```
n=100;p=0.2;
[E,D]=binostat(n,p)
```

输出：

```
E=
    20
D=
    16
```

例 1.6 求正态分布参数 $\mu=100$，$\sigma=0.2$ 的期望方差.

解 在 MATLAB 中，输入：

```
μ=6;σ=0.25
[E,D]=normstat(μ,σ)
```

输出：

```
E=
    6
D=
    0.0625
```

5. 中心极限定理的直观演示

例 1.7 中心极限定理表明大量独立随机变量的和近似服从正态分布，它是正态分布应用的理论依据. 设 $\xi_1,\xi_2,\cdots,\xi_k,\cdots$ 独立同分布且 $E(\xi_i)=\mu$，$D(\xi_i)=\sigma^2$，则当 k 很大时，$\eta_k=\sum \xi_i$ 近似服从 $N(k\xi,k\sigma^2)$.

解 下列 M 文件给出 100 个在(0,1)上独立服从均匀分布的随机变量之和的分布，黑色曲线为理论上的正态分布密度.

新建 M 文件，并命名为 test1_4，程序如下(【】以内)：

```
【function []=test1_4()
clear; close;
K=100; N=K; M=100;
r=rand(N,M); mu=N * 0.5; sigma=sqrt(N/12);
s=sum(r);
mu=mean(s)
sigma=std(s)
[n,x]=hist(s,mu-5 * sigma:sigma:mu+5 * sigma);
bar(x,n/M/sigma,'r'); hold on;
h=mu-5 * sigma:0.1 * sigma:mu+5 * sigma;
t=exp(-(h-mu).^2/2/sigma^2)/sqrt(2 * pi)/sigma;
plot(h,t,'k'); title('中心极限定理');
legend('独立 RV 和','正态分布');hold off; 】
```

在 MATLAB 主窗口输入 test1_4(),调试程序得到如下结果:

```
>> test1_4
mu=
      49.7376
sigma=
       2.5400
```

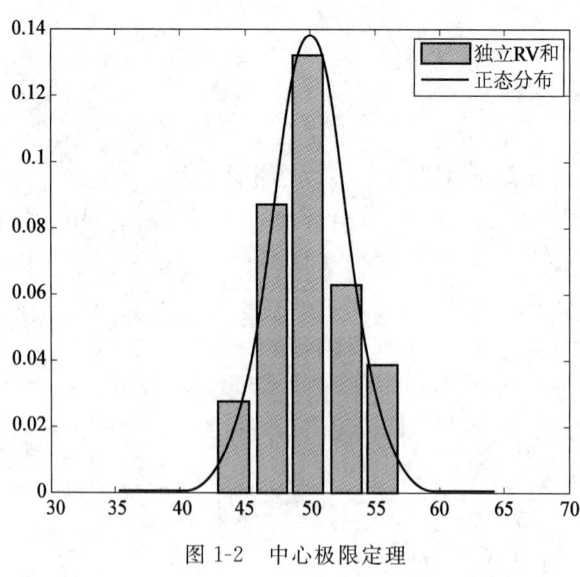

图 1-2　中心极限定理

实验 A1.2　数据统计

1. 样本的数据统计

例 2.1　在某工厂生产的某种型号的圆轴中任取 20 个,测得其直径数据如下:

15.28， 15.63， 15.13， 15.46， 15.40， 15.56， 15.35， 15.56， 15.38， 15.21，

15.48， 15.58， 15.57， 15.36， 15.48， 15.46， 15.52， 15.29， 15.42， 15.69，
求上述数据的样本均值，中位数，样本方差，极差，二阶、三阶中心矩，偏度系数，峰度系数.

解 在 MATLAB 中，输入：

```
>>x=[15.28,15.63,15.13,15.46,15.40,15.56,15.35,15.56,15.38,15.21,15.48,
15.58,15.57,15.36,15.48,15.46,15.52,15.29,15.42,15.69];
>>  y=[mean(x),median(x),var(x),range(x),moment(x,2),moment(x,3),skewness(x),kurtosis(x)]
```

输出：y=

```
    15.4405   15.4600   0.0206   0.5600   0.0196   −0.0010   −0.3653   2.5703
```

2. 作样本直方图

例 2.2 从某厂生产的某种零件中随机抽取 118 个，测得其质量(单位：g)如表 2-1 所示. 按表 2-1 作频率直方图.

表 2-1

200	202	203	208	216	206	222	213	209	219	216	203
197	208	206	209	206	208	202	203	206	213	218	207
208	202	194	203	213	211	193	213	208	208	204	206
206	206	208	209	213	203	206	207	196	201	208	207
213	208	210	208	211	211	214	220	211	203	216	206
221	211	209	218	214	219	211	208	221	211	218	207
190	219	211	208	199	214	207	207	214	206	217	200
214	201	212	213	211	212	216	206	210	216	204	198
221	208	209	214	214	199	204	211	201	216	211	209
208	209	202	211	207	220	205	206	216	213		

解 鉴于数据的数量较大，可以先在一个文本文件中输入，保存为 data1. txt. 在 MATLAB 中先将数据通过 file→import data 导入，然后输入：

```
>>  hist(data1,6)
```

输出：

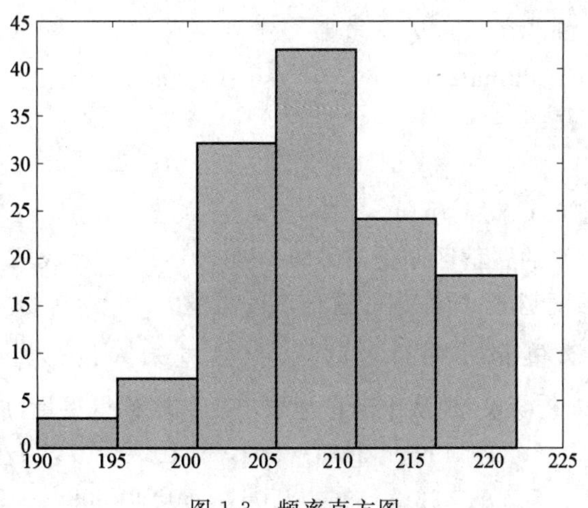

图 1-3 频率直方图

实验 A1.3 区间估计

1. 单正态总体的均值的置信区间(方差已知情形)

例 3.1 某车间生产滚珠,从长期实践中知道,滚珠直径可以认为服从正态分布.从某天产品中任取 6 个,测得直径如下(单位:mm):

15.6, 16.3, 15.9, 15.8, 16.2, 16.1,

若已知直径的方差是 0.06,试求总体均值 μ 的置信度为 0.95 的置信区间与置信度为 0.90 的置信区间.

输入:

```
>>alpha=0.05;
sigma=0.06^0.5;
x=[15.6 16.3 15.9 15.8 16.2 16.1];
n=length(x);
mu=mean(x);
u=norminv(1-alpha/2,0,1);
muci=[mu-u*sqrt(sigma^2/n),mu+u*sqrt(sigma^2/n)]
```

则输出:

```
muci=
     15.7773    16.1893
```

即均值 μ 的置信度为 0.95 的置信区间是(15.787 3,16.179 3).

为求出置信度为 0.90 的置信区间,输入:

```
alpha=0.1;
sigma=0.06^0.5;
x=[15.6 16.3 15.9 15.8 16.2 16.1];
n=length(x);
mu=mean(x);
u=norminv(1-alpha/2,0,1);
muci=[mu-u*sqrt(sigma^2/n),mu+u*sqrt(sigma^2/n)]
```

输出:

```
muci=
     15.8188    16.1478
```

即均值 μ 的置信度为 0.90 的置信区间是(15.818 8,16.147 8).比较两个不同置信度所对应的置信区间可以看出,置信度越大,所作出的置信区间也越大.

2. 单正态总体的均值和方差的置信区间(方差未知情形)

例 3.2 有一大批袋装糖果,现从中随机地取出 16 袋,称得重量(以 g 计)如下:

506, 508, 499, 503, 504, 510, 497, 512,

514, 505, 493, 496, 506, 502, 509, 496,

设袋装糖果的重量近似地服从正态分布,试求置信度分别为 0.95 与 0.90 的总体均值 μ 的置信区间.

输入:

```
>> x=[506 508 499 503 504 510 497 512 514 505 493 496 506 502 509 496];
>> [muhat,sigmahat,muci,sigmaci]=normfit(x,0.05)
```
(因为置信度是 0.95,故可省略 alpha 的值)

输出:

```
muhat=
        503.7500
sigmahat=
          6.2022
muci=
        500.4451
        507.0549
sigmaci=
          4.5816
          9.5990
```

即 μ 的置信度为 0.95 的置信区间是(500.445 1,507.054 9),σ^2 的置信度为 0.95 的置信区间是(4.581 6,9.599 0).

再输入:

```
[muhat,sigmahat,muci,sigmaci]=normfit(x,0.1)
```

输出:

```
muci=
        501.0318
        506.4682
sigmaci=
          4.8046
          8.9144
```

即 μ 的置信度为 0.90 的置信区间是(501.031 8,506.468 2),σ^2 的置信度为 0.95 的置信区间是(4.804 6,8.914 4).

3. 两个正态总体均值差的置信区间

例 3.3 比较 A、B 两种灯泡的寿命,从 A 种取 80 只作为样本,计算出样本均值 $\bar{x}=2\,000$,样本标准差 $s_1=80$. 从 B 种取 100 只作为样本,计算出样本均值 $\bar{y}=1\,900$,样本标准差 $s_2=100$. 假设灯泡寿命服从正态分布,方差相同且相互独立,求均值差 $\mu_1-\mu_2$ 的置信区间($\alpha=0.05$).

置信区间为 $\left[\bar{x}-\bar{y}-t_{0.025}(178)\times s_w\sqrt{\frac{1}{80}+\frac{1}{100}},\bar{x}-\bar{y}+t_{0.025}(178)\times s_w\sqrt{\frac{1}{80}+\frac{1}{100}}\right]$,其中 $s_w=\sqrt{\frac{79\times 80^2+99\times 100^2}{178}}$.

输入：

```
>> Sw=sqrt((79*80^2+99*100^2)/(80+100-2));
>> s=Sw*sqrt(1/80+1/100)*tinv(1-0.025,80+100-2);
muci=[2000-1900-s,2000-1900+s]
```

输出：

```
muci=
        72.8669    127.1331
```

即所求均值差的置信区间为(72.866 9,127.133 1).

4. 两个正态总体方差比的置信区间

例 3.4 设两个工厂生产的灯泡寿命分别近似服从正态分布 $N(\mu_1,\sigma_1^2)$和 $N(\mu_2,\sigma_2^2)$. 样本分别为：

工厂甲：1 600， 1 610， 1 650， 1 680， 1 700， 1 720， 1 800；

工厂乙：1 460， 1 550， 1 600， 1 620， 1 640， 1 660， 1 740， 1 820.

设两样本相互独立，且 $\mu_1,\mu_2,\sigma_1^2,\sigma_2^2$ 均未知，求置信度分别为 0.95 与 0.90 的方差比 σ_1^2/σ_2^2 的置信区间.

输入：

```
x=[1600 1610 1650 1680 1700 1720 1800];
y=[1460 1550 1600 1620 1640 1660 1740 1820];
n1=length(x);
n2=length(y);
s1=var(x);
s2=var(y);
f1=finv(0.975,n1-1,n2-1);
f2=finv(0.025,n1-1,n2-1);
sigmaci=[s1/(s2*f1),s1/(s2*f2)]
```

输出：

```
sigmaci=
          0.0765      2.2308
```

这是置信度为 0.95 时方差比的置信区间.

下面求置信度为 0.90 时的置信区间.

输入：

```
>> f1=finv(0.95,n1-1,n2-1);
f2=finv(0.05,n1-1,n2-1);
sigmaci=[s1/(s2*f1),s1/(s2*f2)]
```

输出：

```
sigmaci=
              0.1013     1.6477
```

这是置信度为 0.90 时方差比的置信区间.

A2 假设检验、回归分析与方差分析

实验 A2.1 假设检验

1. 单正态总体均值的假设检验(方差已知情形)

例 1.1 某车间生产钢丝,用 X 表示钢丝的折断力,由经验判断 $X \sim N(\mu,\sigma^2)$,其中 $\mu=570$,$\sigma^2=8^2$. 今换了一批材料,从性能上看,估计折断力的方差 σ^2 不会有什么变化(即仍有 $\sigma^2=8^2$),但不知折断力的均值 μ 和原先有无差别. 现抽得样本,测得其折断力为:

578, 572, 570, 568, 572, 570, 570, 572, 596, 584.

取 $\alpha=0.05$,试检验折断力均值有无变化.

根据题意,要对均值作双侧假设检验:

$$H_0:\mu=570;\quad H_1:\mu\neq570.$$

输入:

```
>> x=[578 572 570 568 572 570 570 572 596 584];
>> [h,sig]=ztest(x,570,8,0.05,0)
```

输出:

```
h=1,sig=0.0398
```

结论:拒绝原假设.

2. 单正态总体均值的假设检验(方差未知情形)

例 1.2 水泥厂用自动包装机包装水泥,每袋额定重量是 50 kg,某日开工后随机抽查了 9 袋,称得重量如下:

49.6, 49.3, 50.1, 50.0, 49.2, 49.9, 49.8, 51.0, 50.2.

设每袋水泥的重量服从正态分布,问包装机工作是否正常($\alpha=0.05$)?

根据题意,要对均值作双侧假设检验:

$$H_0:\mu=50;\quad H_1:\mu\neq50.$$

输入:

```
>> x=[49.6 49.3 50.1 50.0 49.2 49.9 49.8 51.0 50.2];
>> ans=mean(x);
>> [h,p,ci,T]=ttest(x,50,0.05,0)
```

输出:

```
ans=
    49.9000
h=
    0
p=
```

```
    0.5911
ci=
    49.4878    50.3122
T=
tstat:-0.5595
df:8
sd:0.5362
```

结论:在显著性水平 $\alpha=0.05$ 下,不拒绝原假设,即认为包装机工作正常.

例 1.3 从一批零件中任取 100 件,测其直径,得平均直径为 5.2,标准差为 1.6. 在显著性水平 $\alpha=0.05$ 下,判定这批零件的直径是否符合为 5 的标准.

根据题意,要对均值作假设检验:

$$H_0:\mu=5;\quad H_1:\mu\neq 5.$$

检验的统计量为 $T=\dfrac{\overline{X}-\mu_0}{s/\sqrt{n}}$,它服从自由度为 $n-1$ 的 t 分布. 已知样本容量 $n=100$,样本均值 $\overline{X}=5.2$,样本标准差 $s=1.6$.

输入:

```
>>x=normrnd(5.2,1.6,100,1);
>> [h,p,ci]=ttest(x,5,0.05)
```

输出:

```
h=
    0
p=
    0.4946
ci=
    4.7960
    5.4195
```

结论:故不拒绝原假设,认为这批零件的直径符合为 5 的标准.

3. 单正态总体的方差的假设检验

例 1.4 某工厂生产金属丝,产品指标为折断力. 折断力的方差被用作工厂生产精度的表征. 方差越小,表明精度越高. 以往工厂一直把该方差保持在 64 kg^2 与 64 kg^2 以下. 最近从一批产品中抽取 10 根做折断力试验,测得的结果(单位:kg)如下:

578, 572, 570, 568, 572, 570, 572, 596, 584, 570,

由上述样本数据算得 $\bar{x}=575.2, s^2=75.74$.

为此,厂方怀疑金属丝折断力的方差变大了,如确实增大了,表明生产精度不如以前,就需对生产流程作一番检验,以发现生产环节中存在的问题.

根据题意,要对方差作双边假设检验:

$$H_0:\sigma^2\leqslant 64;\quad H_1:\sigma^2>64.$$

MATLAB 中没有专门解决这类问题的函数,因此需要编写 M 文件.

输入:

```
function [h,v]=x2test2 (x,sigma,alpha,tail)
n=length(x);
v=var(x);
xx=(n-1) * v/(sigma^2);
if tail==0
x1=chi2inv(1-alpha/2,n-1);
x2-chi2inv(alpha/2,n-1);
  if  xx<=x1 && xx>=x2
      h=0;
  else
      h=1;
  end
end
  if tail==-1
x1=chi2inv(1-alpha/2,n-1);
    if  xx<=x1
      h=0;
  else
      h=1;
    end
end
if tail==1
x2=chi2inv(alpha/2,n-1);
if  xx>=x2
      h=0;
else
      h=1;
     end
end
```

保存为 x2test2.m,以下调用该函数进行检验.

输入:

```
x=[578 572 570 568 572 570 572 596 584 570];
[h,sig]=x2test2(x,8,0.05,-1)
```

输出:

```
sig=
    75.73335
h=
    0
```

则检验报告给出:样本标准差 $\sigma^2=75.733\,3$,在显著性水平 $\alpha=0.05$ 时,接受原假设,即认为样本方差的偏大系偶然因素，生产流程正常，故不需再作进一步的检查.

4. 双正态总体均值差的检验(方差未知但相等)

例 1.5 某地某年高考后随机抽得 15 名男生、12 名女生的物理考试成绩如下：

男生：49， 48， 47， 53， 51， 43， 39， 57， 56， 46， 42， 44， 55， 44， 40；

女生：46， 40， 47， 51， 43， 36， 43， 38， 48， 54， 48， 34.

从这 27 名学生的成绩能说明这个地区男、女生的物理考试成绩不相上下吗(显著性水平 $\alpha=0.05$)?

根据题意，要对均值差作单边假设检验：

$$H_0:\mu_1=\mu_2;\quad H_1:\mu_1\neq\mu_2.$$

输入：

```
>> x=[49 48 47 53 51 43 39 57 56 46 42 44 55 44 40];
>> y=[46 40 47 51 43 36 43 38 48 54 48 34];
>> [h,sig,ci]=ttest2(x,y,0.05,0)
```

输出：

```
h=
    0
sig=
   0.9350
ci=
-Inf  7.5286
```

结论：认为这一地区男、女生的物理考试成绩不相上下.

5. 双正态总体方差比的假设检验

例 1.6 为比较甲、乙两种安眠药的疗效，将 20 名患者分成两组，每组有 10 人，如服药后两组患者延长的睡眠时间均服从正态分布，其数据为(单位：h)：

甲：5.5， 4.6， 4.4， 3.4， 1.9， 1.6， 1.1， 0.8， 0.1， −0.1；

乙：3.7， 3.4， 2.0， 2.0， 0.8， 0.7， 0， −0.1， −0.2， −1.6.

问在显著性水平 $\alpha=0.05$ 下两种药的疗效有无显著差别?

根据题意，先在 μ_1,μ_2 未知的条件下检验假设：

$$H_0:\sigma_1^2=\sigma_2^2;\quad H_1:\sigma_1^2\neq\sigma_2^2.$$

MATLAB 中没有专门解决这类问题的函数，因此需要编写 M 文件.

输入：

```
function [h,sig]=ftest2(x,y,alpha,tail)
n1=length(x);
n2=length(y);
xbar=mean(x);  ybar=mean(y);
[m1,v1]=chi2stat(n1-1); [m2,v2]=chi2stat(n2-1);
ff=v1/v2;
if tail==0
```

```
f=finv(1-alpha/2,n1-1,n2-1);   sig=2*(1-normcdf(abs(ff)));
  if ff<=f
      h=0;
  else
      h=1;
  end
end
```

保存为 ftest2.m,下面调用该函数进行检验.

输入:

```
>>x=[5.5 4.6 4.4 3.4 1.9 1.6 1.1 0.8 0.1 -0.1];
y=[3.7 3.4 2.0 2.0 0.8 0.7 0 -0.1 -0.2 -1.6];
[h,s]=ftest2(x,y,0.05,0)
```

输出:

```
h=
    0
s=
    0.3173
```

由检验报告知两总体方差相等的假设成立.

其次,要在方差相等的条件下作均值是否相等的假设检验:

$$H'_0:\mu_1=\mu_2;\quad H'_1:\mu_1\neq\mu_2.$$

输入:

```
>> [h,sig,ci]=ttest2(x,y,0.05,0)
```

输出:

```
h=
    0
sig=
    0.1452
ci=
    -0.4784    2.9984
```

根据输出的检验报告,应接受原假设 $H'_0:\mu_1=\mu_2$. 因此,在显著性水平 $\alpha=0.05$ 下可认为 $\mu_1=\mu_2$.

综合上述讨论结果,可以认为两种安眠药的疗效无显著差异.

6. 分布拟合检验——χ^2 检验法

例 1.7 在 20 天内,从维尼纶正常生产时产生的报表中看到维尼纶纤度的情况,有如下 100 个数据:

1.36,1.49,1.43,1.41,1.37,1.41,1.32,1.43,1.47,1.39,1.41,1.36,1.40,1.34,1.42,1.42,1.45,1.35,1.42,1.39,1.44,1.42,1.39,1.42,1.42,1.30,1.34,1.42,1.37,1.36,1.37,1.34,1.37,1.37,1.44,1.45,1.32,1.48,1.40,1.45,1.39,1.46,1.39,1.53,1.36,1.48,1.40,1.39,1.38,1.40,1.36,1.45,1.50,1.43,1.38,1.43,1.41,1.48,1.39,1.45,1.37,1.37,1.39,

1.45,1.31,1.41,1.44,1.44,1.42,1.42,1.35,1.36,1.39,1.40,1.38,1.35,1.42,1.43,1.42,1.42,1.42,1.40,1.41,1.37,1.46,1.36,1.37,1.27,1.37,1.38,1.42,1.34,1.43,1.42,1.41,1.41,1.44,1.48,1.55,1.37.

正常情况下,维尼纶纤度服从正态分布,试根据这100个样本数据在显著性水平 $\alpha=0.1$ 下验证生产是正常的.

1° 进行未知参数的极大似然估计.

输入:

```
>> x=[1.36 1.49 1.43 1.41 1.37 1.41 1.32 1.43 1.47 1.39 1.41 1.36 1.40 1.34
1.42 1.42 1.45 1.35 1.42 1.39 1.44 1.42 1.39 1.42 1.42 1.30 1.34 1.42 1.37 1.36 1.37
1.34 1.37 1.37 1.44 1.45 1.32 1.48 1.40 1.45 1.39 1.46 1.39 1.53 1.36 1.48 1.40 1.39
1.38 1.40 1.36 1.45 1.50 1.43 1.38 1.43 1.41 1.48 1.39 1.45 1.37 1.37 1.39 1.45 1.31
1.41 1.44 1.44 1.42 1.42 1.35 1.36 1.39 1.40 1.38 1.35 1.42 1.43 1.42 1.42 1.42 1.40
1.41 1.37 1.46 1.36 1.37 1.27 1.37 1.38 1.42 1.34 1.43 1.42 1.41 1.41 1.44 1.48 1.55
1.37];
>> n=length(x);
>> [MU,SIGMA]=normfit(x)
```

输出:

```
MU=
     1.4039
SIGMA=
       0.0474
```

于是检验假设修正为:$H_0: X \sim N(1.4039, 0.0474^2)$.

2° 样本数据分组.

输入:

```
>> [f,med]=hist(x);
>> F_MED=[f',med']
```

输出:

```
F_MED=
         1.0000      1.2840
         4.0000      1.3120
         7.0000      1.3400
        22.0000      1.3680
        23.0000      1.3960
        21.0000      1.4240
        13.0000      1.4520
         6.0000      1.4800
         1.0000      1.5080
         2.0000      1.5360
```

将前三组和后三组合并成为六组,这六组所属的数据组的区间边界值如下:

输入:
```
>> a=[];
>> for k=1:6
aa=(med(2+k)+med(3+k))/2;
a=[a,aa];
end
>> a-[-inf,a,inf]'
```
输出:
```
a=
     -Inf
    1.3540
    1.3820
    1.4100
    1.4380
    1.4660
      Inf
```
3°　统计经验频数,在2°中合并相应的频数即可.

输入:
```
>> f=[f(1)+f(2)+f(3),f(4:7),f(8)+f(9)+f(10)]
```
输出:
```
f=
    12    22    23    21    13    9
```
4°　计算理论频数.

输入:
```
>> pest=[];
>> for i=1:6
pp=normcdf(a(i+1),MU,SIGMA)-normcdf(a(i),MU,SIGMA);
pest=[pest,pp];
end
>> thef=n*pest
```
输出:
```
thef=
    14.6094   17.5845   22.9290   21.2952   14.0868    9.4952
```
5°　计算检验统计量的观察值.

输入:
```
>> CHI2EST=sum((f-thef).^2./thef)
```
输出:
```
CHI2EST=
        1.6888
```

6° 检验决策.

输入：

```
>> k=6;
>> r=2;
>> alpha=0.1;
>> df=k-r-1;
>> refcr=chi2inv(1-alpha,df);
>> p=1-chi2cdf(CHI2EST,df);
>> if CHI2EST>refcr
     h=1;
   else
     h=0;
   end
>>stat=[k,r,CHI2EST,refcr];
>> alpha,h,p,stat
```

输出：

```
alpha=
         0.1000
h=
      0
p=
    0.6394
stat=
          6.0000       2.0000       1.6888       6.2514
```

计算结果表明，在显著性水平 $\alpha=0.1$ 下，接受原假设.

实验习题

1. 设某种电子元件的寿命 X(单位：h)服从正态分布 $N(\mu,\sigma^2)$，μ,σ^2 均未知.现测得 16 只元件的寿命如下：

159， 280， 101， 212， 224， 379， 179， 264，

222， 362， 168， 250， 149， 260， 485， 170.

问是否有理由认为元件的平均寿命为 225 h? 是否有理由认为这种元件寿命的方差$\leqslant 85^2$？

2. 某化肥厂采用自动流水生产线，装袋记录表明，实际包重 $X\sim N(100,2^2)$，打包机必须定期进行检查，来确定机器是否需要调整，以确保所打的包不至于过轻或过重.现随机抽取 9 包，测得数据（单位：kg)如下：

102， 100， 105， 103， 98， 99， 100， 97， 105.

若要求完好率为 95%，问机器是否需要调整？

3. 某炼铁厂的铁水的含碳量 X 在正常情况下服从正态分布.现对操作工艺进行了某些改进，从中抽取 5 炉铁水测得含碳量(单位：%)数据如下：

4.421， 4.052， 4.357， 4.287， 4.683，

据此是否可以认为新工艺炼出的铁水含碳量的方差仍为 $0.108^2(\alpha=0.05)$？

4. 机器包装食盐，假设每袋盐的净重服从正态分布，规定每袋盐的标准重量为 500 g，标准差不能超过

0.02.某天开工后,为检验机械工作是否正常,从装好的食盐中随机地抽取9袋,则其净重(单位:500 g)分别为:

0.994, 1.014, 1.02, 0.95, 0.968, 0.968, 1.048, 0.982, 1.03,

问这天包装机工作是否正常($\alpha=0.05$)?

5.(1)某切割机在正常工作时,切割每段金属棒的平均长度为10.5 cm.今从一批产品中随机地抽取15段,测得其长度(单位:cm)如下:

10.4, 10.6, 10.1, 10.4, 10.5, 10.3, 10.3, 10.2,
10.9, 10.6, 10.8, 10.5, 10.7, 10.2, 10.7.

设金属棒长度服从正态分布,且标准差没有变化,试问该机工作是否正常($\alpha=0.05$)?

(2)上题中若假定切割的长度服从正态分布,问该机切割的金属棒的平均长度有无显著变化($\alpha=0.05$)?

(3)如果只假定切割的长度服从正态分布,问该机切割的金属棒长度的标准差有无显著变化($\alpha=0.05$)?

6.在平炉上进行一项试验以确定改变操作方法的建议是否会增加钢的得率,试验是在同一平炉进行的,每炼一炉钢时除操作方法外,其他方法都尽可能做到相同.先用标准方法炼一炉,然后用建议的新操作方法炼一炉,以后交替进行,各炼了10炉,其钢的得率分别为:

(1)标准方法:78.1, 72.4, 76.2, 74.3, 77.4, 78.4, 76.0, 75.5, 76.7, 77.3;

(2)新方法:79.1, 81.0, 77.3, 79.1, 80.0, 79.1, 79.1, 77.3, 80.2, 82.1.

设这两个样本相互独立,且分别来自正态总体$N(\mu_1,\sigma^2)$和$N(\mu_2,\sigma^2)$,μ_1,μ_2和σ^2均未知.问建议的新操作方法能否提高钢的得率($\alpha=0.05$).

7.某自动机床加工同一种类型的零件.现从甲、乙两班加工的零件中各抽验了5个,测得它们的直径(单位:cm)分别为:

甲:2.066, 2.063, 2.068, 2.060, 2.067;

乙:2.058, 2.057, 2.063, 2.059, 2.060.

已知甲、乙两车床加工的零件其直径分别服从$X\sim N(\mu_1,\sigma^2)$,$Y\sim N(\mu_2,\sigma^2)$,试根据抽样结果来说明两车床加工的零件的平均直径有无显著性差异($\alpha=0.05$).

8.设某产品的使用寿命近似服从正态分布,要求平均使用寿命不低于1 000 h.现从一批产品中任取25只,测得平均使用寿命为950 h,样本方差为100,在$\alpha=0.05$下,检验这批产品是否合格.

9.两台机器生产的某种部件的重量近似服从正态分布.分别抽取60与30个部件进行检测,样本方差分别为$s_1^2=15.46$,$s_2^2=9.66$.试在$\alpha=0.05$下检验假设:

$$H_0:\sigma_1^2=\sigma_2^2;\quad H_1:\sigma_1^2>\sigma_2^2.$$

10.设某电子元件的可靠性指标服从正态分布,合格标准之一为标准差$\sigma_0=0.05$.现检测15次,测得指标的平均值$\bar{x}=0.95$,指标的标准差$s=0.03$,试在$\alpha=0.1$下检验假设:

$$H_0:\sigma^2=0.05^2;\quad H_1:\sigma^2\neq 0.05^2.$$

11.对两种香烟中尼古丁含量进行6次测试,得到样本均值与样本方差分别为:

$$\bar{x}=25.5,\quad \bar{y}=25.67,\quad s_1^2=6.25,\quad s_2^2=9.22.$$

设尼古丁含量都近似服从正态分布,且方差相等.取显著性水平$\alpha=0.05$,检验香烟中尼古丁含量的方差有无显著差异.

实验A2.2 回归分析

1.一元线性回归

例2.1 某建材实验室在做陶粒混凝土实验中,考察每立方米混凝土的水泥用量(kg)对混凝土抗压强度(kg/cm²)的影响,测得数据如表2-1所示.

表 2-1

水泥用量 x	150	160	170	180	190	200	210	220	230	240	250	260
抗压强度 y	56.9	58.3	61.6	64.6	68.1	71.3	74.1	77.4	80.2	82.6	86.4	89.7

(1)画出散点图；

(2)求 y 关于 x 的线性回归方程 $\hat{y}=\hat{a}+\hat{b}x$,并作回归分析；

(3)设 $x_0=225$ kg,求 y 的预测值及置信水平为 0.95 的预测区间.

解　(1)散点图如图 2-1 所示.

输入：

```
x=150:10:260;
y=[56.9 58.3 61.6 64.6 68.1 71.3 74.1 77.4 80.2 82.6 86.4 89.7];
plot(x,y,'.')
xlabel('x')
ylabel('y')
```

输出：

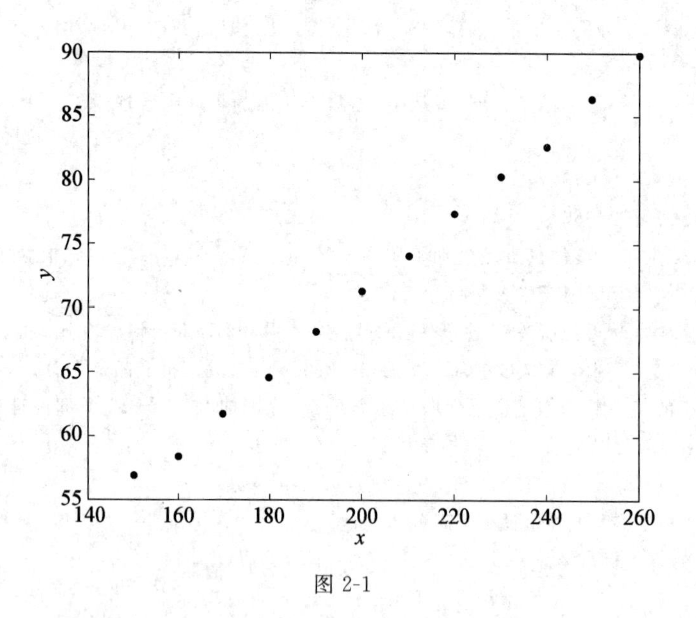

图 2-1

(2)一元回归分析.

采用 cftool 工具箱可得如下结果：

Linear model Poly1：

f(x)=p1 * x+p2

Coefficients (with 95% confidence bounds)：

p1=0.304　(0.2949,0.3131)

p2=10.28　(8.388,12.18)

Goodness of fit：

SSE:2.393

R-square:0.9982

Adjusted R－square：0.998

RMSE：0.4892

(3)单击 Analysis... 按钮，如图 2-2 所示；选择 Evaluate fit at Xi 和 For new observation，如图 2-3 所示.

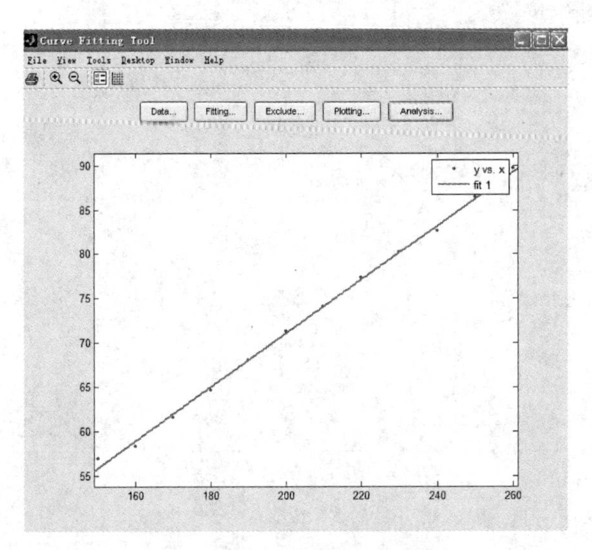

图 2-2

Analysis

Fit to analyze: fit 1 (y vs. x)

Analyze at Xi = 150:10:260

☑ Evaluate fit at Xi

Prediction or confidence bounds:

○ None

○ For function

◉ For new observation

Level 95 %

☐ 1st derivative at Xi

☐ 2nd derivative at Xi

☐ Integrate to Xi

◉ Start from min(Xi)

○ Start from

☐ Plot results

☐ Plot data set: y vs. x

Xi	lower f(Xi)	f(Xi)	upper f(Xi)
150	54.6405	55.8808	57.121
160	57.7143	58.9206	60.1269
170	60.7821	61.9605	63.1389
180	63.8433	65.0003	66.1574
190	66.8976	68.0402	69.1828
200	69.9447	71.0801	72.2154
210	72.9846	74.1199	75.2553
220	76.0172	77.1598	78.3024
230	79.0426	80.1997	81.3567
240	82.0611	83.2395	84.4179
250	85.0731	86.2794	87.4857
260	88.079	89.3192	90.5595

Save to workspace... Apply Close Help

图 2-3

在 Analyze at Xi 文本框中输入 225，可得预测值为 78.68，置信度 0.95 的置信区间为 [77.53，79.83]，如图 2-4 所示.

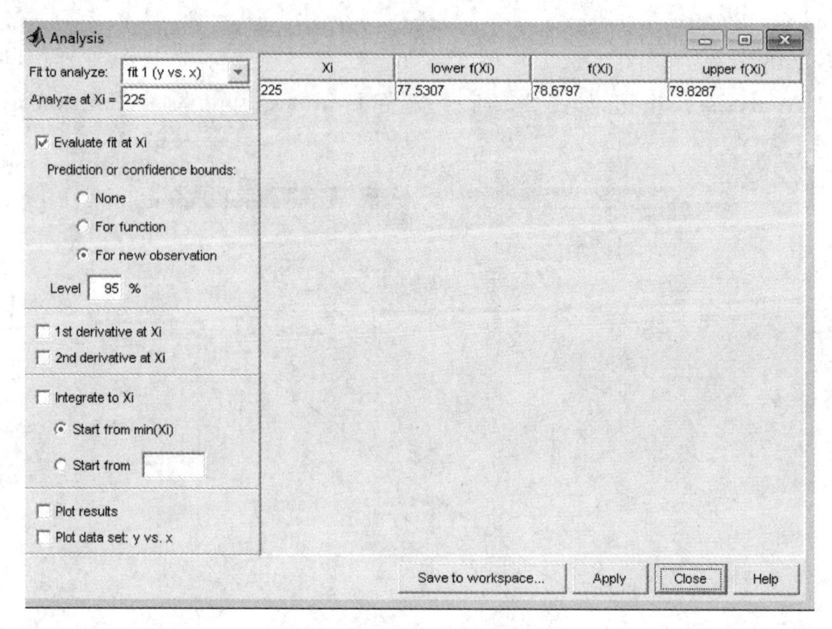

图 2-4

2. 非线性回归

例 2.2 对某种遗传特征的研究结果，一共有 2 723 对数据，把它们分成 8 类后归纳为下表 2-2.

表 2-2

频数	579	1 021	607	324	120	466	17	9
分类变量 x	1	2	3	4	5	6	7	8
遗传性指标 y	38.08	29.7	25.42	23.15	21.79	20.91	19.37	19.36

研究者通过散点图(见图 2-5)认为 y 和 x 符合指数关系：$y=ae^{bx}+c$，其中 a,b,c 是参数.求参数 a,b,c 的最小二乘估计.

输入：

```
function [z fval]=f()
[z fval]=fminsearch(@fp,[40-1 20])
function y=fp(x)
y=0;
xx=[ones(1,579)2*ones(1,1021)3*ones(1,607)4*ones(1,324)5*ones(1,120)6*ones(1,46)
7*ones(1,17)8*ones(1,9)];
yy=[38.08*ones(1,579)29.7*ones(1,1021)25.42*ones(1,607)23.15*ones(1,324)
21.79*ones(1,120)20.91*ones(1,46)19.37*ones(1,17)19.36*ones(1,9)];
for i=1:length(xx)
```

```
y=y+(x(1)*exp(x(2)*xx(i))+x(3)-yy(i)).^2;
end
```

输出：

```
z=
    33.2221   -0.6269   20.2912
```

表明最佳拟合方程为 $y=33.2221\times\exp(-0.6269\times x)+20.2912$.

输入：

```
t=0:0.1:12;
s=33.2221*exp(-0.6269*t)+20.2912;
plot(t,s,xx,yy,'.'))
```

输出：

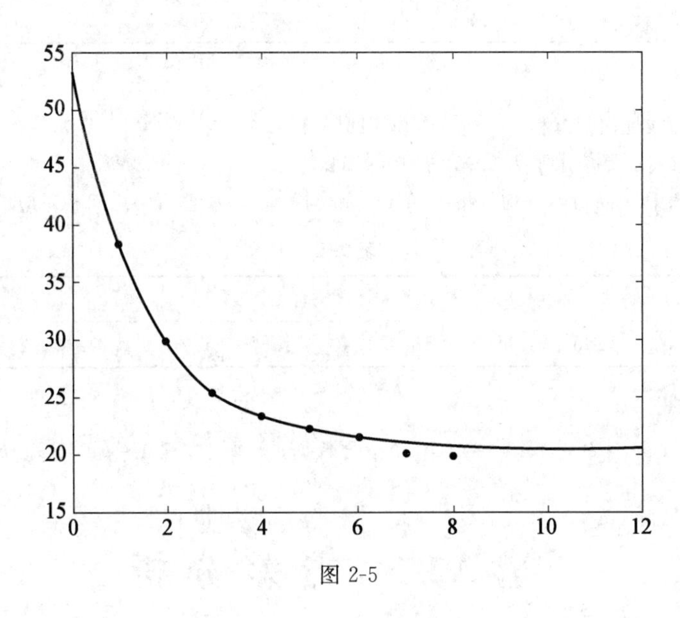

图 2-5

实验习题

1.某乡镇企业的产品年销售额 x 与所获纯利润 y 在 2004—2014 年的数据(单位:百万元)如表 2-5 所示，试求 y 关于 x 的经验回归直线方程,并作回归分析.

表 2-3

年度	2004	2005	2006	2007	2008	2009	2010	2011	2012	2013	2014
销售额 x	6.1	7.5	9.4	10.7	14.6	17.4	21.1	24.4	29.8	32.9	34.3
纯利润 y	4.5	6.4	8.3	8.4	9.7	11.5	13.7	15.4	17.7	20.5	22.3

2.在钢线含碳量对于电阻的效应的研究中,得到数据如表 2-4 所示,试求 y 关于 x 的经验回归直线方程，

并作简单回归分析.

表 2-4

含碳量 $x/\%$	0.10	0.30	0.40	0.55	0.70	0.80	0.95
电阻 $y/\mu\Omega$	15	18	19	21	226	23.8	26

3. 表 2-5 列出了 18 个 5～8 岁儿童的重量和体积.

表 2-5

重量 x/kg	17.1	10.5	13.8	15.7	11.9	10.4	15.0	16.0	17.8
体积 y/dm^3	16.7	10.4	13.5	15.7	11.6	10.2	14.5	15.8	17.6
重量 x/kg	15.8	15.1	12.1	18.4	17.1	16.7	16.5	15.1	15.1
体积 y/dm^3	15.2	14.8	11.9	18.3	16.7	16.6	15.9	15.1	14.5

(1)画出散点图；

(2)求 y 关于 x 的线性回归方程 $\hat{y}=\hat{a}+\hat{b}x$，并作回归分析；

(3)求 $x=14.0$ 时 y 的置信水平为 0.95 的预测区间.

4. 表 2-6 给出了某种产品每件平均价格 Y(单位:元)与批量 x(单位:件)之间相对应的一组数据.

表 2-6

x	20	25	30	35	40	50	60	65	70	75	80	90
y	1.81	1.70	1.65	1.55	1.48	1.40	1.30	1.26	1.24	1.21	1.20	1.18

(1)作散点图；

(2)以模型 $Y=b_0+b_1x+b_2x^2+\varepsilon,\varepsilon\sim N(0,\sigma^2)$ 拟合数据，求回归方程 $\hat{Y}=\hat{b}_0+\hat{b}_1x+\hat{b}_2x^2$，并作简单回归分析.

实验 A2.3　方差分析

例 3.1　今有某种型号的电池 3 批，它们分别是 A，B，C 3 个工厂所生产的. 为评比其质量，各随机抽取 5 节电池为样品，经试验得其寿命(单位:h)如表 2-7 所示：

表 2-7

A	40	42	48	45	38
B	26	28	34	32	30
C	39	50	40	50	43

试在显著性水平 0.05 下检验电池的平均寿命有无显著的差异.

输入

```
X=
    40    26    39
    42    28    50
    48    34    40
```

```
    45      32      50
    38      30      43
[p,table,stats]=anova1(X)
输出
p=
    3.0960e-004
table=
'Source'     'SS'          'df'     'MS'           'F'          'Prob>F'
'Columns'    [615.6000]    [ 2]     [307.8000]     [17.0684]    [3.0960e-004]
'Error'      [216.4000]    [12]     [ 18.0333]     [ ]          [ ]
'Total'      [832]         [14]     [ ]            [ ]          [ ]
```

结论:[3.0960e-004] 很小,表明三个厂电池的平均寿命有显著差异.

实验习题

1. 设有 3 台机器用来生产规格相同的铝合金薄板. 对其取样,测量薄板的厚度精确至千分之一厘米,得结果如表 2-8 所示,试考察机器这一因素对薄板厚度有无显著的影响.

表 2-8

机器 1	0.236	0.238	0.248	0.245	0.243
机器 2	0.257	0.253	0.255	0.254	0.261
机器 3	0.258	0.264	0.259	0.267	0.262

2. 表 2-9 给出了小白鼠在接种 3 种不同菌型的伤寒杆菌后存活的天数,试问:小白鼠在接种了不同菌型的伤寒杆菌后存活的天数是否有显著性差异?($\alpha=0.05$)

表 2-9

菌型	存活天数									
甲	2	4	3	2	4	7	7	2	5	4
乙	5	6	8	5	10	7	12	6	6	
丙	7	11	6	6	7	9	5	10	6	3	10

附表 1

泊松分布表

$$P\{X=m\}=\frac{\lambda^m}{m!}e^{-\lambda}$$

m	λ							
	0.1	0.2	0.3	0.4	0.5	0.6	0.7	0.8
0	0.904837	0.818731	0.740818	0.670320	0.606531	0.548812	0.496585	0.449329
1	0.090484	0.163746	0.222245	0.268128	0.303265	0.329287	0.347610	0.359463
2	0.004524	0.016375	0.033337	0.053626	0.075816	0.098786	0.121663	0.143785
3	0.000151	0.001092	0.003334	0.007150	0.012636	0.019757	0.028388	0.038343
4	0.000004	0.000055	0.000250	0.000715	0.001580	0.002964	0.004968	0.007669
5		0.000002	0.000015	0.000057	0.000158	0.000356	0.000696	0.001227
6			0.000001	0.000004	0.000013	0.000036	0.000081	0.000164
7					0.000001	0.000003	0.000008	0.000019
8							0.000001	0.000002
9								

m	λ							
	0.9	1.0	1.5	2.0	2.5	3.0	3.5	4.0
0	0.406570	0.367879	0.223130	0.135335	0.082085	0.049787	0.030197	0.018316
1	0.365913	0.367879	0.334695	0.270671	0.205212	0.149361	0.105691	0.073263
2	0.164661	0.183940	0.251021	0.270671	0.256516	0.224042	0.184959	0.146525
3	0.049398	0.061313	0.125511	0.180447	0.213763	0.224042	0.215785	0.195367
4	0.011115	0.015328	0.047067	0.090224	0.133602	0.168031	0.188812	0.195367
5	0.002001	0.003066	0.014120	0.036089	0.066801	0.100819	0.132169	0.156293
6	0.000300	0.000511	0.003530	0.012030	0.027834	0.050409	0.077098	0.104196
7	0.000039	0.000073	0.000756	0.003437	0.009941	0.021604	0.038549	0.059540
8	0.000004	0.000009	0.000142	0.000859	0.003106	0.008102	0.016865	0.029770
9		0.000001	0.000024	0.000191	0.000863	0.002701	0.006559	0.013231

续表

m	λ							
	0.9	1.0	1.5	2.0	2.5	3.0	3.5	4.0
10			0.000004	0.000038	0.000216	0.000810	0.002296	0.005292
11				0.000007	0.000049	0.000221	0.000730	0.001925
12				0.000001	0.000010	0.000055	0.000213	0.000642
13					0.000002	0.000013	0.000057	0.000197
14						0.000003	0.000014	0.000056
15						0.000001	0.000003	0.000015
16							0.000001	0.000004
17								0.000001

m	λ							
	4.5	5.0	5.5	6.0	6.5	7.0	7.5	8.0
0	0.011109	0.006738	0.004087	0.002479	0.001503	0.000912	0.000553	0.000335
1	0.049990	0.033690	0.022477	0.014873	0.009772	0.006383	0.004148	0.002684
2	0.112479	0.084224	0.061812	0.044618	0.031760	0.022341	0.015555	0.010735
3	0.168718	0.140374	0.113323	0.089235	0.068814	0.052129	0.038889	0.028626
4	0.189808	0.175467	0.155819	0.133853	0.111822	0.091226	0.072916	0.057252
5	0.170827	0.175467	0.171401	0.160623	0.145369	0.127717	0.109375	0.091604
6	0.128120	0.146223	0.157117	0.160623	0.157483	0.149003	0.136718	0.122138
7	0.082363	0.104445	0.123449	0.137677	0.146234	0.149003	0.146484	0.139587
8	0.046329	0.065278	0.084871	0.103258	0.118815	0.130377	0.137329	0.139587
9	0.023165	0.036266	0.051866	0.068838	0.085811	0.101405	0.114440	0.124077
10	0.010424	0.018133	0.028526	0.041303	0.055777	0.070983	0.085830	0.099262
11	0.004264	0.008242	0.014263	0.022529	0.032959	0.045171	0.058521	0.072190
12	0.001599	0.003434	0.006537	0.011264	0.017853	0.026350	0.036575	0.048127
13	0.000554	0.001321	0.002766	0.005199	0.008926	0.014188	0.021101	0.029616
14	0.000178	0.000472	0.001087	0.002228	0.004144	0.007094	0.011304	0.016924
15	0.000053	0.000157	0.000398	0.000891	0.001796	0.003311	0.005652	0.009026
16	0.000015	0.000049	0.000137	0.000334	0.000730	0.001448	0.002649	0.004513
17	0.000004	0.000014	0.000044	0.000118	0.000279	0.000596	0.001169	0.002124
18	0.000001	0.000004	0.000014	0.000039	0.000101	0.000232	0.000487	0.000944
19		0.000001	0.000004	0.000012	0.000034	0.000085	0.000192	0.000397
20			0.000001	0.000004	0.000011	0.000030	0.000072	0.000159

续表

m	λ							
	4.5	5.0	5.5	6.0	6.5	7.0	7.5	8.0
21				0.000001	0.000003	0.000010	0.000026	0.000061
22					0.000001	0.000003	0.000009	0.000022
23						0.000001	0.000003	0.000008
24							0.000001	0.000003
25								0.000001

m	λ							
	8.5	9.0	9.5	10	12	15	18	20
0	0.000203	0.000123	0.000075	0.000045	0.000006	0.000000	0.000000	0.000000
1	0.001729	0.001111	0.000711	0.000454	0.000074	0.000005	0.000000	0.000000
2	0.007350	0.004998	0.003378	0.002270	0.000442	0.000034	0.000002	0.000000
3	0.020826	0.014994	0.010696	0.007567	0.001770	0.000172	0.000015	0.000003
4	0.044255	0.033737	0.025403	0.018917	0.005309	0.000645	0.000067	0.000014
5	0.075233	0.060727	0.048266	0.037833	0.012741	0.001936	0.000240	0.000055
6	0.106581	0.091090	0.076421	0.063055	0.025481	0.004839	0.000719	0.000183
7	0.129419	0.117116	0.103714	0.090079	0.043682	0.010370	0.001850	0.000523
8	0.137508	0.131756	0.123160	0.112599	0.065523	0.019444	0.004163	0.001309
9	0.129869	0.131756	0.130003	0.125110	0.087364	0.032407	0.008325	0.002908
10	0.110388	0.118580	0.123502	0.125110	0.104837	0.048611	0.014985	0.005816
11	0.085300	0.097020	0.106661	0.113736	0.114368	0.066287	0.024521	0.010575
12	0.060421	0.072765	0.084440	0.094780	0.114368	0.082859	0.036782	0.017625
13	0.039506	0.050376	0.061706	0.072908	0.105570	0.095607	0.050929	0.027116
14	0.023986	0.032384	0.041872	0.052077	0.090489	0.102436	0.065480	0.038737
15	0.013592	0.019431	0.026519	0.034718	0.072391	0.102436	0.078576	0.051649
16	0.007221	0.010930	0.015746	0.021699	0.054293	0.096034	0.088397	0.064561
17	0.003610	0.005786	0.008799	0.012764	0.038325	0.084736	0.093597	0.075954
18	0.001705	0.002893	0.004644	0.007091	0.025550	0.070613	0.093597	0.084394
19	0.000763	0.001370	0.002322	0.003732	0.016137	0.055747	0.088671	0.088835
20	0.000324	0.000617	0.001103	0.001866	0.009682	0.041810	0.079804	0.088835
21	0.000131	0.000264	0.000499	0.000889	0.005533	0.029865	0.068403	0.084605
22	0.000051	0.000108	0.000215	0.000404	0.003018	0.020362	0.055966	0.076914
23	0.000019	0.000042	0.000089	0.000176	0.001574	0.013280	0.043800	0.066881

续表

m	λ							
	8.5	9.0	9.5	10	12	15	18	20
24	0.000007	0.000016	0.000035	0.000073	0.000787	0.008300	0.032850	0.055735
25	0.000002	0.000006	0.000013	0.000029	0.000378	0.004980	0.023652	0.044588
26	0.000001	0.000002	0.000005	0.000011	0.000174	0.002873	0.016374	0.034298
27		0.000001	0.000002	0.000004	0.000078	0.001596	0.010916	0.025406
28			0.000001	0.000001	0.000033	0.000855	0.007018	0.018147
29				0.000001	0.000014	0.000442	0.004356	0.012515
30					0.000005	0.000221	0.002613	0.008344
31					0.000002	0.000107	0.001517	0.005383
32					0.000001	0.000050	0.000854	0.003364
33						0.000023	0.000466	0.002039
34						0.000010	0.000246	0.001199
35						0.000004	0.000127	0.000685
36						0.000002	0.000063	0.000381
37						0.000001	0.000031	0.000206
38							0.000015	0.000108
39							0.000007	0.000056

附表 2

正态分布函数 $N(0,1)$ 的数值表

$\Phi(u)=P\{U\leqslant u\} \quad (u\geqslant 0)$

u	0	0.01	0.02	0.03	0.04	0.05	0.06	0.07	0.08	0.09
0.0	0.5	0.504	0.508	0.512	0.516	0.52	0.524	0.528	0.532	0.536
0.1	0.54	0.544	0.548	0.552	0.556	0.56	0.564	0.567	0.574	0.575
0.2	0.579	0.583	0.587	0.591	0.595	0.599	0.603	0.606	0.61	0.614
0.3	0.618	0.622	0.625	0.629	0.633	0.637	0.641	0.644	0.648	0.652
0.4	0.655	0.659	0.663	0.666	0.67	0.674	0.677	0.681	0.684	0.688
0.5	0.691	0.695	0.698	0.702	0.705	0.709	0.712	0.716	0.719	0.722
0.6	0.726	0.729	0.732	0.736	0.739	0.742	0.745	0.749	0.752	0.755
0.7	0.758	0.761	0.764	0.767	0.77	0.773	0.776	0.779	0.782	0.785
0.8	0.788	0.791	0.794	0.797	0.799	0.802	0.805	0.808	0.811	0.813
0.9	0.816	0.819	0.821	0.824	0.826	0.829	0.831	0.834	0.836	0.839
1.0	0.841	0.844	0.846	0.848	0.852	0.853	0.855	0.858	0.86	0.862
1.1	0.864	0.866	0.869	0.871	0.873	0.875	0.877	0.879	0.881	0.883
1.2	0.885	0.887	0.889	0.891	0.892	0.894	0.896	0.898	0.9	0.9015
1.3	0.9032	0.9085	0.9066	0.9082	0.099	0.9115	0.9131	0.9147	0.9162	0.9177
1.4	0.9192	0.9208	0.9222	0.9236	0.9251	0.9265	0.9279	0.9292	0.9306	0.9319
1.5	0.9332	0.9345	0.9357	0.937	0.9382	0.9394	0.9406	0.9418	0.9429	0.9441
1.6	0.9452	0.9463	0.9474	0.9484	0.9495	0.9505	0.9515	0.9525	0.9535	0.9545
1.7	0.9554	0.9564	0.9573	0.9582	0.9591	0.9599	0.9608	0.9616	0.9625	0.9633
1.8	0.9641	0.9648	0.9656	0.9664	0.9671	0.9678	0.9686	0.9693	0.9699	0.9706
1.9	0.9713	0.9719	0.9726	0.9732	0.9738	0.9735	0.975	0.9756	0.9761	0.9767
2.0	0.9772	0.9778	0.9783	0.9788	0.9793	0.9798	0.9803	0.9808	0.9812	0.9817
2.1	0.9821	0.9826	0.983	0.9834	0.9838	0.9842	0.9846	0.985	0.9854	0.9857
2.2	0.9861	0.9864	0.9868	0.9871	0.9874	0.9878	0.9881	0.9884	0.9887	0.989
2.3	0.9893	0.9896	0.9898	0.9901	0.99036	0.99061	0.99086	0.99111	0.99134	0.99158
2.4	0.9918	0.99202	0.99224	0.99245	0.99266	0.99286	0.99305	0.99324	0.99343	0.99361

续表

u	0	0.01	0.02	0.03	0.04	0.05	0.06	0.07	0.08	0.09
2.5	0.99379	0.99396	0.99413	0.9943	0.99446	0.99461	0.99477	0.99491	0.99506	0.9952
2.6	0.99534	0.99547	0.9956	0.99573	0.99585	0.99598	0.99609	0.99621	0.99632	0.99643
2.7	0.99653	0.99664	0.99674	0.99683	0.99693	0.99702	0.99711	0.9972	0.99728	0.99736
2.8	0.99744	0.99752	0.9976	0.99768	0.99774	0.99781	0.99788	0.99795	0.99801	0.99807
2.9	0.99813	0.99819	0.99825	0.9983	0.99836	0.99841	0.99846	0.99851	0.99856	0.9986

附表 3

χ^2 分布上分位表

$$P\{\chi^2(n)>\chi^2_\alpha(n)\}=\alpha$$

n	α												
	0.995	0.99	0.975	0.95	0.90	0.75	0.50	0.25	0.10	0.05	0.025	0.01	0.005
1	0.00004	0.00016	0.001	0.004	0.016	0.102	0.455	1.323	2.706	3.841	5.024	6.635	7.879
2	0.010	0.020	0.051	0.103	0.211	0.575	1.386	2.773	4.605	5.991	7.378	9.210	10.597
3	0.072	0.115	0.216	0.352	0.584	1.213	2.366	4.108	6.251	7.815	9.348	11.345	12.838
4	0.207	0.297	0.484	0.711	1.064	1.923	3.357	5.385	7.779	9.488	11.143	13.277	14.860
5	0.412	0.554	0.831	1.145	1.610	2.675	4.351	6.626	9.236	11.070	12.833	15.086	16.750
6	0.676	0.872	1.237	1.635	2.204	3.455	5.348	7.841	10.645	12.592	14.449	16.812	18.548
7	0.989	1.239	1.690	2.167	2.833	4.255	6.346	9.037	12.017	14.067	16.013	18.475	20.278
8	1.344	1.646	2.180	2.733	3.490	5.071	7.344	10.219	13.362	15.507	17.535	20.090	21.955
9	1.735	2.088	2.700	3.325	4.168	5.899	8.343	11.389	14.684	16.919	19.023	21.666	23.589
10	2.156	2.558	3.247	3.940	4.865	6.737	9.342	12.549	15.987	18.307	20.483	23.209	25.188
11	2.603	3.053	3.816	4.575	5.578	7.584	10.341	13.701	17.275	19.675	21.920	24.725	26.757
12	3.074	3.571	4.404	5.226	6.304	8.438	11.340	14.845	18.549	21.026	23.337	26.217	28.300
13	3.565	4.107	5.009	5.892	7.042	9.299	12.340	15.984	19.812	22.362	24.736	27.688	29.819
14	4.075	4.660	5.629	6.571	7.790	10.165	13.339	17.117	21.064	23.685	26.119	29.141	31.319
15	4.601	5.229	6.262	7.261	8.547	11.037	14.339	18.245	22.307	24.996	27.488	30.578	32.801
16	5.142	5.812	6.908	7.962	9.312	11.912	15.338	19.369	23.542	26.296	28.845	32.000	34.267
17	5.697	6.408	7.564	8.672	10.085	12.792	16.338	20.489	24.769	27.587	30.191	33.409	35.718
18	6.265	7.015	8.231	9.390	10.865	13.675	17.338	21.605	25.989	28.869	31.526	34.805	37.156
19	6.844	7.633	8.907	10.117	11.651	14.562	18.338	22.718	27.204	30.144	32.852	36.191	38.582
20	7.434	8.260	9.591	10.851	12.443	15.452	19.337	23.828	28.412	31.410	34.170	37.566	39.997
21	8.034	8.897	10.283	11.591	13.240	16.344	20.337	24.935	29.615	32.671	35.479	38.932	41.401

续表

n	α												
	0.995	0.99	0.975	0.95	0.90	0.75	0.50	0.25	0.10	0.05	0.025	0.01	0.005
22	8.643	9.542	10.982	12.338	14.041	17.240	21.337	26.039	30.813	33.924	36.781	40.289	42.796
23	9.260	10.196	11.689	13.091	14.848	18.137	22.337	27.141	32.007	35.172	38.076	41.638	44.181
24	9.886	10.856	12.401	13.848	15.659	19.037	23.337	28.241	33.196	36.415	39.364	42.980	45.559
25	10.520	11.524	13.120	14.611	16.473	19.939	24.337	29.339	34.382	37.652	40.646	44.314	46.928
26	11.160	12.198	13.844	15.379	17.292	20.843	25.336	30.435	35.563	38.885	41.923	45.642	48.290
27	11.808	12.879	14.573	16.151	18.114	21.749	26.336	31.528	36.741	40.113	43.195	46.963	49.645
28	12.461	13.565	15.308	16.928	18.939	22.657	27.336	32.620	37.916	41.337	44.461	48.278	50.993
29	13.121	14.256	16.047	17.708	19.768	23.567	28.336	33.711	39.087	42.557	45.722	49.588	52.336
30	13.787	14.953	16.791	18.493	20.599	24.478	29.336	34.800	40.256	43.773	46.979	50.892	53.672
31	14.458	15.655	17.539	19.281	21.434	25.390	30.336	35.887	41.422	44.985	48.232	52.191	55.003
32	15.134	16.362	18.291	20.072	22.271	26.304	31.336	36.973	42.585	46.194	49.480	53.486	56.328
33	15.815	17.074	19.047	20.867	23.110	27.219	32.336	38.058	43.745	47.400	50.725	54.776	57.648
34	16.501	17.789	19.806	21.664	23.952	28.136	33.336	39.141	44.903	48.602	51.966	56.061	58.964
35	17.192	18.509	20.569	22.465	24.797	29.054	34.336	40.223	46.059	49.802	53.203	57.342	60.275
36	17.887	19.233	21.336	23.269	25.643	29.973	35.336	41.304	47.212	50.998	54.437	58.619	61.581
37	18.586	19.960	22.106	24.075	26.492	30.893	36.336	42.383	48.363	52.192	55.668	59.893	62.883
38	19.289	20.691	22.878	24.884	27.343	31.815	37.335	43.462	49.513	53.384	56.896	61.162	64.181
39	19.996	21.426	23.654	25.695	28.196	32.737	38.335	44.539	50.660	54.572	58.120	62.428	65.476
40	20.707	22.164	24.433	26.509	29.051	33.660	39.335	45.616	51.805	55.758	59.342	63.691	66.766
41	21.421	22.906	25.215	27.326	29.907	34.585	40.335	46.692	52.949	56.942	60.561	64.950	68.053
42	22.138	23.650	25.999	28.144	30.765	35.510	41.335	47.766	54.090	58.124	61.777	66.206	69.336
43	22.859	24.398	26.785	28.965	31.625	36.436	42.335	48.840	55.230	59.304	62.990	67.459	70.616
44	23.584	25.148	27.575	29.787	32.487	37.363	43.335	49.913	56.369	60.481	64.201	68.710	71.893
45	24.311	25.901	28.366	30.612	33.350	38.291	44.335	50.985	57.505	61.656	65.410	69.957	73.166
46	25.041	26.657	29.160	31.439	34.215	39.220	45.335	52.056	58.641	62.830	66.617	71.201	74.437
47	25.775	27.416	29.956	32.268	35.081	40.149	46.335	53.127	59.774	64.001	67.821	72.443	75.704
48	26.511	28.177	30.755	33.098	35.949	41.079	47.335	54.196	60.907	65.171	69.023	73.683	76.969
49	27.249	28.941	31.555	33.930	36.818	42.010	48.335	55.265	62.038	66.339	70.222	74.919	78.231
50	27.991	29.707	32.357	34.764	37.689	42.942	49.335	56.334	63.167	67.505	71.420	76.154	79.490

附表 4

t 分布上分位表

$P\{t \geqslant t_\alpha(n)\} = \alpha$

n	α								
	0.25	0.2	0.15	0.1	0.05	0.025	0.01	0.005	0.0025
1	1.000	1.376	1.963	3.078	6.314	12.710	31.820	63.660	127.300
2	0.816	1.061	1.386	1.886	2.920	4.303	6.965	9.925	14.090
3	0.765	0.978	1.250	1.638	2.353	3.182	4.541	5.841	7.453
4	0.741	0.941	1.190	1.533	2.132	2.776	3.747	4.604	5.598
5	0.727	0.920	1.156	1.476	2.015	2.571	3.365	4.032	4.773
6	0.718	0.906	1.134	1.440	1.943	2.447	3.143	3.707	4.317
7	0.711	0.896	1.119	1.415	1.895	2.365	2.998	3.499	4.029
8	0.706	0.889	1.108	1.397	1.860	2.306	2.896	3.355	3.833
9	0.703	0.883	1.100	1.383	1.833	2.262	2.821	3.250	3.690
10	0.700	0.879	1.093	1.372	1.812	2.228	2.764	3.169	3.581
11	0.697	0.876	1.088	1.363	1.796	2.201	2.718	3.106	3.497
12	0.695	0.873	1.083	1.356	1.782	2.179	2.681	3.055	3.428
13	0.694	0.870	1.079	1.350	1.771	2.160	2.650	3.012	3.372
14	0.692	0.868	1.076	1.345	1.761	2.145	2.624	2.977	3.326
15	0.691	0.866	1.074	1.341	1.753	2.131	2.602	2.947	3.286
16	0.690	0.865	1.071	1.337	1.746	2.120	2.583	2.921	3.252
17	0.689	0.863	1.069	1.333	1.740	2.110	2.567	2.898	3.222
18	0.688	0.862	1.067	1.330	1.734	2.101	2.552	2.878	3.197
19	0.688	0.861	1.066	1.328	1.729	2.093	2.539	2.861	3.174
20	0.687	0.860	1.064	1.325	1.725	2.086	2.528	2.845	3.153
21	0.686	0.859	1.063	1.323	1.721	2.080	2.518	2.831	3.135
22	0.686	0.858	1.061	1.321	1.717	2.074	2.508	2.819	3.119
23	0.685	0.858	1.060	1.319	1.714	2.069	2.500	2.807	3.104
24	0.685	0.857	1.059	1.318	1.711	2.064	2.492	2.797	3.091
25	0.684	0.856	1.058	1.316	1.708	2.060	2.485	2.787	3.078
26	0.684	0.856	1.058	1.315	1.706	2.056	2.479	2.779	3.067
27	0.684	0.855	1.057	1.314	1.703	2.052	2.473	2.771	3.057
28	0.683	0.855	1.056	1.313	1.701	2.048	2.467	2.763	3.047
29	0.683	0.854	1.055	1.311	1.699	2.045	2.462	2.756	3.038
30	0.683	0.854	1.055	1.310	1.697	2.042	2.457	2.750	3.030
40	0.681	0.851	1.050	1.303	1.684	2.021	2.423	2.704	2.971
50	0.679	0.849	1.047	1.299	1.676	2.009	2.403	2.678	2.937
60	0.679	0.848	1.045	1.296	1.671	2.000	2.390	2.660	2.915
80	0.678	0.846	1.043	1.292	1.664	1.990	2.374	2.639	2.887
100	0.677	0.845	1.042	1.290	1.660	1.984	2.364	2.626	2.871
120	0.677	0.845	1.041	1.289	1.658	1.980	2.358	2.617	2.860

附表 5

F 分布上分位表

$$P\{F \geqslant F_\alpha(n_1, n_2)\} = \alpha$$

$\alpha=0.1$

n_2	n_1									
	1	2	3	4	5	6	8	12	24	∞
1	39.86	49.5	53.59	55.83	57.24	58.2	59.44	60.71	62	63.33
2	8.53	9	9.16	9.24	9.29	9.33	9.37	9.41	9.45	9.49
3	5.54	5.46	5.36	5.32	5.31	5.28	5.25	5.22	5.18	5.13
4	4.54	4.32	4.19	4.11	4.05	4.01	3.95	3.9	3.83	3.76
5	4.06	3.78	3.62	3.52	3.45	3.4	3.34	3.27	3.19	3.1
6	3.78	3.46	3.29	3.18	3.11	3.05	2.98	2.9	2.82	2.72
7	3.59	3.26	3.07	2.96	2.88	2.83	2.75	2.67	2.58	2.47
8	3.46	3.11	2.92	2.81	2.73	2.67	2.59	2.5	2.4	2.29
9	3.36	3.01	2.81	2.69	2.61	2.55	2.47	2.38	2.28	2.16
10	3.29	2.92	2.73	2.61	2.52	2.46	2.38	2.28	2.18	2.06
11	3.23	2.86	2.66	2.54	2.45	2.39	2.3	2.21	2.1	1.97
12	3.18	2.81	2.61	2.48	2.39	2.33	2.24	2.15	2.04	1.9
13	3.14	2.76	2.56	2.43	2.35	2.28	2.2	2.1	1.98	1.85
14	3.1	2.73	2.52	2.39	2.31	2.24	2.15	2.05	1.94	1.8
15	3.07	2.7	2.49	2.36	2.27	2.21	2.12	2.02	1.9	1.76
16	3.05	2.67	2.46	2.33	2.24	2.18	2.09	1.99	1.87	1.72
17	3.03	2.64	2.44	2.31	2.22	2.15	2.06	1.96	1.84	1.69
18	3.01	2.62	2.42	2.29	2.2	2.13	2.04	1.93	1.81	1.66
19	2.99	2.61	2.4	2.27	2.18	2.11	2.02	1.91	1.79	1.63
20	2.97	2.59	2.38	2.25	2.16	2.09	2	1.89	1.77	1.61
21	2.96	2.57	2.36	2.23	2.14	2.08	1.98	1.87	1.75	1.59
22	2.95	2.56	2.35	2.22	2.13	2.06	1.97	1.86	1.73	1.57
23	2.94	2.55	2.34	2.21	2.11	2.05	1.95	1.84	1.72	1.55
24	2.93	2.54	2.33	2.19	2.1	2.04	1.94	1.83	1.7	1.53
25	2.92	2.53	2.32	2.18	2.09	2.02	1.93	1.82	1.69	1.52
26	2.91	2.52	2.31	2.17	2.08	2.01	1.92	1.81	1.68	1.5
27	2.9	2.51	2.3	2.17	2.07	2	1.91	1.8	1.67	1.49
28	2.89	2.5	2.29	2.16	2.06	2	1.9	1.79	1.66	1.48

续表

$\alpha=0.1$

n_2	n_1									
	1	2	3	4	5	6	8	12	24	∞
29	2.89	2.5	2.28	2.15	2.06	1.99	1.89	1.78	1.65	1.47
30	2.88	2.49	2.28	2.14	2.05	1.98	1.88	1.77	1.64	1.46
40	2.84	2.44	2.23	2.09	2	1.93	1.83	1.71	1.57	1.38
60	2.79	2.39	2.18	2.04	1.95	1.87	1.77	1.66	1.51	1.29
120	2.75	2.35	2.13	1.99	1.9	1.82	1.72	1.6	1.45	1.19
∞	2.71	2.3	2.08	1.94	1.85	1.17	1.67	1.55	1.38	1

$\alpha=0.05$

n_2	n_1									
	1	2	3	4	5	6	8	12	24	∞
1	161.4	199.5	215.7	224.6	230.2	234	238.9	243.9	249	254.3
2	18.51	19	19.16	19.25	19.3	19.33	19.37	19.41	19.45	19.5
3	10.13	9.55	9.28	9.12	9.01	8.94	8.84	8.74	8.64	8.53
4	7.71	6.94	6.59	6.39	6.26	6.16	6.04	5.91	5.77	5.63
5	6.61	5.79	5.41	5.19	5.05	4.95	4.82	4.68	4.53	4.36
6	5.99	5.14	4.76	4.53	4.39	4.28	4.15	4	3.84	3.67
7	5.59	4.74	4.35	4.12	3.97	3.87	3.73	3.57	3.41	3.23
8	5.32	4.46	4.07	3.84	3.69	3.58	3.44	3.28	3.12	2.93
9	5.12	4.26	3.86	3.63	3.48	3.37	3.23	3.07	2.9	2.71
10	4.96	4.1	3.71	3.48	3.33	3.22	3.07	2.91	2.74	2.54
11	4.84	3.98	3.59	3.36	3.2	3.09	2.95	2.79	2.61	2.4
12	4.75	3.88	3.49	3.26	3.11	3	2.85	2.69	2.5	2.3
13	4.67	3.8	3.41	3.18	3.02	2.92	2.77	2.6	2.42	2.21
14	4.6	3.74	3.34	3.11	2.96	2.85	2.7	2.53	2.35	2.13
15	4.54	3.68	3.29	3.06	2.9	2.79	2.64	2.48	2.29	2.07
16	4.49	3.63	3.24	3.01	2.85	2.74	2.59	2.42	2.24	2.01
17	4.45	3.59	3.2	2.96	2.81	2.7	2.55	2.38	2.19	1.96
18	4.41	3.55	3.16	2.93	2.77	2.66	2.51	2.34	2.15	1.92
19	4.38	3.52	3.13	2.9	2.74	2.63	2.48	2.31	2.11	1.88
20	4.35	3.49	3.1	2.87	2.71	2.6	2.45	2.28	2.08	1.84
21	4.32	3.47	3.07	2.84	2.68	2.57	2.42	2.25	2.05	1.81
22	4.3	3.44	3.05	2.82	2.66	2.55	2.4	2.23	2.03	1.78
23	4.28	3.42	3.03	2.8	2.64	2.53	2.38	2.2	2	1.76
24	4.26	3.4	3.01	2.78	2.62	2.51	2.36	2.18	1.98	1.73
25	4.24	3.38	2.99	2.76	2.6	2.49	2.34	2.16	1.96	1.71
26	4.22	3.37	2.98	2.74	2.59	2.47	2.32	2.15	1.95	1.69
27	4.21	3.35	2.96	2.73	2.57	2.46	2.3	2.13	1.93	1.67
28	4.2	3.34	2.95	2.71	2.56	2.44	2.29	2.12	1.91	1.65
29	4.18	3.33	2.93	2.7	2.54	2.43	2.28	2.1	1.9	1.64
30	4.17	3.32	2.92	2.69	2.53	2.42	2.27	2.09	1.89	1.62

续表

$\alpha=0.05$

n_2	n_1									
	1	2	3	4	5	6	8	12	24	∞
40	4.08	3.23	2.84	2.61	2.45	2.34	2.18	2	1.79	1.51
60	4	3.15	2.76	2.52	2.37	2.25	2.1	1.92	1.7	1.39
120	3.92	3.07	2.68	2.45	2.29	2.17	2.02	1.83	1.61	1.25
∞	3.84	2.99	2.6	2.37	2.21	2.09	1.94	1.75	1.52	1

$\alpha=0.025$

n_2	n_1									
	1	2	3	4	5	6	8	12	24	∞
1	647.8	799.5	864.2	899.6	921.8	937.1	956.7	976.7	997.2	1018
2	38.51	39	39.17	39.25	39.3	39.33	39.37	39.41	39.46	39.5
3	17.44	16.04	15.44	15.1	14.88	14.73	14.54	14.34	14.12	13.9
4	12.22	10.65	9.98	9.6	9.36	9.2	8.98	8.75	8.51	8.26
5	10.01	8.43	7.76	7.39	7.15	6.98	6.76	6.52	6.28	6.02
6	8.81	7.26	6.6	6.23	5.99	5.82	5.6	5.37	5.12	4.85
7	8.07	6.54	5.89	5.52	5.29	5.12	4.9	4.67	4.42	4.14
8	7.57	6.06	5.42	5.05	4.82	4.65	4.43	4.2	3.95	3.67
9	7.21	5.71	5.08	4.72	4.48	4.32	4.1	3.87	3.61	3.33
10	6.94	5.46	4.83	4.47	4.24	4.07	3.85	3.62	3.37	3.08
11	6.72	5.26	4.63	4.28	4.04	3.88	3.66	3.43	3.17	2.88
12	6.55	5.1	4.47	4.12	3.89	3.73	3.51	3.28	3.02	2.72
13	6.41	4.97	4.35	4	3.77	3.6	3.39	3.15	2.89	2.6
14	6.3	4.86	4.24	3.89	3.66	3.5	3.29	3.05	2.79	2.49
15	6.2	4.77	4.15	3.8	3.58	3.41	3.2	2.96	2.7	2.4
16	6.12	4.69	4.08	3.73	3.5	3.34	3.12	2.89	2.63	2.32
17	6.04	4.62	4.01	3.66	3.44	3.28	3.06	2.82	2.56	2.25
18	5.98	4.56	3.95	3.61	3.38	3.22	3.01	2.77	2.5	2.19
19	5.92	4.51	3.9	3.56	3.33	3.17	2.96	2.72	2.45	2.13
20	5.87	4.46	3.86	3.51	3.29	3.13	2.91	2.68	2.41	2.09
21	5.83	4.42	3.82	3.48	3.25	3.09	2.87	2.64	2.37	2.04
22	5.79	4.38	3.78	3.44	3.22	3.05	2.84	2.6	2.33	2
23	5.75	4.35	3.75	3.41	3.18	3.02	2.81	2.57	2.3	1.97
24	5.72	4.32	3.72	3.38	3.15	2.99	2.78	2.54	2.27	1.94
25	5.69	4.29	3.69	3.35	3.13	2.97	2.75	2.51	2.24	1.91
26	5.66	4.27	3.67	3.33	3.1	2.94	2.73	2.49	2.22	1.88
27	5.63	4.24	3.65	3.31	3.08	2.92	2.71	2.47	2.19	1.85
28	5.61	4.22	3.63	3.29	3.06	2.9	2.69	2.45	2.17	1.83
29	5.59	4.2	3.61	3.27	3.04	2.88	2.67	2.43	2.15	1.81
30	5.57	4.18	3.59	3.25	3.03	2.87	2.65	2.41	2.14	1.79
40	5.42	4.05	3.46	3.13	2.9	2.74	2.53	2.29	2.01	1.64
60	5.29	3.93	3.34	3.01	2.79	2.63	2.41	2.17	1.88	1.48
120	5.15	3.8	3.23	2.89	2.67	2.52	2.3	2.05	1.76	1.31
∞	5.02	3.69	3.12	2.79	2.57	2.41	2.19	1.94	1.64	1

$\alpha=0.01$

n_2	n_1									
	1	2	3	4	5	6	8	12	24	∞
1	4052	4999	5403	5625	5764	5859	5981	6106	6234	6366
2	98.49	99.01	99.17	99.25	99.3	99.33	99.36	99.42	99.46	99.5
3	34.12	30.81	29.46	28.71	28.24	27.91	27.49	27.05	26.6	26.12
4	21.2	18	16.69	15.98	15.52	15.21	14.8	14.37	13.93	13.46
5	16.26	13.27	12.06	11.39	10.97	10.67	10.29	9.89	9.47	9.02
6	13.74	10.92	9.78	9.15	8.75	8.47	8.1	7.72	7.31	6.88
7	12.25	9.55	8.45	7.85	7.46	7.19	6.84	6.47	6.07	5.65
8	11.26	8.65	7.59	7.01	6.63	6.37	6.03	5.67	5.28	4.86
9	10.56	8.02	6.99	6.42	6.06	5.8	5.47	5.11	4.73	4.31
10	10.04	7.56	6.55	5.99	5.64	5.39	5.06	4.71	4.33	3.91
11	9.65	7.2	6.22	5.67	5.32	5.07	4.74	4.4	4.02	3.6
12	9.33	6.93	5.95	5.41	5.06	4.82	4.5	4.16	3.78	3.36
13	9.07	6.7	5.74	5.2	4.86	4.62	4.3	3.96	3.59	3.16
14	8.86	6.51	5.56	5.03	4.69	4.46	4.14	3.8	3.43	3
15	8.68	6.36	5.42	4.89	4.56	4.32	4	3.67	3.29	2.87
16	8.53	6.23	5.29	4.77	4.44	4.2	3.89	3.55	3.18	2.75
17	8.4	6.11	5.18	4.67	4.34	4.1	3.79	3.45	3.08	2.65
18	8.28	6.01	5.09	4.58	4.25	4.01	3.71	3.37	3	2.57
19	8.18	5.93	5.01	4.5	4.17	3.94	3.63	3.3	2.92	2.49
20	8.1	5.85	4.94	4.43	4.1	3.87	3.56	3.23	2.86	2.42
21	8.02	5.78	4.87	4.37	4.04	3.81	3.51	3.17	2.8	2.36
22	7.94	5.72	4.82	4.31	3.99	3.76	3.45	3.12	2.75	2.31
23	7.88	5.66	4.76	4.26	3.94	3.71	3.41	3.07	2.7	2.26
24	7.82	5.61	4.72	4.22	3.9	3.67	3.36	3.03	2.66	2.21
25	7.77	5.57	4.68	4.18	3.86	3.63	3.32	2.99	2.62	2.17
26	7.72	5.53	4.64	4.14	3.82	3.59	3.29	2.96	2.58	2.13
27	7.68	5.49	4.6	4.11	3.78	3.56	3.26	2.93	2.55	2.1
28	7.64	5.45	4.57	4.07	3.75	3.53	3.23	2.9	2.52	2.06
29	7.6	5.42	4.54	4.04	3.73	3.5	3.2	2.87	2.49	2.03
30	7.56	5.39	4.51	4.02	3.7	3.47	3.17	2.84	2.47	2.01
40	7.31	5.18	4.31	3.83	3.51	3.29	2.99	2.66	2.29	1.8
60	7.08	4.98	4.13	3.65	3.34	3.12	2.82	2.5	2.12	1.6
120	6.85	4.79	3.95	3.48	3.17	2.96	2.66	2.34	1.95	1.38
∞	6.64	4.6	3.78	3.32	3.02	2.8	2.51	2.18	1.79	1

附表 6

正　交　表

(1) $L_4(2^3)$

试验号	列号		
	1	2	3
1	1	1	1
2	1	2	2
3	2	1	2
4	2	2	1

(2) $L_8(2^7)$

试验号	列号						
	1	2	3	4	5	6	7
1	1	1	1	1	1	1	1
2	1	1	1	2	2	2	2
3	1	2	2	1	1	2	2
4	1	2	2	2	2	1	1
5	2	1	2	1	2	1	2
6	2	1	2	2	1	2	1
7	2	2	1	1	2	2	1
8	2	2	1	2	1	1	2

(3) $L_8(4\times2^4)$

试验号	列号				
	1	2	3	4	5
1	1	1	1	1	1
2	1	2	2	2	2
3	2	1	1	2	2
4	2	2	2	1	1
5	3	1	2	1	2
6	3	2	1	2	1
7	4	1	2	2	1
8	4	2	1	1	2

(4) $L_{16}(4^5)$

试验号	列号				
	1	2	3	4	5
1	1	1	1	1	1
2	1	2	2	2	2
3	1	3	3	3	3
4	1	4	4	4	4
5	2	1	2	3	4
6	2	2	1	4	3
7	2	3	4	1	2
8	2	4	3	2	1
9	3	1	3	4	2
10	3	2	4	3	1
11	3	3	1	2	4
12	3	4	2	1	3
13	4	1	4	2	3
14	4	2	3	1	4
15	4	3	2	4	1
16	4	4	1	3	2

(5) $L_9(3^4)$

试验号	列号			
	1	2	3	4
1	1	1	1	1
2	1	2	2	2
3	1	3	3	3
4	2	1	2	3
5	2	2	3	1
6	2	3	1	2
7	3	1	3	2
8	3	2	1	3
9	3	3	2	1

习题参考答案

习　题　一

1. (1)$\Omega=\{1,2,3,4,5,6\}$，$A=\{1,3,5\}$；

   (2)$\Omega=\{(i,j)\mid i,j=1,2,\cdots,6\}$，

   $A=\{(1,2),(1,4),(1,6),(2,1),(4,1),(6,1)\}$，

   $B=\{(2,2),(2,4),(2,6),(3,3),(3,5),(4,2),(4,4),(4,6),(5,3),(5,5),(6,2),(6,4),(6,6)\}$；

   (3)$\Omega=\{$(正，反)，(正，正)，(反，正)，(反，反)$\}$，

   $A=\{$(正，正)，(正，反)$\}$，

   $B=\{$(正，正)，(正，反)，(反，正)$\}$，

   $C=\{$(正，正)，(反，反)$\}$.

2. (1)$A\overline{B}\,\overline{C}$；　(2)$AB\overline{C}$；　(3)$ABC$；

   (4)$A\cup B\cup C=\overline{AB}C\cup\overline{A}B\overline{C}\cup A\overline{B}\,\overline{C}\cup\overline{A}BC\cup A\overline{B}C\cup AB\overline{C}\cup ABC=\overline{\overline{AB}\,\overline{C}}$；

   (5)$\overline{AB}\,\overline{C}=\overline{A\cup B\cup C}$；　(6)$\overline{ABC}$；

   (7)$\overline{A}BC\cup A\overline{B}C\cup AB\overline{C}\cup\overline{A}\,\overline{B}C\cup A\overline{BC}\cup\overline{A}B\overline{C}\cup\overline{AB}\,\overline{C}=\overline{ABC}=\overline{A}\cup\overline{B}\cup\overline{C}$；

   (8)$AB\cup BC\cup CA=AB\overline{C}\cup A\overline{B}C\cup\overline{A}BC\cup ABC$.

3. (1)不成立.特例：若 $A\cap B=\varnothing$，则 $AB\cup B=B$；

   所以，事件 A 发生，事件 B 必不发生，即 $A\cup B$ 发生，$AB\cup B$ 不发生；

   故不成立.

   (2)不成立.若事件 A 发生，则$\overline{A}$不发生，$A\cup B$ 发生；

   所以$\overline{A}B$ 不发生，从而不成立.

   (3)不成立.$\overline{A\cup B}$，$\overline{AB}$的文氏图如下：

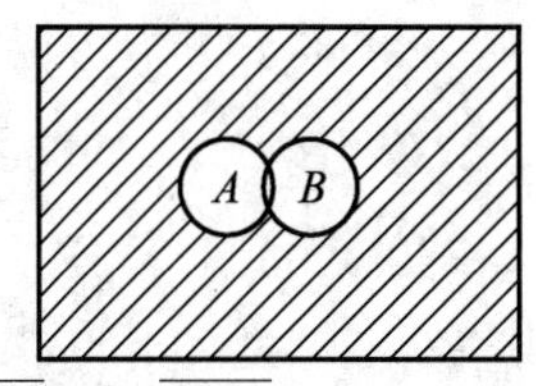

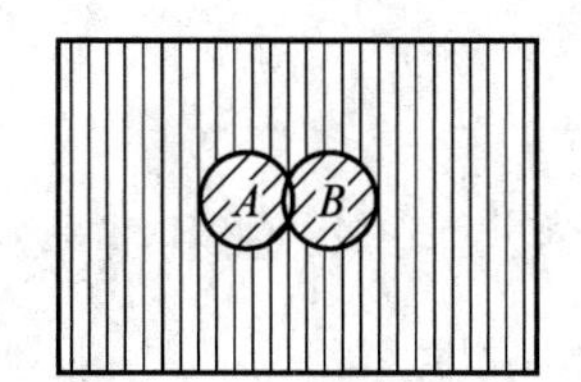

   若 $A-B$ 发生，则$\overline{AB}$发生，$\overline{A\cup B}$不发生，故不成立.

   (4)成立.因为 AB 与$\overline{AB}$为互斥事件.

   (5)成立.若事件 A 发生，则事件 B 发生，所以 AB 发生；

   若事件 AB 发生，则事件 A 发生，事件 B 发生；

   故成立.

(6)成立.若事件 C 发生,则事件 A 发生,所以事件 B 不发生;

故 $BC=\varnothing$.

(7)不成立.画文氏图,可知 $\overline{B}\subset\overline{A}$.

(8)成立.若事件 A 发生,由 $A\subset(A\cup B)$,则事件 $A\cup B$ 发生;

若事件 $A\cup B$ 发生,则事件 A,事件 B 发生;

若事件 A 发生,则成立;

若事件 B 发生,由 $B\subset A$,则事件 A 发生.

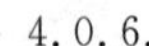

4.0.6.

5.(1)当 $AB=A$,即 $A\subset B$ 时,$P(AB)$ 取到最大值,为 0.6. (2)当 $A\cup B=\Omega$ 时,$P(AB)$ 取到最小值,为 0.3.

6. $\frac{3}{4}$.

7. $C_{13}^{5}C_{13}^{3}C_{13}^{3}C_{13}^{2}/C_{52}^{13}$.

8.(1) $\left(\frac{1}{7}\right)^5$; (2) $\left(\frac{6}{7}\right)^5$; (3) $1-P(A_1)=1-\left(\frac{1}{7}\right)^5$.

9. $\frac{C_{45}^{2}C_{5}^{1}}{C_{50}^{3}}$.

10.(1) $C_M^m C_{N-M}^{n-m}/C_N^n$; (2) $\frac{C_n^m P_M^m P_{N-M}^{n-m}}{P_N^n}=\frac{C_M^m C_{N-M}^{n-m}}{C_N^n}$; (3) $C_n^m\left(\frac{M}{N}\right)^m\left(1-\frac{M}{N}\right)^{n-m}$.

11. $\frac{P_{10}^{4}}{10^4}$.

12. $\frac{1}{1\,960}$.

13. $\frac{22}{35}$.

14.(1)0.56; (2)0.94; (3)0.38.

15.(1) $\frac{5}{32}$; (2) $\frac{2}{5}$.

16.0.320 76.

17. $\frac{13}{21}$.

18.(1)0.2; (2)0.7.

19. $\frac{6}{7}$.

20. $\frac{20}{21}$.

21. $\frac{1}{4}$.

22.(1)0.68. (2) $\frac{1}{4}+\frac{1}{2}\ln 2$.

23. $\frac{1}{4}$.

24.0.089.

25.(1)0.027 03; (2)0.307 69.

26.0.994 92.

27. $\frac{1}{3}$.

28.0.998.

29.0.057.

30.0.124.

31.11.

32.略.

33.0.6.

34.0.458.

35.(1)0.513 8; (2)0.224 1.

36.(1) $\frac{C_6^2 9^4}{10^6}$; (2) $\frac{P_{10}^{6}}{10^6}$; (3) $C_{10}^{1}C_6^2(C_9^1C_4^3C_8^1+C_9^1+P_9^4)/10^6$; (4) $1-\frac{P_{10}^{6}}{10^6}$.

37.(1) $\frac{1}{n-1}$; (2) $\frac{3!\,(n-3)!}{(n-1)!}, n>3$; (3) $\frac{1}{n}, \frac{3!\,(n-2)!}{n!}, n\geqslant 3$.

38. $\frac{1}{4}$.

39.由第 k 次打开的概率为 $\frac{1}{n}$,$k=1,2,\cdots,n$,可知命题得证.

40.0.512,0.384,0.096,0.008.

41.略.

42. $\frac{3}{8}, \frac{9}{16}, \frac{1}{16}$.

43. $\frac{1}{2}\left[1-C_{2n}^{n}\frac{1}{2^{2n}}\right]$.

44. (1)当 n 为奇数时，$P(A)=0.5$；(2)当 n 为偶数时，$P(A)=\frac{1}{2}\left[1-C_{n}^{\frac{n}{2}}\left(\frac{1}{2}\right)^{n}\right]$.

45. $\frac{1}{2}$.

46. 略.

47. $1-C_{n}^{1}\left(1-\frac{1}{n}\right)^{k}+C_{n}^{2}\left(1-\frac{2}{n}\right)^{i}-\cdots+(-1)^{n+1}C_{n}^{n-1}\left(1-\frac{n-1}{n}\right)^{k}$.

48. 略.

49. $\frac{m}{m+2^{r}n}$.

50. (1) $p_1=2C_{2n-r}^{n}\left(\frac{1}{2}\right)^{n}\left(\frac{1}{2}\right)^{n-r}\cdot\frac{1}{2}=C_{n-r}^{n}\frac{1}{2^{2r-r}}$；

(2) $p_2=2C_{2n-r-1}^{n-1}\left(\frac{1}{2}\right)^{n-1}\left(\frac{1}{2}\right)^{n-r}\frac{1}{2}=C_{2n-r-1}^{n-1}\left(\frac{1}{2}\right)^{2n-r-1}$.

51. $\frac{1}{2}[1+(1-2p)^{n}]$.

52. 0.

53. $\frac{1}{4}$.

54. $\frac{2}{3}$.

55. $\frac{1}{2}+\frac{1}{\pi}$.

56. $\frac{1}{5}$.

57. (1) $\frac{29}{90}$；(2) $\frac{20}{61}$.

58. $P(A\cup B)=P(A)$.

习　题　二

1.

X	3	4	5
p_k	0.1	0.3	0.6

2. (1) X 的分布律为

X	0	1	2
p_k	$\frac{22}{35}$	$\frac{12}{35}$	$\frac{1}{35}$

(2) $F(x)=\begin{cases}0, & x<0,\\ \frac{22}{35}, & 0\leqslant x<1,\\ \frac{34}{35}, & 1\leqslant x<2,\\ 1, & x\geqslant 2.\end{cases}$　(3) $\frac{22}{35}$；0；$\frac{12}{35}$；0.

3. X 的分布律为

X	0	1	2	3
p_k	0.008	0.096	0.384	0.512

分布函数

$$F(x)=\begin{cases}0, & x<0,\\ 0.008, & 0\leqslant x<1,\\ 0.104, & 1\leqslant x<2,\\ 0.488, & 2\leqslant x<3,\\ 1, & x\geqslant 3.\end{cases}$$

$$P\{X\geqslant 2\}=0.896.$$

4.(1)$e^{-\lambda}$； (2)1.

5.(1)0.320 76； (2)0.243.

6.9.

7.$1-e^{-0.1}-0.1\times e^{-0.1}$.

8.$\frac{10}{243}$.

9.(1)0.163 08； (2)0.352 93.

10.(1)$e^{-\frac{3}{2}}$； (2)$1-e^{-\frac{5}{2}}$.

11.0.802 47.

12.0.001 8.

13.$\frac{1}{5}$.

14.(1)0.000 069； (2)0.986 305,0.615 961.

15.(1)$\frac{1}{2}$； (2)$\frac{1}{2}(1-e^{-1})$； (3)$F(x)=\begin{cases}\frac{1}{2}e^{x}, & x<0,\\ 1-\frac{1}{2}e^{-x} & x\geqslant 0.\end{cases}$

16.(1)$\frac{8}{27}$； (2)$\frac{4}{9}$； (3)$F(x)=\begin{cases}1-\frac{100}{x}, & x\geqslant 100,\\ 0, & x<0.\end{cases}$

17.$F(x)=\begin{cases}0, & x<0,\\ \frac{x}{a}, & 0\leqslant x\leqslant a,\\ 1, & x>a.\end{cases}$

18.$\frac{20}{27}$.

19.$P\{Y=k\}=C_5^k(e^{-2})^k(1-e^{-2})^{5-k},k=0,1,2,3,4,5$； $P\{Y\geqslant 1\}=0.516\ 7$.

20.(1)第二条路； (2)第一条路.

21.(1)0.532 8,0.999 6,0.697 7,0.5； (2)$c=3$.

22.0.045 6.

23.31.25.

24.(1)$A=1,B=-1$； (2)$1-e^{-2\lambda},e^{-3\lambda}$； (3)$f(x)=\begin{cases}\lambda e^{-\lambda x}, & x\geqslant 0,\\ 0, & x<0.\end{cases}$

25.$F(x)=\begin{cases}0, & x<0,\\ \frac{x^2}{2}, & 0\leqslant x<1,\\ -\frac{x^2}{2}+2x-1, & 1\leqslant x<2,\\ 1, & x\geqslant 2.\end{cases}$

26.(1)$a=\frac{\lambda}{2}$;$F(x)=\begin{cases}1-\frac{1}{2}e^{-\lambda x}, & x>0,\\ \frac{1}{2}e^{\lambda x}, & x\leqslant 0;\end{cases}$ (2)$b=1$;$F(x)=\begin{cases}0, & x\leqslant 0,\\ \frac{x^2}{2}, & 0<x<1,\\ \frac{3}{2}-\frac{1}{x}, & 1\leqslant x<2,\\ 1, & x\geqslant 2.\end{cases}$

27.(1)$z_{\alpha}=2.33$； (2)$z_{\alpha/2}=2.96$.

28.

Y	0	1	4	9
p_k	1/5	7/30	1/5	11/30

29. $P\{Y=1\}=\frac{1}{3}$；$P\{Y=-1\}=\frac{2}{3}$.

30. (1) $f_Y(y)=\frac{\mathrm{d}F_Y(y)}{\mathrm{d}y}=\frac{1}{y}f_x(\ln y)=\frac{1}{y}\frac{1}{\sqrt{2\pi}}\exp\left\{-\frac{\ln^2 y}{2}\right\}, y>0$；

(2) $f_Y(y)=\frac{1}{2}\sqrt{\frac{2}{y-1}}\frac{1}{\sqrt{2\pi}}\mathrm{e}^{-(y-1)/4}, y>1$； (3) $f_Y(y)=\frac{2}{\sqrt{2\pi}}\mathrm{e}^{-y^2/2}, y>0$.

31. (1) $F_Y(y)=\begin{cases}0, & y\leqslant 1,\\ \ln y, & 1<y<\mathrm{e},\\ 1, & y\geqslant \mathrm{e},\end{cases}$ $f_Y(y)=\begin{cases}\frac{1}{y}, & 1<y<\mathrm{e},\\ 0, & 其他；\end{cases}$

(2) $F_Z(z)=\begin{cases}0, & z\leqslant 0,\\ 1-\mathrm{e}^{-z/2}, & z>0,\end{cases}$ $f_Z(z)=\begin{cases}\frac{1}{2}\mathrm{e}^{-z/2}, & z>0,\\ 0, & z\leqslant 0.\end{cases}$

32. $f_Y(y)=\begin{cases}\frac{2}{\pi}\cdot\frac{1}{\sqrt{1-y^2}}, & 0<y<1,\\ 0, & 其他.\end{cases}$

33. ①0； ②1； ③0.

34. X 服从参数为$\frac{11}{36}$的几何分布.

35. 22.

36. C.

37. A.

38. $\frac{2}{\sqrt{\ln 3}}$.

39. $P\{Y=k\}=\frac{(\lambda p)^k}{k!}\mathrm{e}^{-\lambda p}, k=0,1,2,\cdots$.

40. 略.

41. $1\leqslant k<3$.

42.

X	-1	1	3
p_k	0.4	0.4	0.2

43. $\frac{1}{3}$.

44. $\frac{4}{5}$.

45. 0.2.

46. $\alpha=(0.94)^n, \beta=C_n^2(0.94)^{n-2}(0.06)^2, \theta=1-n(0.94)^{n-1}0.06-(0.94)^n$.

47. 0.682.

48. $\alpha=0.0642, \beta\approx 0.009$.

49. $f_Y(y)=\begin{cases}\frac{1}{2y}, & \mathrm{e}^2<y<\mathrm{e}^4,\\ 0, & 其他.\end{cases}$

50. $f_Y(y)=\begin{cases}\frac{1}{y^2}, & y>1,\\ 0, & y\leqslant 1.\end{cases}$

51. $f_Y(y)=\frac{3}{\pi}\frac{(1-y)^2}{1+(1-y)^6}$.

52. (1) $F_T(t)=\begin{cases}1-\mathrm{e}^{-\lambda t}, & t\geqslant 0,\\ 0, & t<0;\end{cases}$ (2) $Q=\mathrm{e}^{-8\lambda}$.

53. $F(x)=\begin{cases}0, & x<-1,\\ \frac{5}{16}(x+1)+\frac{1}{8}, & -1\leqslant x<1,\\ 1, & x\geqslant 1.\end{cases}$

54. $\sigma_1<\sigma_2$.

习 题 三

1.

Y	X			
	0	1	2	3
1	0	$\frac{3}{8}$	$\frac{3}{8}$	0
3	$\frac{1}{8}$	0	0	$\frac{1}{8}$

2. $\frac{\sqrt{2}}{4}(\sqrt{3}-1)$.

3. (1) $A=12$； (2) $F(x,y)=\begin{cases}(1-\mathrm{e}^{-3x})(1-\mathrm{e}^{-4y}) & y>0,x>0,\\ 0, & \text{其他；}\end{cases}$ (3) 0.949 9.

4. (1) $k=\frac{1}{8}$； (2) $\frac{3}{8}$； (3) $\frac{27}{32}$； (4) $\frac{2}{3}$.

5. (1) $f(x,y)=\begin{cases}25\mathrm{e}^{-5y}, & 0<x<0.2 \text{ 且 } y>0,\\ 0, & \text{其他；}\end{cases}$ (2) 0.367 9.

6. $f(x,y)=\frac{\partial^2 F(x,y)}{\partial x \partial y}=\begin{cases}8\mathrm{e}^{-(4x+2y)}, & x>0,y>0,\\ 0, & \text{其他.}\end{cases}$

7. $f_X(x)=\begin{cases}2.4x^2(2-x), & 0\leqslant x\leqslant 1,\\ 0, & \text{其他.}\end{cases}$ $f_Y(y)=\begin{cases}2.4y(3-4y+y^2), & 0\leqslant y\leqslant 1,\\ 0, & \text{其他.}\end{cases}$

8. $f_X(x)=\begin{cases}\mathrm{e}^{-x}, & x>0,\\ 0, & \text{其他.}\end{cases}$ $f_Y(y)=\begin{cases}y\mathrm{e}^{-x}, & y>0,\\ 0, & \text{其他.}\end{cases}$

9. (1) $c=\frac{21}{4}$； (2) $f_X(x)=\begin{cases}\frac{21}{8}x^2(1-x^4), & -1\leqslant x\leqslant 1,\\ 0, & \text{其他.}\end{cases}$ $f_Y(y)=\begin{cases}\frac{7}{2}y^{\frac{5}{2}}, & 0\leqslant y\leqslant 1,\\ 0, & \text{其他.}\end{cases}$

10. $f_{Y|X}(y|x)=\begin{cases}\frac{1}{2x}, & |y|<x<1,\\ 0, & \text{其他.}\end{cases}$ $f_{X|Y}(x|y)=\begin{cases}\frac{1}{1-y}, & y<x<1,\\ \frac{1}{1+y}, & -y<x<1,\\ 0, & \text{其他.}\end{cases}$

11. (1) X 与 Y 的联合分布律如下表.

X	Y			$P\{X=x_i\}$
	3	4	5	
1	$\frac{1}{10}$	$\frac{2}{10}$	$\frac{3}{10}$	$\frac{6}{10}$
2	0	$\frac{1}{10}$	$\frac{2}{10}$	$\frac{3}{10}$
3	0	0	$\frac{1}{10}$	$\frac{1}{10}$

$P\{Y=y_i\}$	$\frac{1}{10}$	$\frac{3}{10}$	$\frac{6}{10}$	

(2)X 与 Y 不独立.

12.(1)X 和 Y 的边缘分布如下表.

Y	X			$P\{Y=y_i\}$
	2	5	8	
0.4	0.15	0.30	0.35	0.8
0.8	0.05	0.12	0.03	0.2
$P\{X=x_i\}$	0.2	0.42	0.38	

(2)X 与 Y 不独立.

13.(1)$f(x,y)=\begin{cases}\frac{1}{2}e^{-y/2}, & 0<x<1, y>0,\\ 0, & 其他;\end{cases}$　(2)0.144 5.

14.$f_Z(z)=\begin{cases}\frac{1}{2z^2}, & z\geqslant 1,\\ \frac{1}{2}, & 0<z<1,\\ 0, & 其他.\end{cases}$

15.0.000 63.

16.略.

17.略.

18.(1)$\frac{1}{2}$,$\frac{1}{3}$;

(2)

$V=\max\{X,Y\}$	0	1	2	3	4	5
p_k	0	0.04	0.16	0.28	0.24	0.28

(3)

$U=\min\{X,Y\}$	0	1	2	3
p_k	0.28	0.30	0.25	0.17

(4)

$W=X+Y$	0	1	2	3	4	5	6	7	8
p_k	0	0.02	0.06	0.13	0.19	0.24	0.19	0.12	0.05

19.(1)$\frac{3}{4}$;　(2)$\frac{3}{4}$.

20.$\frac{1}{4}$.

21.

X	Y			$P\{X=x_i\}=p_i$
	y_1	y_2	y_3	
x_1	$\frac{1}{24}$	$\frac{1}{8}$	$\frac{1}{12}$	$\frac{1}{4}$
x_2	$\frac{1}{8}$	$\frac{3}{8}$	$\frac{1}{4}$	$\frac{3}{4}$
$P\{Y=y_j\}=p_j$	$\frac{1}{6}$	$\frac{1}{2}$	$\frac{1}{3}$	1

22. (1) $P\{Y=m\mid X=n\}=C_n^m p^m(1-p)^{n-m}, 0\leqslant m\leqslant n, n=0,1,2,\cdots$;

(2) $P\{X=n,Y=m\}=C_n^m p^m(1-p)^{n-m}\frac{e^{-\lambda}}{n!}\lambda^n, 0\leqslant m\leqslant n, n=0,1,2,\cdots$.

23. $g(u)=0.3f(u-1)+0.7f(u-2)$.

24. $\frac{1}{9}$.

25. (1) $a=0, b=0, c=0.4$;

(2)

Z	-2	-1	0	1	2
p_k	0.2	0.1	0.3	0.3	0.1

(3) 0.4.

习　题　四

1. $\frac{1}{2}, \frac{5}{4}, 4$.

2. 0.501, 0.432.

3. 0.4, 0.1, 0.5.

4. $\frac{n}{N}$.

5. $1, \frac{1}{6}$.

6. (1) 44; (2) 68.

7. (1) 3; (2) 192.

8. $k=2$; 0.25.

9. 4.

10. (1) $\frac{3}{4}$; (2) $\frac{5}{8}$.

11. (1) $c=2k^2$; (2) $E(X)=\frac{\sqrt{\pi}}{2k}$; (3) $D(X)=\frac{4-\pi}{4k^2}$.

12. $E(X)=0.301$, $D(X)=0.322$.

13. 33.64.

14. 略.

15. -28.

16. 略.

17. 略.

18. $-\frac{1}{36}, -\frac{1}{2}$.

19. $-\left(\frac{\pi-4}{4}\right)^2$; $-\frac{\pi^2-8\pi+16}{\pi^2+8\pi-32}$.

20. $\frac{5}{26}\sqrt{13}$.

21. 略.

22. $1-e^{-y/5}$.

23. (1) $\frac{3}{2}$; (2) $\frac{1}{4}$.

24. 10.9.

25. 5.

26. $f_T(t)=\begin{cases}25te^{-5t}, & t\geqslant 0,\\ 0, & t<0.\end{cases}$ $E(T)=\dfrac{2}{5}, D(T)=\dfrac{2}{25}$.

27. $1-\dfrac{2}{\pi}$.

28. $\dfrac{1}{p}, \dfrac{1-p}{p^2}$.

29. $\dfrac{1}{18}$.

30. (1) $(X,Y)\sim\begin{pmatrix}(-1,-1) & (-1,1) & (1,-1) & (1,1)\\ \dfrac{1}{4} & 0 & \dfrac{1}{2} & \dfrac{1}{4}\end{pmatrix}$； (2) 2.

31. (1) 0,2； (2) 0, X 与 $|X|$ 互不相关； (3) X 与 $|X|$ 不相互独立.

32. (1) $\dfrac{1}{3}$, 3； (2) 0； (3) X 与 Z 相互独立.

33. -1.

34. 0.

35. 略.

36. (1) $f_Y(y)=\begin{cases}\dfrac{3}{8\sqrt{y}}, & 0<y<1,\\ \dfrac{1}{8\sqrt{y}}, & 1\leqslant y<4,\\ 0, & \text{其他};\end{cases}$ (2) $\dfrac{2}{3}$； (3) $\dfrac{1}{4}$.

习　题　五

1. $P\{10<X<18\}\geqslant 0.271$.

2. 269.

3. 2 265.

4. 0.348.

5. (1) 0.894 4； (2) 0.137 9.

6. 4.5×10^{-6}.

7. 0.181 4.

8. $272a$.

9. (1) 0.135 7； (2) 0.993 8.

10. 0.001 35.

11. (1) 884； (2) 916.

12. $P\{|X-Y|\geqslant 6\}\leqslant\dfrac{1}{12}$.

13. (1) $P\{X=k\}=C_{100}^{k}0.2^{k}0.8^{100-k}, k=1,2,\cdots,100$； (2) 0.927.

14. 98.

习　题　六

1. 0.045 6.

2. 25.

3. 0.05.

4. 5.43.

5. 约等于 26.105.

6. $Y\sim F(5,n-5)$.

7. 0.674 4.

8. $F(10,5)$.

9. σ^2.

10. $2(n-1)\sigma^2$.

11. 2.

习　题　七

1. $\dfrac{\overline{X}}{n}$.

2. $3\overline{X}$.

3. (1) $\frac{n}{\sum_{i=1}^{n} x_i}$； (2) $-\frac{n}{\sum_{i=1}^{n} \ln x_i}$.

4. $-0.094, 0.0966$.

5. 1.2 是 θ 的无偏估计，0.9 不是 θ 的无偏估计.

6. $\frac{1}{2(n-1)}$.

7. $\frac{5}{9}\sigma^2, \frac{5}{8}\sigma^2, \frac{1}{2}\sigma^2$.

8. (14.754, 15.146).

9. $n \geqslant \frac{4z_\alpha^2/2\sigma^2}{L^2}$.

10. (1)(68.11, 85.09)； (2)(190.33, 702.01).

11. $\frac{2\overline{X}-1}{1-\overline{X}}, -1-\frac{n}{\sum_{i=1}^{n} \ln X_i}$.

12. (1) $2\overline{X}$； (2) $\frac{\theta^2}{5n}$.

13. $\min_{1 \leqslant i \leqslant n} \{x_i\}$.

14. $\frac{1}{4}, \frac{7-\sqrt{13}}{2}$.

15. $\frac{\overline{X}}{\overline{X}-1}, \frac{n}{\sum_{i=1}^{n} \ln X_i}, \min_{1 \leqslant i \leqslant n} \{X_i\}$.

16. 35.

17. (1) $\frac{3}{2}-\overline{X}$； (2) $\frac{N}{n}$.

习　题　八

1. 有显著变化.

2. $H_0: \mu=\mu_0=3.25$，接受 H_0.

3. 认为这堆香烟正常.

4. 认为电池的寿命不比该公司宣称的短.

5. (1)拒绝 H_0，接受 H_1； (2)接受 H_0，拒绝 H_1.

6. 不能.

7. $H_0: \mu_1=\mu_2$; $H_1: \mu_1 \neq \mu_2$，用 t 检验法，因为是大样本，也可采用 z 检验，没有显著性差异.

8. 接受 H_0，拒绝 H_1.

9. 接受 H_0.

10. 接受 H_0，认为 Y 服从二项分布.

11. 可以认为是泊松分布.

12. 接受 H_0.

习　题　九

1. 无显著差异.

2. 差异不明显.

3. 机器之间无显著差异，操作工之间以及两者的交互作用有显著差异.

4. 不同饲料对猪体重增长无显著影响，猪的品种的差异对猪体重增长有显著影响.

5. $A_2B_2C_3$.

6. $A_1B_2C_2D_2$.

习　题　十

1. $\hat{y}=67.5078+0.8706x$.

2. (1) $\hat{y}=0.4565x+36.5891$； (2)线性关系显著； (3)(67.5934, 69.5014).

3. (1)

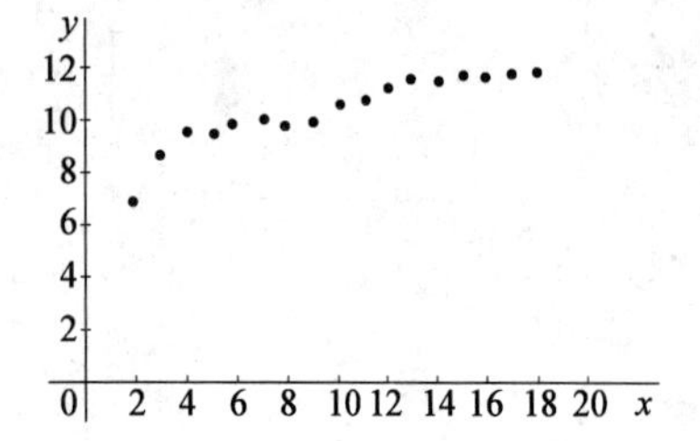

(2) $\hat{y}=2.4849+0.76x$;

(3)线性关系显著.

4. $\hat{y}=-54.5041+4.8424x_1+0.2631x_2$.

5. $\hat{y}=0.3822+0.0678x_1+0.0244x_2$.

6. $\hat{y}=19.0333+1.0086x-0.0204x^2$.

参考文献

[1] 盛骤,谢式千,潘承毅.概率论与数理统计[M].4版.北京:高等教育出版社,2008.
[2] 吴传生.经济数学:概率论与数理统计[M].北京:高等教育出版社,2004.
[3] 合肥工业大学数学教研室.概率论与数理统计[M].合肥:合肥工业大学出版社,2004.